JN326690

神経発生生物学

深田惠子

産業図書

まえがき

　脊椎動物の神経発生学は，分子生物学的手法の導入以来ここ10年ほどの間に目覚しい発展を遂げました．生体に微量にしか存在しない重要な機能を持つ蛋白分子を得るのに多大な時間と労力を要する従来の生化学的手法に比べてより効率的なことから神経発生学に導入された分子生物学的手法は，発生の基本的メカニズムや分子が進化の過程で保存されていることが明らかになると，神経発生の分野でもショウジョウバエや線虫の変異体の解析から同定された遺伝子群の発現や機能を脊椎動物の系で調べることを可能にし，分子レベルからの神経発生生物学 (Developmental Neurobiology) に飛躍的な発展をもたらしました．この遺伝子レベルからの神経発生生物学は，分子生物学的手法が進んでいた日本においても急速に発展し，今では脳研究等の中核的存在として広く定着し今後ますます若い研究者の活躍の場所として発展が期待される分野です．一方，同定された分子が他の分野でも作用する共通の因子であり，発生学や神経系に特異的と思われてきた様々な現象が他の分野で見られるのと共通のメカニズムで説明できることが明らかになってくるにつれ，神経発生生物学の全体像や問題点が広く生命科学の様々な分野の研究者にも必要な基礎知識となりつつあります．

　しかしながら，長い時間をかけて制度が変わる日本では，どうしても境界領域に位置する新しい分野である神経発生生物学が築かれてきた流れを系統だって学べる場やシステムも十分ではないように思えます．ならば，本から学ぶということになりますが，最近出版されている様々な神経発生生物学の領域の本は最新の研究の発展やトピックを取り入れるため，現在の研究を反映した遺伝子レベルから説明がなされる傾向があるので，学生や他の分野の研究者の多くは，これらの本では遺伝子の名称等に振り回されて発生学としての重要なポイントを把握できなかったりトピック間の関係が明らかでないため全体像を見失うことになるように思えます．現在の研究成果を理解し今後の研究の方向を考えるためには，専門的な本と共に，過去の代表的実験を検討してどのようにして現在の結論が導かれてきたか，どのように以前の概念が修正されてきたかをやさしい言葉で説明する本，基礎的な知識や全体の流れを把握できる教科書のような本が必要だと感じてきました．

　3年ほど前，渡邊格先生のお勧めもあって，このような本を目指して執筆を始めました．この本の目的は，全ての問題を網羅的に記述するのではなく少数の代表的な実験をより深く検討することで読者に考える機会を与え自らが神経発生における主要なポイントを把握できるような場を提供することなので，学生が講義またはゼミナールで学ぶような形にしました．ですから，イラストを多くして代表的な実験を説明することで，実験結果のみを教えるのではなく，共に考えることを心がけました．また，専門語を避けてやさしい言葉で説明するために，なるべく遺伝子

レベルでの説明無しで書かれています．参考文献も引用した代表的な実験に関するものと幅広い分野の研究者に適当と思われるものに限定しました．主に脊椎動物の鳥類とげっ歯類における実験例を選択しましたが，多くの重要な実験が含まれていないことや，選択には私の偏見もあると思います．様々なご批判やご指摘をお願いします．

　最後になりましたが，この本の出版を可能にしてくれた慶應義塾大学名誉教授 渡邊格先生と産業図書に深く感謝します．本書を常に筆者を信じて支えてくれた両親に捧げます．

2006年8月

深田恵子

目 次

まえがき

序章 ·· 1
  はじめに ·· 1
  発生初期の基礎知識 ·· 1
  図（1～2）··· 5

第Ⅰ部　ニューロンの誕生とタイプの決定

第1章　誘導 ·· 11
  1.1　神経誘導 ·· 11
  1.2　体軸形成 ·· 13
  図（3～6）··· 15

第2章　位置情報 ·· 25
  2.1　コンパートメントを使う方法 ·· 25
    2.1.1　コンパートメントの位置情報を担うHox遺伝子発現パターン ························ 25
    2.1.2　菱脳における運動ニューロンタイプの決定 ·· 27
    2.1.3　進化の過程で保存された位置情報の刻み方 ·· 29
    2.1.4　Hox遺伝子発現のコントロール ·· 30
  2.2　勾配を使う方法 ··· 31
    2.2.1　フランス国旗モデル ·· 31
    2.2.2　脊髄背腹方向のパターン形成 ·· 31
    2.2.3　外的環境因子の作用機序の特徴 ·· 33
  図（7～15）··· 35

第3章　細胞系譜と可塑性 ··· 59
  3.1　神経冠由来の場合 ·· 59
    3.1.1　移動前神経冠細胞の多能性 ·· 59
    3.1.2　頭部神経冠細胞の多能性 ·· 60

iv 目次

  3.1.3 移動経路の選択と運命の決定 …………………………………………………… 62
  3.1.4 環境因子による神経冠細胞の運命の変換 ……………………………………… 62
  3.1.5 移動前神経冠細胞の不均一性 …………………………………………………… 64
  3.1.6 運命の指定と確定 ………………………………………………………………… 65
 3.2 神経管由来の場合 ……………………………………………………………………… 65
  3.2.1 大脳皮質の層の選択 ……………………………………………………………… 66
  3.2.2 大脳皮質の領域の決定 …………………………………………………………… 68
 図（16〜27） ………………………………………………………………………………… 71

第4章 細胞の移動 …………………………………………………………………………… 101
 4.1 移動経路による細胞の運命決定への影響 …………………………………………… 101
  4.1.1 神経冠由来の細胞の場合 ………………………………………………………… 101
  4.1.2 神経管由来の細胞の場合 ………………………………………………………… 101
 4.2 神経系の機能に適切な位置への移動 ………………………………………………… 102
  4.2.1 神経冠由来の細胞の場合 ………………………………………………………… 102
  4.2.2 神経管由来の細胞の場合 ………………………………………………………… 103
 図（28〜32） ………………………………………………………………………………… 105

第II部 神経回路網の形成

 問題提起 ……………………………………………………………………………………… 117
 図（33） ……………………………………………………………………………………… 121

第5章 遺伝的プログラムによる神経回路網の枠組みの形成（初期の段階） …………… 127
 5.1 軸索誘導 ………………………………………………………………………………… 127
  5.1.1 接触誘導 …………………………………………………………………………… 127
  5.1.2 走化性誘導 ………………………………………………………………………… 130
  5.1.3 脊髄交差性ニューロンの正中交叉の誘導メカニズム ………………………… 131
 5.2 標的領域内での特異的接続 …………………………………………………………… 132
  5.2.1 化学親和説 ………………………………………………………………………… 132
  5.2.2 化学親和説の修正 ………………………………………………………………… 134
 図（34〜41） ………………………………………………………………………………… 137

第6章 神経回路網の調整と精密化（後期の段階） ……………………………………… 155
 6.1 神経細胞死 ……………………………………………………………………………… 155
  6.1.1 神経栄養因子の概念 ……………………………………………………………… 155

  6.1.2 神経栄養因子の概念の修正 …………………………………… 156
  6.1.3 運動ニューロンの生存 ……………………………………… 158
 6.2 シナプス除去 …………………………………………………… 159
  6.2.1 シナプス除去の概念 ………………………………………… 159
  6.2.2 電気的活動の関与する軸索間の競争 ……………………… 161
 6.3 シナプス形成 …………………………………………………… 162
  6.3.1 シナプス形成過程 …………………………………………… 162
  6.3.2 ニューロンから筋への影響 ………………………………… 163
   （a） 化学分子を介しての影響 ……………………………… 163
   （b） 電気的活動を介しての影響 …………………………… 164
  6.3.3 筋からニューロンへの影響 ………………………………… 165
  6.3.4 神経主導の考えへの挑戦 …………………………………… 166
 図（42〜51）………………………………………………………… 167

文献…………………………………………………………………………… 189
あとがき……………………………………………………………………… 221
索引…………………………………………………………………………… 223

序章

はじめに

　神経系は，組織学的には神経細胞（ニューロン）と神経膠細胞（グリア）の2種類の細胞でしか構成されていないのに，その機能の多様性は驚くべきものです．たとえば，脳を同じ程度の大きさの臓器である肝臓と比べてみると，肝臓ではどの部位の細胞でも皆同じ肝細胞としての機能を持っているのに，脳を構成するニューロンは，位置する部位により機能が全く異なるばかりか，近接する同じタイプのニューロンでも情報を受けたり与えたりする相手によっても全く異なった機能を示すのです．では，このように臓器内での部位や神経接続の違いを反映して多様な機能を持つ神経系の形成に必要な，適切なニューロンタイプへの分化，適切な部位への配置，そして適切な相手との神経接続はいったいどのようなメカニズムで行われるのでしょう？　神経系には他の臓器とは異なったメカニズムが働いているのでしょうか？

　ここ30年程の間に，複雑にみえる神経系の発生・分化にも，他の臓器の発生・分化と同様のメカニズムが働いていることが明らかになってきました．この本では，いくつかの代表的な実験を通して，脊椎動物の神経系の発生・分化における歩みを学んでいきたいと思います．全体を大きく2つの部分に分けて，前半（第Ⅰ部）に，ニューロンの様々なタイプはどのようにして決定され，どのようにして適切な位置に配置されるかという神経系以外の細胞と共通の発生過程を扱い，後半（第Ⅱ部）には，最終定着地にたどり着いたニューロンが，どうやって適切な接続相手を探して神経系が適切に機能するのに不可欠な神経回路網を形成するかという神経系に特有な発生過程について見ていきます．

発生初期の基礎知識

　個々の実験について考察する前に，まず，後述の実験を理解するのに役立つ全体の神経発生の流れを見てみましょう．脊椎動物は発生初期には皆いくつかの共通した段階を経るので，代表として，発生過程が短期間で起こり培養も簡単であるため歴史的に最も早くから研究されてきた実験動物である両生類（カエルやイモリ）の神経誘導までの発生を図1に示しています．

　受精卵は，細胞分裂により細胞数が増えても細胞が元の大きさに成長しない卵割と呼ばれる分

裂を繰り返して，2細胞期，4細胞期，8細胞期，16細胞期等を経て，多くの細胞に囲まれた内腔を持つ胞胚（blastula）になりますが，背腹軸の決定は最初の卵割以前になされます．精子の侵入した点を通る面で最初の卵割が起こりますが，この面により左右軸が決定され，この面に沿って侵入部位の方向へ卵が回転する現象として知られている細胞質間の相互作用が起こり侵入部位の逆側を背側とする背腹軸が決定されます．胞胚の時期から3胚葉への分化が始まり，次の嚢胚（gastrula）では3胚葉が形成されます．嚢胚は，陥入といって，中・内胚葉となる細胞群が内側へ折れ曲がるように落ち込む細胞移動で始まります．この陥入により，将来消化管になる原腸と呼ばれる内腔が形成されるのでこの細胞移動を原腸陥入と呼び，原腸が外界につながる開口部は原口と呼ばれます．そして，原口より背側の将来脊索などになる，陥入に関わる背側中胚葉が原口背唇部です．原腸陥入により外側に外胚葉，中間に中胚葉，内側に内胚葉という3層構造が原腸の周りに形成される嚢胚では前後軸の形成および左右対称も完成されます．3胚葉のうち最外層の外胚葉は神経系や表皮に，中間層の中胚葉は筋や骨，また内臓の心・血管系，腎などに，そして最内層の内胚葉は消化管とその付属臓器などに分化しますが，外胚葉由来の神経系への分化には中胚葉が重要な役割を果たすことが知られています．すなわち，正中部に位置して前後に走る丸い棒状の脊索（notochord）や脊索前中胚葉（pre-chordal mesoderm）等に分化する背側中胚葉により，これらを覆っている部分の背側外胚葉が神経組織へ誘導され前後軸に沿った神経板（neural plate）が形成されます．そして，メカニズムはまだ解明されていませんが，1層の細胞で構成されているこの時期の神経板を含む背側外胚葉に，細胞の変形や側面から背側に向かっての細胞移動が起こり，神経板の周縁部は堤のように盛り上がって神経ヒダ（neural fold）となり次第に左右両側の神経ヒダが正中線に向かって接近し，ついには癒合して前後軸方向に管状の神経管（neural tube）を形成します．同時に，神経ヒダには隣接する表皮との相互作用により神経冠（neural crest）が形成されます．神経冠は神経ヒダが癒合して神経管が形成されると神経管の背側部に位置することになりますが，その後神経管から遊離して末梢へ移動を始めます．これが神経誘導として知られる神経系の原基が形成される過程で，この時期の胚は神経胚（neurula）と呼ばれます．神経系は，脳や脊髄から構成される中枢神経系と脳や脊髄を外界とつなぐ脳神経・脊髄神経から構成される末梢神経系とに分類されますが，両者は異なった神経系の原基から発生します．中枢神経系を構成する脳や脊髄は神経管から分化し，末梢神経系の感覚・自律神経系の細胞は神経冠から分化します．また，末梢神経系の一部の脳神経感覚ニューロンは，頭部外胚葉の特定の部位が肥厚して形成されるプラコード（epidermal placode）からも分化します．

　図2は，成熟した動物の中枢神経系と発生初期に神経管から形成される脳胞との関係を示しています．神経管の壁は部位により細胞の増殖する速度が異なるので，まず脳に分化する神経管の前部では3つの膨らみができます．この時期は3脳胞期と呼ばれます．前から順に前脳（forebrain），中脳（midbrain），菱脳（hindbrain，菱脳は同義語のrhombencephalonからの日本語訳）と呼ばれ，これより後部は脊髄に分化します．その後，前脳は左右に拡大する終脳と後部に続く間脳に，菱脳は後脳と髄脳に分かれますが，中脳はそのまま保たれます．5つの膨らみの形成されるこの時期は5脳胞期と呼ばれ，成熟脳に見られる大まかな区分にほぼ対応してい

ます．すなわち，終脳からは大脳皮質や基底核等が，間脳からは視床や視床下部等が，中脳からは中脳が，後脳からは背側に小脳，腹側に橋が，髄脳からは延髄が形成されます．脊椎動物のこれらの時期の神経管（及び胚全体）は，この本で扱うマウス（ラット）とニワトリ（ウズラ）を例として図示したように，屈曲していて皆同様な形態をとることは長い間知られてきた事実ですが，この意義については後述（第2章 2.1.3項）します．

序　章・図

図1　両生類（カエル）の初期発生と神経誘導

受精卵が胞胚，嚢胚を経て神経胚となるまでの初期発生を示しています．中胚葉および中胚葉由来の組織（正中部に位置して前後に走る丸い棒状の脊索や，その左右に位置して筋，骨，皮膚に分化する体節等）は灰色で示してあります．また，神経胚の横断図において黒の部分は神経冠です．

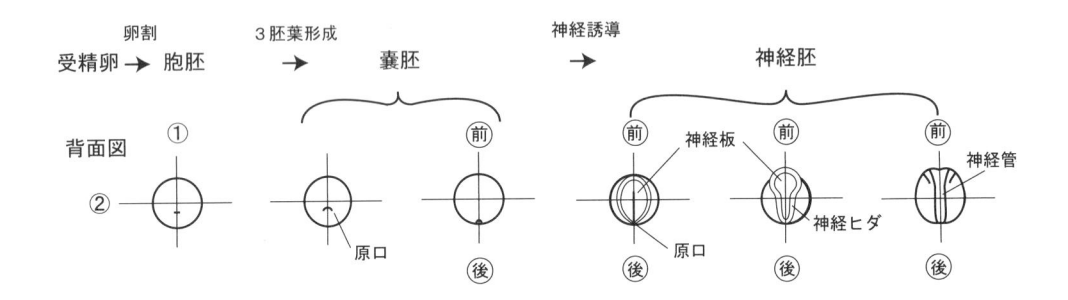

受精卵 → 胞胚 →(卵割) 嚢胚 →(3胚葉形成) 神経胚 (神経誘導)

背面図　①
　　　　②

正中矢状断図（ ① ）

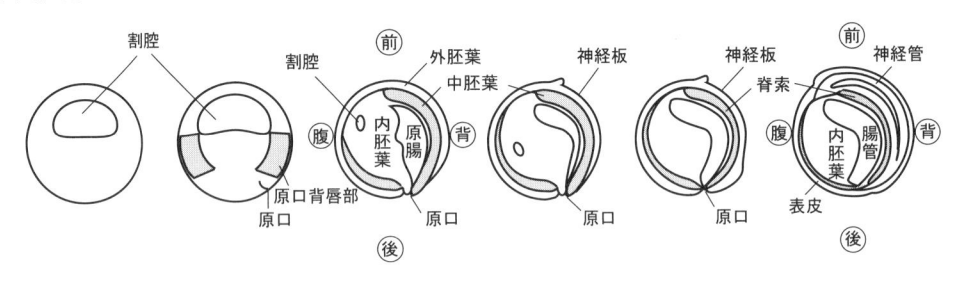

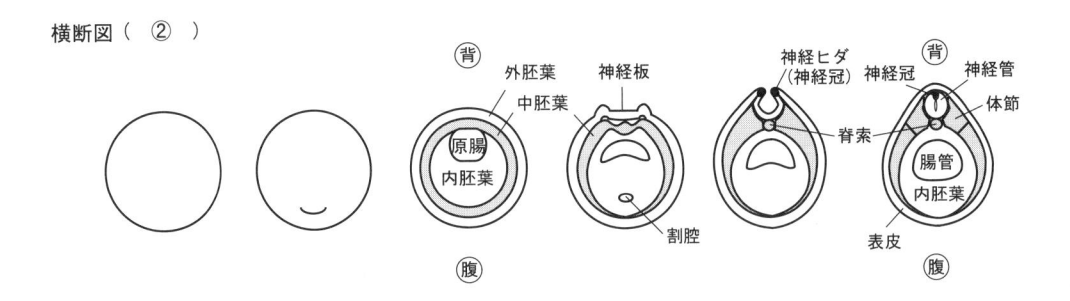

横断図（ ② ）

図2　脳胞と成熟脳との関係

管状をなす神経管の壁からは，前部に脳が，後部に脊髄が分化しますが，管の中腔は脳室になります．

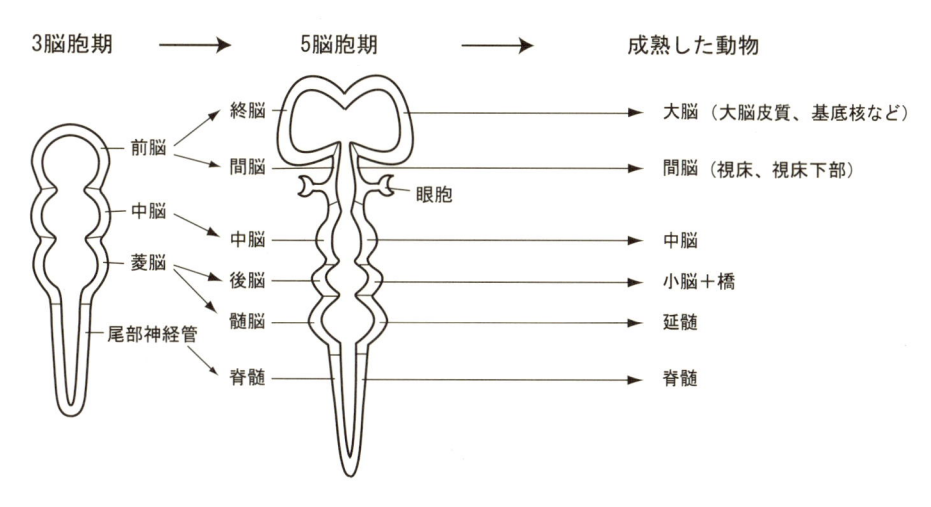

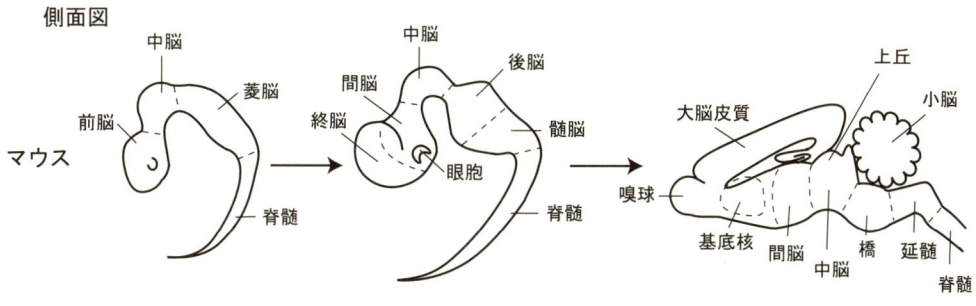

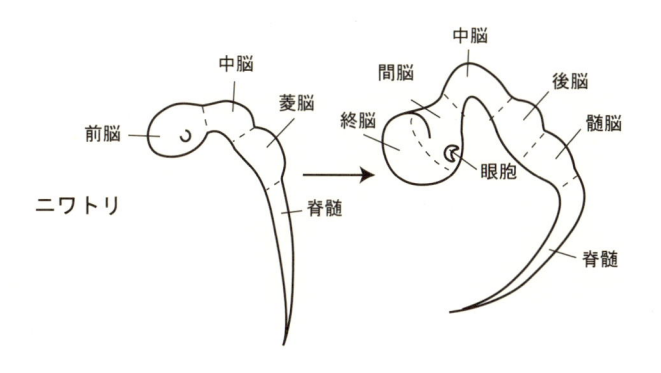

3脳胞期 → 5脳胞期 → 成熟した動物

- 前脳 → 終脳 → 大脳（大脳皮質、基底核など）
- 　　　→ 間脳 → 間脳（視床、視床下部）
- 中脳 → 中脳 → 中脳
- 菱脳 → 後脳 → 小脳＋橋
- 　　　→ 髄脳 → 延髄
- 尾部神経管 → 脊髄 → 脊髄

眼胞

側面図

マウス：前脳・中脳・菱脳・脊髄 → 終脳・間脳・中脳・後脳・髄脳・眼胞・脊髄 → 嗅球・大脳皮質・基底核・間脳・上丘・小脳・中脳・橋・延髄・脊髄

ニワトリ：前脳・中脳・菱脳・脊髄 → 終脳・間脳・中脳・後脳・髄脳・眼胞・脊髄

第I部　ニューロンの誕生とタイプの決定

　成熟した神経系に見られる様々なタイプのニューロンが形成され適切な部位に配置される発生過程を，発生における重要なテーマ：1. 誘導（induction），2. 位置情報（positional information），3. 細胞系譜（lineage）と可塑性（plasticity），4. 細胞の移動（migration）といった観点から，いくつかの例を通して見てみましょう。

第1章

誘　導

1.1　神経誘導

　今から80年以上も前に，現在でも神経の発生機構を考えるうえで基本となっている概念がSpemannによって提唱されました．それは，発生における誘導の概念です．Spemannが，原腸陥入が始まったばかりの両生類の初期嚢胚から将来どんな組織に分化するかが既知の部位を切り出し，別の同じ時期の初期胚（宿主）に異所性に移植したところ，ほとんどの部位からの移植片は宿主の新しい場所により決定される組織に分化しました．たとえば，将来表皮になる腹側外胚葉の一部と将来神経組織になる背側外胚葉の一部を交換すると，表皮になるはずの外胚葉は神経組織に，神経組織になるはずの外胚葉は表皮に分化しました（図3B-a, b）．この結果は，初期嚢胚のこれらの部位に位置する細胞の運命は未定であり，細胞の育つ環境により変わりうることを示しています．このようにこの時期の胚ではほとんどの部位に位置する細胞の運命は外的環境により変わりうるのですが，一番初めに陥入を開始する原口背唇部と呼ばれる中胚葉の一部だけは，移植された場所に関係なく移植片自身が将来分化するように予定されていた脊索などの中胚葉由来の構造に分化しただけでなく，移植片の周りの将来表皮に分化するように予定されていた宿主の外胚葉を神経組織に分化させ，更にはもう1つ別の完全な胚体（2次胚）を形成させたのです（図3B-c）．この結果は，原口背唇部は自律的に自らが特定の器官に分化するだけでなく，他の細胞にも働きかけてその細胞の運命を変える能力を持つことを示しています．Spemannは，この原口背唇部をオーガナイザーと名づけ，この部分が神経組織を誘導し，胚の分化を方向づけて胚全体の形成を促すと提唱しました．このオーガナイザーがどのようにして神経組織を誘導するかは現在でも完全には解明されていませんが，この発見は，まず発生における細胞間の相互作用の重要性，すなわち外在性環境因子の重要性を実証したばかりでなく，誘導の概念を個々の細胞レベルの誘導という概念から2次胚形成につながる細胞レベルを超えたパターン形成の誘導という概念にまで拡大した点でも画期的なものです．

　個々の細胞における分化の方向づけは分化する細胞自身に内在する遺伝的プログラムにより自律的に行われるのではなく，細胞間の相互作用により決定されるという概念はSpemannのオーガナイザーの実験で確立されました．しかし，この概念の基礎となるオーガナイザーの実体は何なのでしょう？　Spemannの神経誘導の現象は1920年代初期に発表されたのにもかかわらず，

1990年代に偶然オーガナイザーの実体が解明されるまでには長い時間を要しました．その理由の1つは発想の転換が必要だったからです．初期嚢胚期の外胚葉は表皮か神経組織のいずれかに分化するのですが，Spemannの神経誘導の実験で示されたようにオーガナイザーの誘導を受けなければ外胚葉は表皮に分化することから，表皮に分化するのが基底状態（デフォルト）だと考えられてしまいました．すなわち，神経誘導にはオーガナイザー（中胚葉）からのシグナルが外胚葉にある受容体に結合し神経へと分化させるシグナル伝達系を活性化することが必要だという考えが非常に強かったため，当時，原腸陥入前の外胚葉を切り出して塊のままで培養すれば表皮に分化するのに，一度十分な時間（＞3時間）バラバラにして培養する過程を経ると神経組織を形成する（図4A－①，②）という事実は知られていたのに無視されてしまったのです．しかし，1990年代になって胞胚期のカエル胚を使って中胚葉を誘導する研究で，内在性の中胚葉誘導因子であるトランスフォーミング増殖因子-β（transforming growth factor-β，TGF-β）族に属する分子が受容体に結合するのを妨害して中胚葉形成を阻止すると神経組織が誘導されることが発見されました．つまり，神経誘導に必要だと考えられていた中胚葉（オーガナイザーの原口背唇部）がないにもかかわらず神経誘導が起こったのです．更に，TGF-β族に属する因子のシグナル伝達を阻止さえすれば初期嚢胚のどの部分からも神経誘導が起こることが示されました．この発見は，神経組織に分化することがデフォルトで誘導が必要であるのは表皮への分化であり，それゆえ，神経誘導には誘導ではなく抑制が関与しているという全く逆の発想を示唆します．もしこの発想が正しいなら，前述の実験（図4A－①，②）で，原腸陥入前の外胚葉を一旦長時間バラバラにして培養する過程を経ると神経組織に分化したのは，塊の時には細胞間相互に働いていた表皮誘導シグナルが失われた為で，このシグナルを与えれば表皮に分化するはずです．期待通り，バラバラにした外胚葉の細胞を，この時期の外胚葉が分泌するTGF-β族に属する骨形成蛋白質（bone morphogenetic protein，BMP）の存在下で培養した場合には表皮に分化しました（図4A－③）．そして，この表皮に分化させるBMPの作用が原口背唇部から分泌されるノギン，コーディン，フォリスタチンなどによって阻害されると，外胚葉は神経組織に分化することが示されました（図4A－④，⑤）．このようにして，誘導が必要なのは神経組織ではなく表皮の方であることが明らかになり，その表皮誘導因子BMPの作用を阻害する原口背唇部から分泌されるこれらの分子がSpemannのオーガナイザーだと同定されたのです．動物系においても，BMPを発現して表皮に分化する予定の外胚葉に異所性にオーガナイザーとして同定された分子を大量に発現させると，過剰のオーガナイザー分子が内在性のBMPに結合してその作用を阻害するため，表皮に分化する予定の外胚葉でも神経組織に分化します（図4B－②）．ですから，神経誘導とは，外胚葉の細胞から分泌される表皮誘導因子であるBMPの作用をSpemannのオーガナイザーが抑制すること，つまり，BMPによる抑制を解除して神経組織に分化するデフォルトの状態に戻すものであることが判明しました．

　Spemannのオーガナイザーとして同定されたノギン，コーディンなどは，BMPに結合することによりBMPの受容体への結合を阻止してBMPシグナル伝達を抑制しますが，これらの分子が無くても，改変したBMP受容体，またはアンチセンスBMP-RNA（BMPのmRNAに相補的塩基配列を持つアンチセンスBMP-RNAはBMPmRNAと2重鎖を形成してBMPの産生を

阻害する）や改変したBMPを用いるなど，何らかの方法で正常のBMPのシグナル伝達が阻止されれば神経誘導が起こります（図4C–①，②，③）．たとえば，神経誘導の分子機構の発見につながった前述の中胚葉誘導実験で，TGF-β族に属する中胚葉誘導因子の受容体への結合の阻害によって神経誘導が起こったのは，同じTGF-β族に属するBMPの受容体への結合も阻害されたからです．また，動物によっては，BMPの転写を抑制してBMPの産生を阻害することで神経誘導が起こることが知られています．たとえば，ニワトリの系でウイント（ショウジョウバエのwinglessとマウスのint-1より命名，Wnt: Nusseら1991参照）シグナル伝達の抑制により，BMP転写を抑制する線維芽細胞増殖因子（fibroblast growth factor, FGF）シグナル伝達が活性化して神経誘導が起こることが報告されています．

1.2 体軸形成

このように神経誘導は中胚葉が無くても起こりますが，正常の発生で神経誘導に関わるのは原口背唇部（Spemannのオーガナイザー）の背側中胚葉です．神経組織を誘導するだけでなく完全な2次胚を形成する能力を持つこの背側中胚葉は，前後軸に沿って大まかにパターン化された頭部の前脳から尾部の脊髄まで全神経組織を誘導します．それならば，Spemannのオーガナイザーとして同定されたノギン，コーディン，フォリスタチンは前部も後部も含む全領域の神経組織を形成できるはずです．ところが，その後の研究からこれらの分子では前部の神経組織しか形成されないことが判明しました．確かに，単一の分子が神経組織の誘導と同時に前部神経組織の形成を行い，誘導とパターン形成は分けられないことを示すこの結果は，Spemannによって提唱された概念の基礎となるオーガナイザーの存在を分子レベルで証明するものですが，では，後部の神経組織は，どのようにして形成されるのでしょう？ 主な2つの仮説があります．1つは，神経組織の各領域を誘導する質の異なった複数の（少なくとも2つ）オーガナイザーが背側中胚葉の前後軸に沿って領域特異的に分布し，各々のオーガナイザーが（2つの場合は両者の割合）各領域の神経組織を誘導するという複数オーガナイザー説（図5a）で，もう1つは，まずSpemannのオーガナイザーが全域を前部神経組織に誘導した後，続いて後部程濃度が高い別のシグナルが，（それ自身では神経誘導できないけれど，）誘導された前部神経組織を後部に位置する程より後部の神経組織に変換するという2段階説です（図5b）．質の異なった複数のオーガナイザーが存在するという説は，Spemannのグループにより行われた実験結果に基づいています．初期神経胚期までに前後軸に沿って領域化される背側中胚葉の異なった領域を初期嚢胚に移植してSpemannと同様の移植実験を行うと（図5a），前方の移植片からは前部の脳のみが，中間部の移植片からは後部の脳のみが，後方の移植片からは尾部の脊髄のみというように，移植片の背側中胚葉での位置に従って前方から後方へ順に領域特異的な神経組織の構造が誘導されます．一方，2段階説は，Nieuwkoopのグループによる実験結果に基づいています．初期神経胚の神経板の前後軸に沿って異なった位置に，神経板の表面に垂直に嚢胞期（初期嚢胚期から中期神経胚）の外胚葉を移植して移植片に誘導される神経組織を調べると（図5b），前方の移植片には前部の脳のみが，中間部の移植片には神経板に近い方から順に後部の脳と前部の脳が，後

部の移植片には順に脊髄，後部の脳，前部の脳が，というように神経板からの距離に従って順に後部から前部への神経組織が誘導されます．この結果は，誘導される神経組織は移植された部位によって異なるものの，どの位置からの移植片にも最も前方の神経組織が形成されることを示します．もし，複数オーガナイザー説のように前部のみと後部のみのオーガナイザーが別々に存在するなら，神経板形成期には後部の移植片が前方の神経組織を誘導するシグナルを背側中胚葉から受ける機会はないのに，後部の神経組織と共に最も前方の神経組織を誘導したという事実を説明できません．これに対して，まず外胚葉が前部の神経組織に誘導された後，後方の別のシグナルにより後部の神経組織に変換されるなら（2段階説），この結果を説明できます．Spemannのオーガナイザーであるノギン，コーディン，フォリスタチンにより外胚葉が前部の神経組織に誘導されること，またこの前部神経組織が主な後方化シグナルとして知られているレチノイン酸（retinoic acid, RA），FGF，Wntにより後部神経組織に変換されることなど多くの実験結果が2段階説を支持しています．

　前後軸に続いて背腹軸が決定され大まかな神経系のパターン形成が行われます．背腹軸のパターン形成も神経誘導と密接に関係しています（図6）．神経誘導（図6a）に関与したBMPがここでは神経管の背側化因子として作用し（図6b, c），神経誘導ではノギン，コーディン，フォリスタチンを分泌した背側中胚葉（図6a）由来の脊索が今度は腹側化因子ソニックヘッジホッグ（Sonic hedgehog, Shh）を分泌して（図6b）背腹軸のパターン形成に関わります．神経誘導後，背側ニューロンの分化を誘導するBMPは，神経管背側の正中部に位置する蓋板（roof plate）と呼ばれる細胞群からのみ分泌されるようになり（図6c），腹側ニューロンやグリア細胞の分化を誘導するShhは，脊索が神経管から離れる時期には，脊索により誘導される腹側正中部の底板（floor plate）と呼ばれる細胞群からのみ分泌されることになります（図6c）．これらの細胞群は正中部に位置するため，左右対称なパターンが形成されます．このように，神経系のパターン形成への原口背唇部（背側中胚葉）由来のオーガナイザー（Shhも含む）の関与が分子レベルで明らかになってきました．

　神経誘導は脊椎動物の種間で保存されたメカニズムであり，マウスでは結節，ニワトリではヘンゼン結節，ゼブラフィッシュでは胚盾と呼ばれる組織が両生類の原口背唇部に相当します．これらの組織は異種動物間での移植によっても神経組織を誘導する等の実験結果から，誘導因子は種を超えて作用すると考えられています．たとえば，ニワトリのヘンゼン結節は両生類の外胚葉を神経に分化させます．しかし，WntやFGFも関与していることや，マウスでは頭部神経組織の誘導に内胚葉の一部（前方臓側内胚葉）も必要であることが知られています．このように，BMPシグナル伝達の阻害により神経誘導が起こるというメカニズムは保存されているものの阻害の方法は種によって異なり，体軸の誘導に関してもまだ多くの点が解明されていません．

第1章・図

図3　Spemann の移植実験

A　初期嚢胚の正常な発生

両生類の正常の発生では，初期嚢胚の腹側外胚葉は表皮に（a），背側外胚葉は神経組織に（b）分化します．

B　移植実験を行った初期嚢胚の発生

Spemann は，移植片から分化した組織の追跡を可能にするため，色の違う2種類のイモリの初期嚢胚の間で移植実験を行いました．多くの場合，移植後より良く育つ色素を持つイモリを宿主に選び，色素を持たないイモリからの組織を移植しました．

a　将来表皮になるべき腹側外胚葉の一部を切り取り，将来神経組織になるべき背側外胚葉領域に移植すると，移植片は表皮ではなく神経組織に分化しました．また，逆に，

b　将来神経組織になるべき背側外胚葉の一部を切り取り，将来表皮になるべき腹側外胚葉領域に移植すると，移植片は神経組織ではなく表皮に分化しました．しかし，

c　原口背唇部と呼ばれる将来脊索などになる中胚葉の一部を切り取り，将来表皮になるべき腹側外胚葉領域に移植すると，移植片自身は脊索などの中胚葉に分化しただけでなく（中胚葉は原腸陥入により内側に移動するため外からは見えない），周りの宿主の腹側外胚葉に働きかけてこれを神経組織に分化させ，更には，宿主由来の独立した第2の胚（2次胚）を形成させました．

(Spemann & Mangold 1924, Spemann 1938 より作図)

A 初期嚢胚の正常な発生

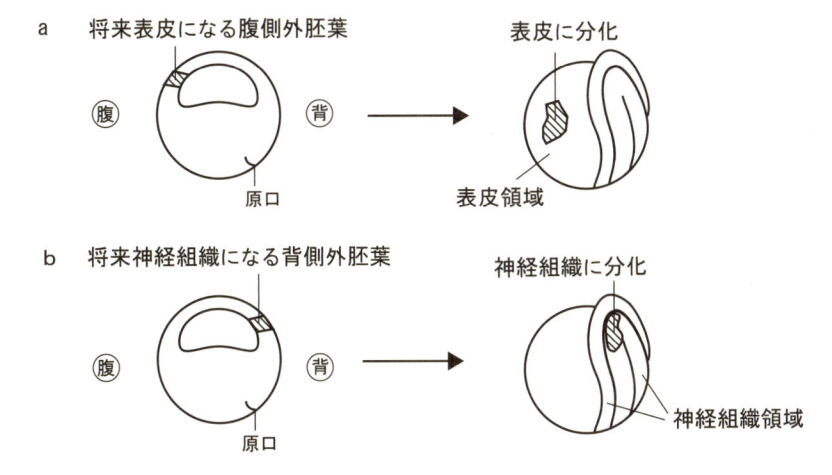

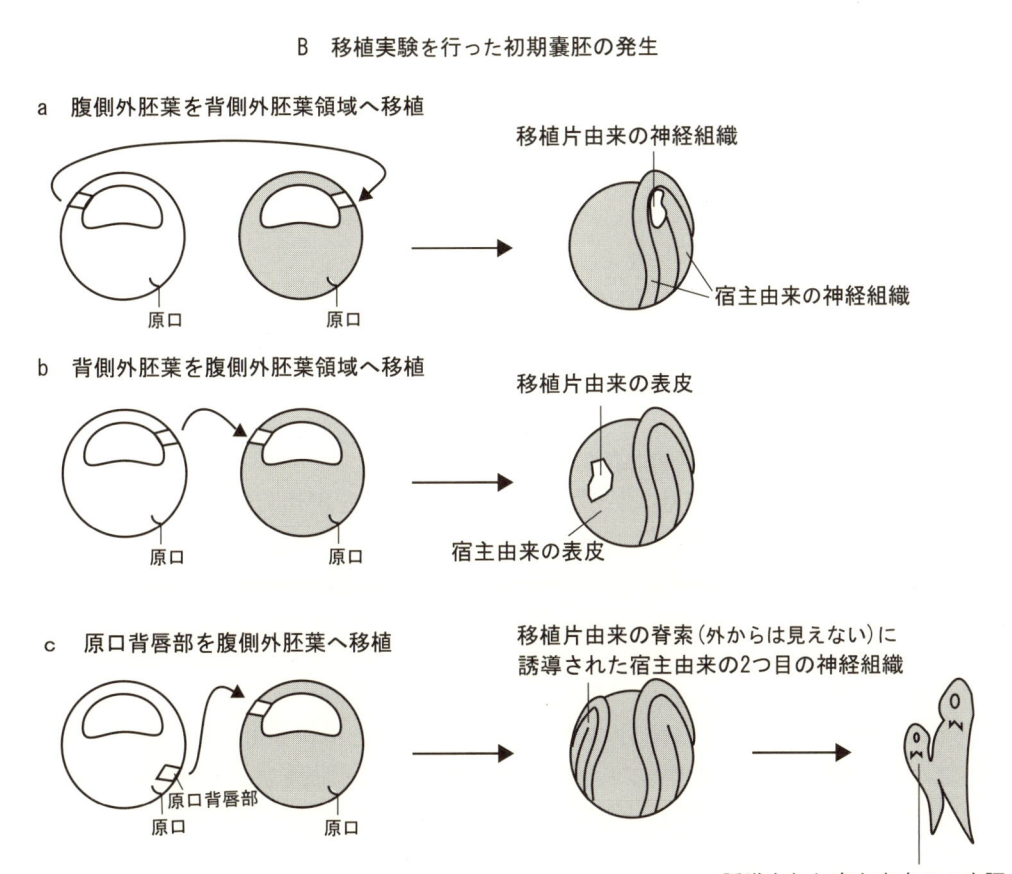

a 将来表皮になる腹側外胚葉 → 表皮に分化（表皮領域）

b 将来神経組織になる背側外胚葉 → 神経組織に分化（神経組織領域）

B 移植実験を行った初期嚢胚の発生

a 腹側外胚葉を背側外胚葉領域へ移植 → 移植片由来の神経組織／宿主由来の神経組織

b 背側外胚葉を腹側外胚葉領域へ移植 → 移植片由来の表皮／宿主由来の表皮

c 原口背唇部を腹側外胚葉へ移植 → 移植片由来の脊索（外からは見えない）に誘導された宿主由来の2つ目の神経組織 → 誘導された宿主由来の2次胚

図4　神経誘導実験

A　培養系での神経誘導実験

　両生類やニワトリにおいては，晩期胞胚期〜初期神経胚期の外胚葉を切り出してそのまま塊として培養すると表皮（①）に分化しますが，細胞を一度十分長時間（3時間以上）バラバラにして培養する過程を経ると神経組織（②）に分化します．しかし，バラバラにして培養した場合でも，BMP存在下で培養すれば表皮（③）に分化します．逆に，そのまま塊として培養した場合でも，原口背唇部（④）や，原口背唇部から分泌されるSpemannのオーガナイザーであるノギン，コーディン，フォリスタチン（⑤）の存在下では神経組織に分化します．

B　動物系を使った神経誘導実験

　8細胞期（この卵割期で初めて上部と下部に別れる）のカエル受精卵で外胚葉になる上部の4細胞全部にmRNAを，16細胞期の下部の隣接した2細胞にDNAを，①−③に示すように注入し，尾の原基が形成される25−35期まで胚のまま分化させると，bに示すような結果を得ます．しかし，この方法では，中胚葉の分化にも影響を与えることの知られているBMPやオーガナイザー分子が，中胚葉を神経誘導を起こさせる背側中胚葉に分化させ間接的に神経誘導を引き起こすという可能性を否定できません．その可能性を除くため，すなわち，中胚葉や内胚葉からの誘導作用を受けないように，神経誘導が始まる前の嚢胚期にAのように外胚葉を切り出してそのまま塊として培養する方法を取ると，aで示すような結果を得ます．

　① コントロールとしてのmRNAを注入した胚では，
　　　　a：表皮に分化します（A-①と同様）．
　　　　b：正常の胚が形成されます．

　② オーガナイザーmRNAとコントロールとしてのDNAを注入した胚では，
　　　　a：神経組織に分化します．
　　　　b：前部神経組織が拡大した体長の短い胚が形成されます

　　この結果は，過剰に発現されたオーガナイザーが，内在性のBMPに結合して作用を阻害し，神経組織を誘導できることを示しています．

　③ オーガナイザーmRNAとBMP-DNA（嚢胚期まで発現しないように加工されたもの）を注入した胚では，
　　　　a：表皮に分化します．
　　　　b：正常の胚が形成されます．

　　この結果は，注入されたBMP-DNAから過剰に産生されたBMPがオーガナイザーに結合するので，BMPの作用を阻害するオーガナイザーは除かれることを示しています．すなわち，BMPとオーガナイザーは互いに拮抗します．

C　BMPのシグナル伝達を阻害すると神経誘導が起こる

8細胞期の外胚葉になる上部の4細胞全部に①-③に示すようにRNAを注入し，囊胚期でB-aと同様に外胚葉を切り出して培養すると：

① シグナル伝達機能のないBMP受容体のmRNAを注入した胚では，神経組織に分化します．この結果は，シグナル伝達機能のないように改変したBMP受容体の過剰発現により，内因性のBMPはこの改変された受容体に結合するので，シグナル伝達を行う正常のBMP受容体に結合するBMPは無くなり，結果的にBMPのシグナル伝達が阻害されることを示しています．

② BMPのアンチセンスRNA（アンチセンスBMP-RNA）を注入した胚では神経組織に分化します．アンチセンスRNAとは，mRNAに相補的塩基配列を持つRNAで，mRNAとハイブリッド2重鎖を形成し遺伝情報を特異的に打ち消します．ですから，アンチセンスBMP-RNAの注入された胚の神経組織への分化は，アンチセンスBMP-RNAが内在性BMPmRNAと2重鎖を形成してBMPmRNAからのBMP産生を阻害したためだと考えられます．

③ 正常のものと2量体を形成はできるが機能しないBMPを産生するように改変した変異BMPmRNAを注入した胚では，変異BMPが内在性の正常BMPと2量体を形成してBMPの機能に必要な正常BMP間の2量体形成を阻害するので神経組織に分化します．

＊　③の実際の実験では，注入は4細胞期の全ての細胞になされ，胞胚期の外胚葉が切り出されました．4細胞期に注入されれば，上述（Bのb）中胚葉を介しての神経誘導の可能性も考えられますが，神経誘導を起こす背側中胚葉組織への分化は見られないことが確認されています．

このように，BMPの作用が何らかの方法で阻害されると神経誘導が起こります．

(AはChang & Hemmati-Brivanlou 1998, Wilson & Edlund 2001より改変, Wilson & Hemmati-Brivanlou 1995参照; BおよびC-①，②はSasaiら1995より作図; C-③はHawleyら1995より作図)

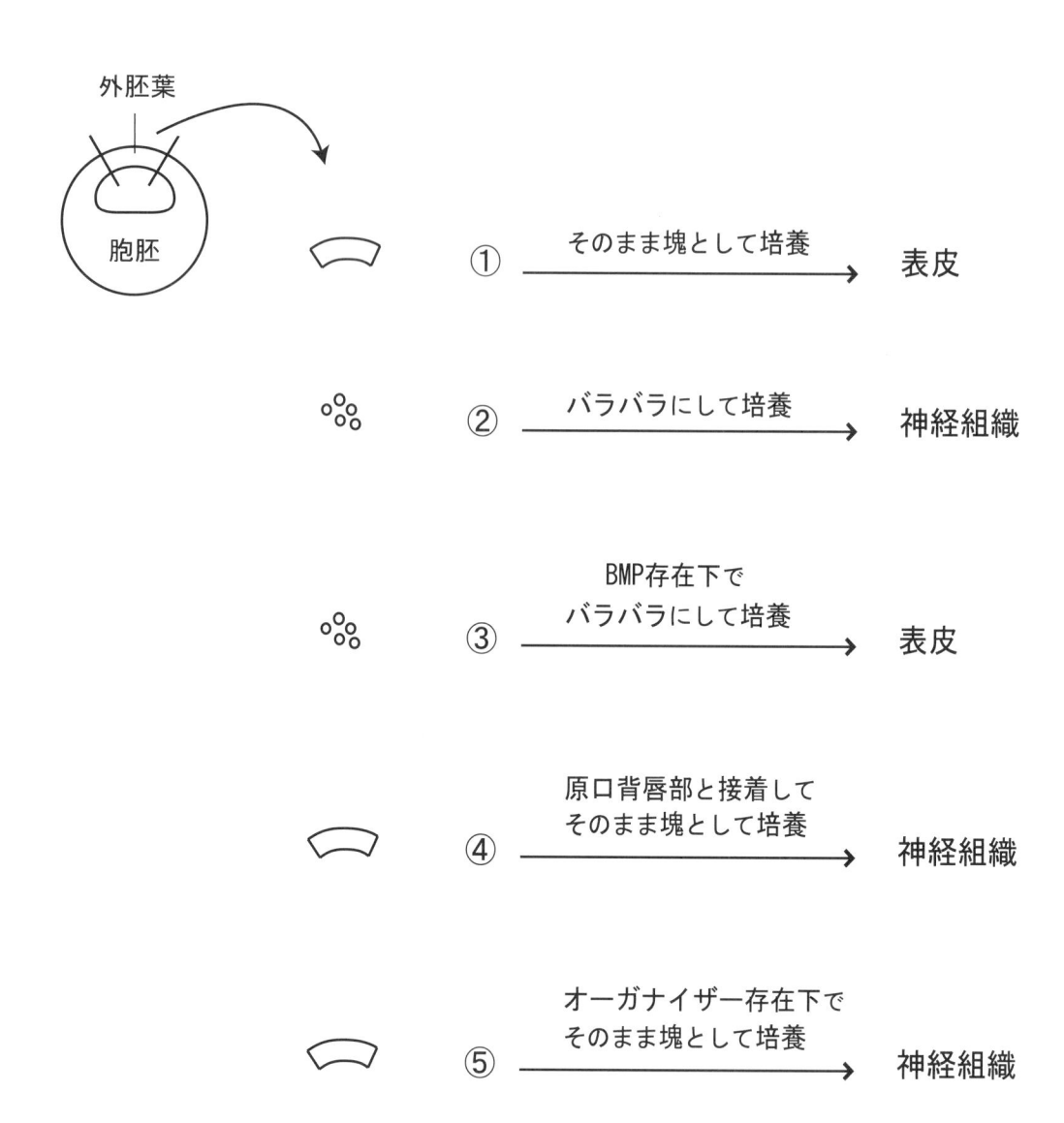

20　第Ⅰ部　ニューロンの誕生とタイプの決定

A

外胚葉
胞胚

① そのまま塊として培養 → 表皮

② バラバラにして培養 → 神経組織

③ BMP存在下でバラバラにして培養 → 表皮

④ 原口背唇部と接着してそのまま塊として培養 → 神経組織

⑤ オーガナイザー存在下でそのまま塊として培養 → 神経組織

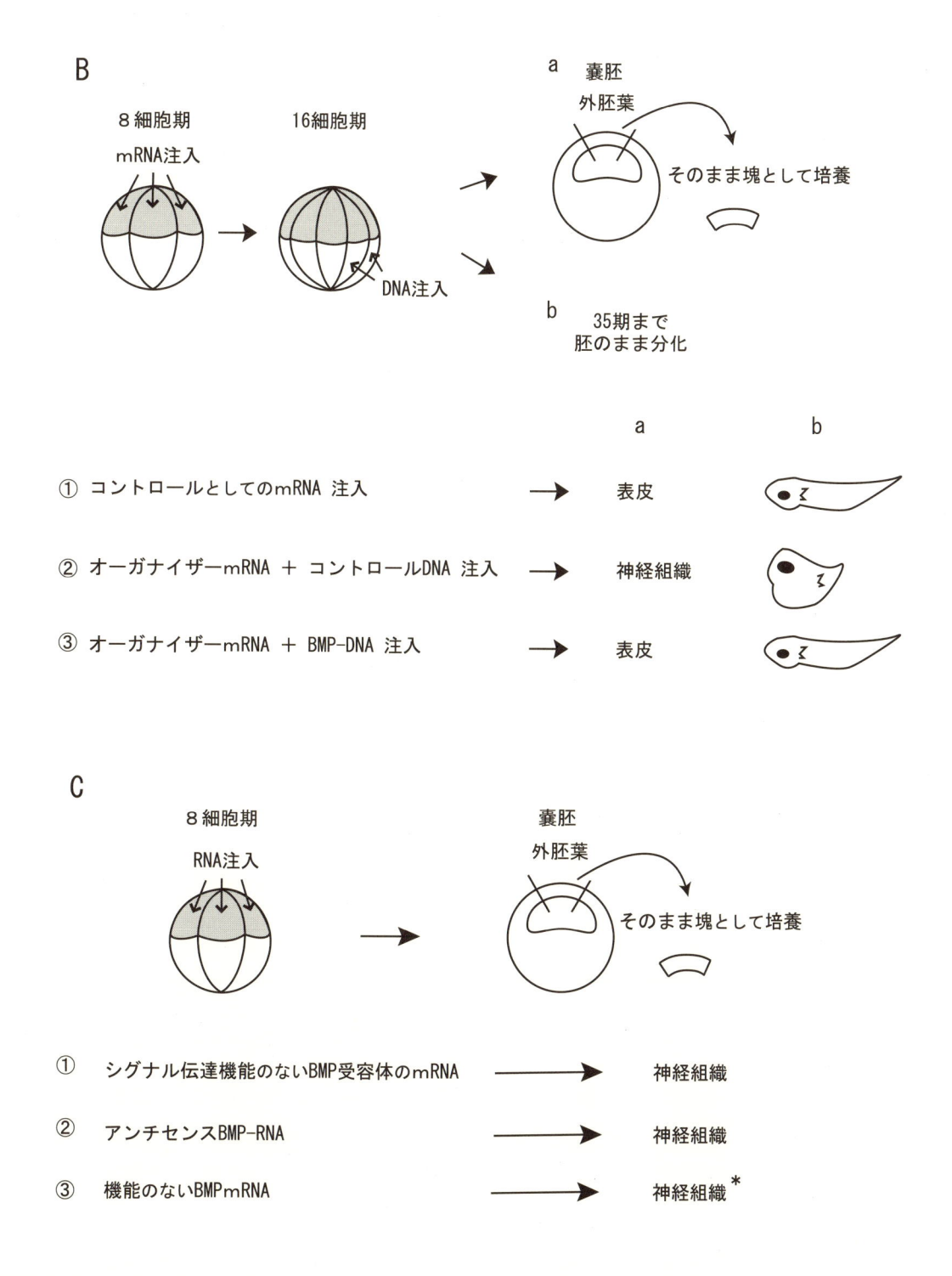

B

8細胞期　mRNA注入　→　16細胞期　DNA注入

a　嚢胚　外胚葉　→　そのまま塊として培養

b　35期まで胚のまま分化

		a	b
①	コントロールとしてのmRNA 注入 →	表皮	
②	オーガナイザーmRNA ＋ コントロールDNA 注入 →	神経組織	
③	オーガナイザーmRNA ＋ BMP-DNA 注入 →	表皮	

C

8細胞期　RNA注入　→　嚢胚　外胚葉　そのまま塊として培養

① シグナル伝達機能のないBMP受容体のmRNA　⟶　神経組織

② アンチセンスBMP-RNA　⟶　神経組織

③ 機能のないBMPmRNA　⟶　神経組織*

図5 後部神経組織の形成に関する仮説

a 複数オーガナイザー説

背側中胚葉の神経誘導作用は，初期神経胚までには前後軸に沿った位置に対応して領域化されていて，初期神経胚の背側中胚葉の前部を初期囊胚に移植すると前脳領域の頭が，中間部の背側中胚葉を移植すると菱脳領域の頭が，後部の背側中胚葉を移植すると脊髄を含む後部の体幹としっぽが形成されます．この結果から，背側中胚葉の前後軸に沿って領域毎に質の異なったオーガナイザーが複数個存在し，各々のオーガナイザー（2つの場合は，両者の割合）が各神経領域を誘導するという複数オーガナイザー説が提唱されました．

b 2段階説

初期囊胚期〜神経胚中期の両生類の胚から外胚葉の一部を四角形に切り出し，中・内胚葉を取り除き，内側が接着するように半分に折り曲げて細長い組織片を作ります．この外胚葉の組織片を，初期神経胚の神経板の正中部で将来は前脳，菱脳，脊髄となる3領域に垂直に移植します．（宿主は，初期囊胚から神経胚中期のどの時期でも同様の結果を得ます．）この移植片に誘導される神経組織は，各々の移植片が宿主とつながっている部位の神経組織は異なるものの，その部位から順に前部への神経組織が形成され，全ての移植片には前部神経組織が形成されます．この結果から，後部神経組織は2つの過程を経て形成されると結論されました．すなわち，後部神経組織は，まず，背側中胚葉由来のシグナルにより背側外胚葉の全領域が前部神経組織に誘導された後，後方の中胚葉由来で後部ほど高濃度に勾配状に分布するRAなどの別のシグナルにより，誘導された前部神経組織から変換されるとする説です．

(実験結果（上部）aはMangold 1933より，bはNieuwkoopら1952より作図；解釈（下部）はKelly & Melton 1995より改変)

第1章 誘 導　23

a　複数オーガナイザー説　　　　　　b　2段階説

実験結果

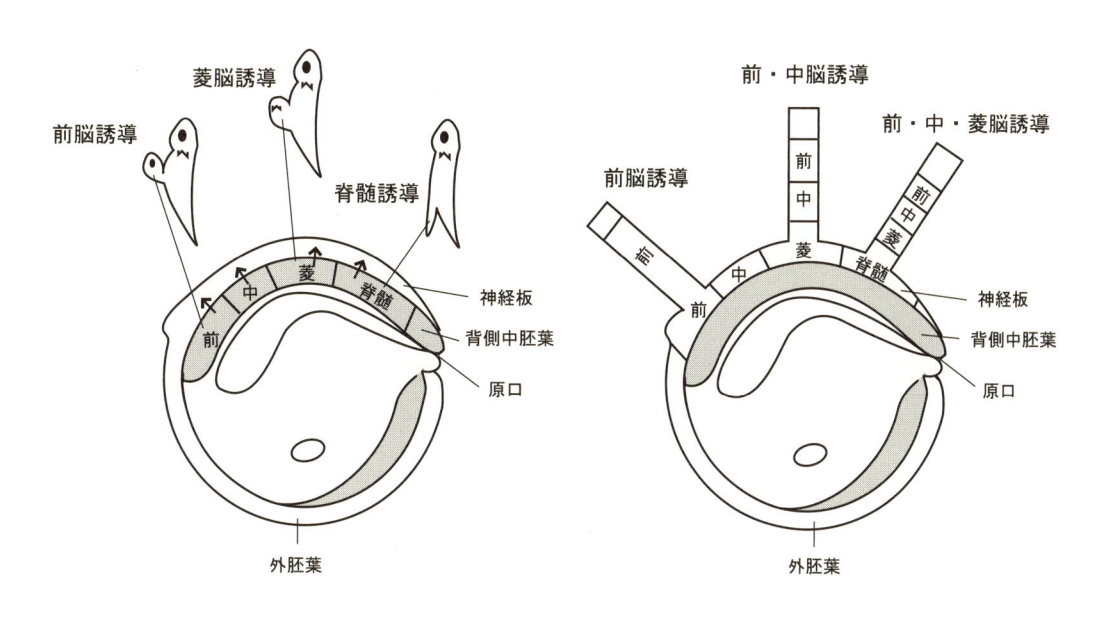

- 前脳誘導
- 菱脳誘導
- 脊髄誘導
- 神経板
- 背側中胚葉
- 原口
- 外胚葉

- 前・中脳誘導
- 前・中・菱脳誘導
- 前脳誘導
- 神経板
- 背側中胚葉
- 原口
- 外胚葉

解釈

神経板

背側中胚葉 | 前脳誘導 | 中脳誘導 | 菱脳誘導 | 脊髄誘導 |

① 前部神経組織誘導
＋
② 後方化変換

⇩　　　　　　　　　　　　⇩

神経管 | 前脳 | 中脳 | 菱脳 | 脊髄 |　　| 前脳 | 中脳 | 菱脳 | 脊髄 |

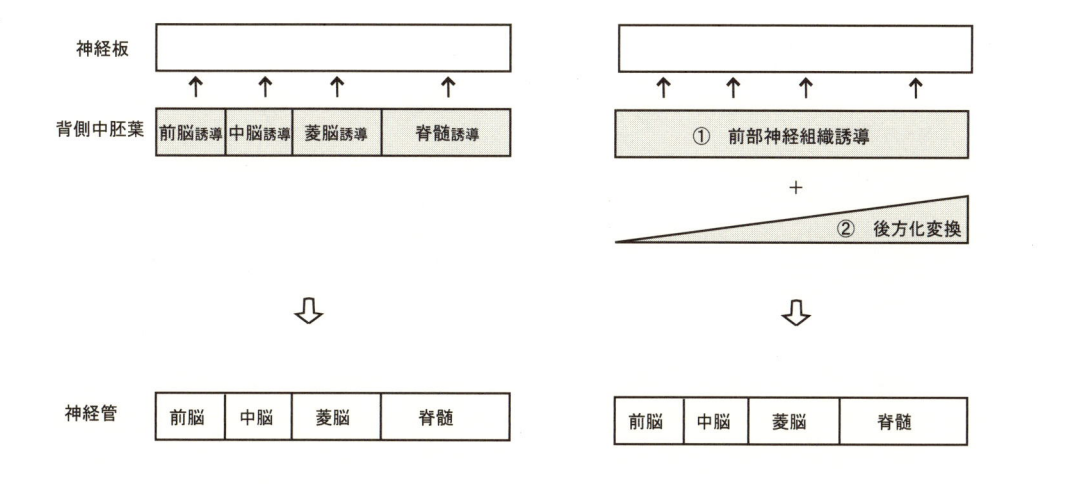

24　第Ⅰ部　ニューロンの誕生とタイプの決定

| 図6 | 神経誘導と神経管の背腹方向のパターン形成における共通のメカニズム |

　神経誘導においては，背側中胚葉（原口背唇部）から分泌されるノギン，コーディン，フォリスタチンが，表皮領域や腹側中胚葉から分泌されるBMPに拮抗します（a）．神経管の背腹方向のパターン形成においても，背側中胚葉から分化した脊索（および脊索により誘導された底板）から分泌されるShhがBMPに拮抗します（b, c）．BMPの表皮における発現は背側ニューロンの誘導が始まる頃には終り，神経管背側の正中部に位置する蓋板と呼ばれる細胞群での発現に変ります（c）．

(Tanabe & Jessell 1996, Sasai & De Robertis 1997 より改変)

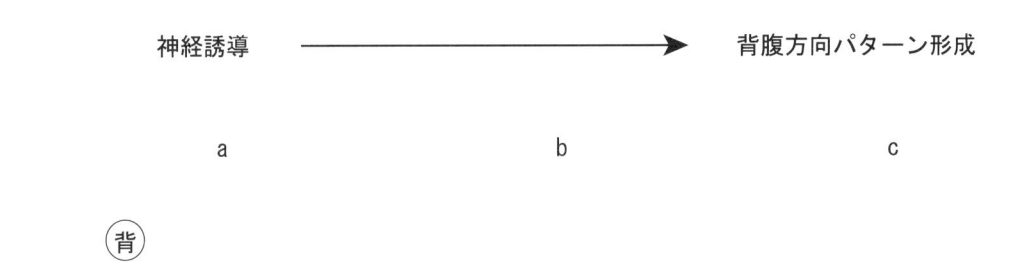

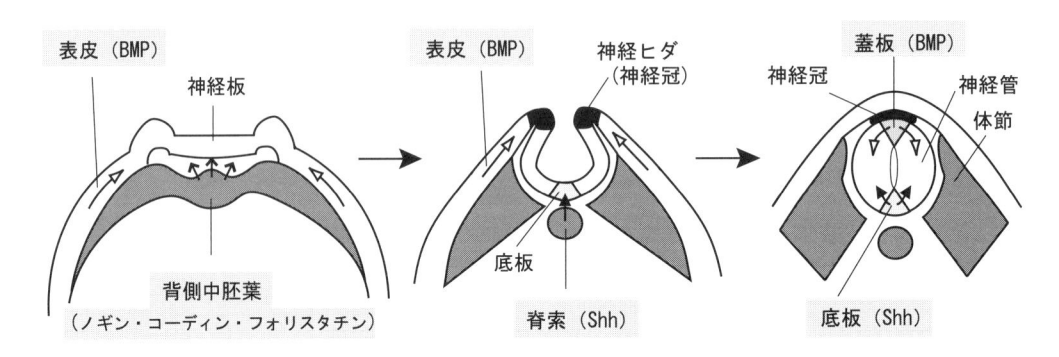

神経誘導 ──────────▶ 背腹方向パターン形成

　　　　a　　　　　　b　　　　　　c

㊤背

表皮（BMP）　神経板　　表皮（BMP）　神経ヒダ（神経冠）　　蓋板（BMP）　神経冠　神経管　体節

背側中胚葉（ノギン・コーディン・フォリスタチン）　底板　脊索（Shh）　底板（Shh）

㊤腹

第 2 章

位 置 情 報

　Spemann の神経誘導の実験で，胚のどこに位置するかが細胞の運命を決めることを学びましたが，この位置情報はどのように組み込まれ解釈されるのでしょう？　この問題は発生における基本的な課題で，神経系の発生分化にも他の組織で見られるのと同じメカニズムが働いています．その代表的な2つの方法を見てみましょう．1つは，コンパートメントと呼ばれる隔離された領域を使う方法で，もう1つは，化学分子の濃度勾配のようなシグナルの勾配を使う方法です．

2.1　コンパートメントを使う方法

2.1.1　コンパートメントの位置情報を担う Hox 遺伝子発現パターン

　胚で占める位置が細胞の運命を決定する方法の1つは，体の構造を組み立てるのに胚全体を1つとして扱うのではなく，一時的に小刻みにして各部分をコンパートメントと呼ばれる隔離された領域とし位置情報を刻む単位とするのです．たとえば，胚を前後軸に沿って大まかにいくつかのコンパートメントに分け，運命決定に関わる遺伝子の発現を，前方のコンパートメントには頭部が，後方のコンパートメントには胴部ができるというように前後軸に沿った位置に従って各々のコンパートメントに限定するのです．個々のコンパートメントの細胞は自分の領域を越えた自由な移動や異なった領域の細胞と混合ができないため，皆同じ外的環境因子の影響下に置かれ，その子孫も皆自分の属するコンパートメントに発現する共通の領域特異的な遺伝子群にのみ支配されます．こうすれば，前後軸に沿った領域毎に，その領域に割り当てられた構造に分化するように方向づけができます．ですから，もし，あるコンパートメントで発現する遺伝子群の発現パターンに変化が起これば，そのコンパートメントのみの運命が変わります．このように特定の領域に位置する細胞の運命を決定し，その発現パターンの変化が発現領域の細胞の運命を変化させる遺伝子をホメオティック遺伝子と呼びます．ホメオティック遺伝子は，塩基配列特異的な DNA 結合領域をコードするホメオボックスと呼ばれる共通の塩基配列を持つホメオボックス遺伝子の1つです．ホメオボックス遺伝子から翻訳されたタンパク質は，このホメオボックスから翻訳されたホメオドメインと呼ばれる部分でその支配下にある遺伝子の転写調節領域に結合して支配下の遺伝子の発現を制御する転写調節因子です．ホメオティック遺伝子は，初め，ショウジョウバエで，触覚が脚に置き換えられるなど形態異常を示す多くの突然変異体を遺伝学的に解

析した結果，発生中の胚の前後軸に沿って形成される体節と呼ばれるコンパートメントの運命を決定する遺伝子としての機能が示されましたが，その後，ショウジョウバエのホメオティック遺伝子であるHOM-C（homeotic complex）に相当する遺伝子群は前後軸に沿って発現される遺伝子群で，無脊椎動物から脊椎動物に至る幅広い動物種の発生過程に保存された基本的なものであることが明らかになってきました．脊椎動物のショウジョウバエのHOM-Cに相当する遺伝子群はHox（homeobox）遺伝子と呼ばれ，図7に示すように，Hox a, Hox b, Hox cとHox dの4セットの遺伝子群がそれぞれ異なる染色体に存在しています．これらは，進化の過程で，ショウジョウバエのHOM-Cに相当する遺伝子群が重複されて4セットに増えたものだと考えられています．ですから，最高で13個の遺伝子で構成されている各々のセットにおいて，遺伝子群の配列順序は保存されていますし，同じ番号のグループ，たとえばHoxa3, Hoxb3, Hoxd3は機能的に似ていて互換性があると考えられています．では，どのようにして位置情報がHox遺伝子の発現パターンに刻まれ領域特異的な運命の決定（解釈）がなされるのでしょう？

　実際の動物の例は少し複雑なので，まず，簡単な例で基本的な概念を見てみましょう．胚の前後軸に沿って前から順に位置するコンパートメント1-5に，1本の染色体上に3'端から5'端に順に配列されている4個のHox遺伝子1-4（たとえば，図7のグループ1-4）が図8aのように発現されているとします．Hox遺伝子の発現は，発現される全領域（コンパートメント1-5）の後方から始まり前方へ延長するので，Hox遺伝子1-4の発現の後端は皆同じコンパートメント5ですが，最前端は各々の遺伝子で異なり，Hox遺伝子1はコンパートメント1, Hox遺伝子2はコンパートメント2, Hox遺伝子3はコンパートメント3, Hox遺伝子4はコンパートメント4となります．

　Hox遺伝子の発現パターンには位置情報を刻む基本となる2つの重要な特徴があります（ただし各々に例外が有りますので完全なものではありません）．1つは，時間的にも空間的にも，染色体上のHox遺伝子の3'端から5'端への配列順序とHox遺伝子が胚で前後軸に沿って発現される順序とが同じということです．すなわち，染色体上で最も3'端の遺伝子1は，最初にしかも一番前に位置するコンパートメント1まで発現されるのに，最も5'端の遺伝子4は，最後にしかも後方のコンパートメント4までしか発現されません．重要なことは，各々のHox遺伝子の発現する最前端はコンパートメントの境界と一致しているということです．これにより，コンパートメント1には，遺伝子1のみが，コンパートメント2には，遺伝子1と2がというように，各々のコンパートメントの位置は，Hox遺伝子の発現の組合せによって指定できることになります．更に，各々の遺伝子の発現レベルは，発生の時期によってもコンパートメントの位置によっても異なるので，多様な発現パターンが可能となります．すると，コンパートメント4と5は，Hox遺伝子の組合せは同じでも異なった発現パターンを持つことになるのでコンパートメントの位置が特定されることになります．

　もう1つの特徴は，後方優位（posterior dominance）と呼ばれる現象です．メカニズムはまだ不明ですが，各々のコンパートメントに発現する複数のHox遺伝子のうち，胚の前後軸に沿って最も後方に発現する（すなわち，染色体上で最も5'端に位置する）Hox遺伝子が主にそのコンパートメントの運命を決定するという現象です．たとえば，コンパートメント2（図8a）

では，遺伝子1と2が発現されますが，後方に発現する遺伝子2が優位で，遺伝子2によってコンパートメント2の運命が決定されるのです．ですから，遺伝子1の欠損は，それが最も後方の遺伝子であるコンパートメント1には影響を与えますが，同じように発現しているコンパートメント2には影響がありません．各々のHox遺伝子の発現の組合せとレベルが位置情報を担うといっても，最も後方のHox遺伝子（黒の部分），すなわち，最前端に発現された遺伝子,がコンパートメントの運命を決定することになります．

　コンパートメントの位置に対応するHox遺伝子の発現パターンがコンパートメントの運命を決定するなら，Hox遺伝子の発現パターンを変えれば，運命も新しい発現パターンに対応する位置のものに変わるはずです．では，どのように変わるのでしょう？　たとえば，遺伝子2の欠損した変異体（図8b）では，コンパートメント2に発現される最も後方の遺伝子は1となるため，そのHox遺伝子発現パターンはコンパートメント1と同じパターンに変わるので，コンパートメント1と同じ運命に転換します．しかし，正常で遺伝子2が発現されている後方のコンパートメント3，4，5では，後方優位の現象から遺伝子2が欠損しても運命は変わりません．（コンパートメント2の運命だけを単独に変えることができるのです．）逆に，コンパートメント1に遺伝子2を発現させると（図8c），コンパートメント1に発現される遺伝子の組合せはコンパートメント2と同じになるだけでなく後方優位の現象から後方に発現される遺伝子2が1より優位となるので，コンパートメント1のHox遺伝子発現パターンはコンパートメント2と同じパターンに変わりコンパートメント2と同じ運命に変換します．一般に，後方優位の現象から，正常で発現されているコンパートメントでのHox遺伝子の欠損はこの遺伝子の発現されていない前方に位置するコンパートメントの運命に転換し，逆に，正常では発現されていないコンパートメントにHox遺伝子を発現させると逆の方向への転換，すなわち，この遺伝子の発現されている後方に位置するコンパートメントの運命に転換します．では，実際の動物の例を見てみましょう．

2.1.2　菱脳における運動ニューロンタイプの決定

　脊椎動物の神経系におけるコンパートメントの代表的な例は発生初期の菱脳に見られます．図9は，マウス（図9a）やニワトリ（図9b）の発生初期に菱脳および周辺組織において一時的に見られるHox遺伝子の発現パターンを示しています．菱脳は，前から後へ順に，ロンボメア（rhombomere）と呼ばれる8個（r1, r2, ……r8）の分節構造で構成されています．ロンボメアはコンパートメントの一種で，r1以外のロンボメアにはHox遺伝子が発現されます．ロンボメアにおけるHox遺伝子の発現パターンは，前述のようなコンパートメントとしての2つの特徴を備えています．4セットのHox遺伝子群を持つ脊椎動物の菱脳には，各々のセットを構成する最高13グループのうち始めの4グループに属するHox遺伝子（図7の点線で囲んだ部分）が発現されますが，図8aの例で説明した特徴に従って，染色体上で3'端により近く位置するHox遺伝子ほど最も前方のロンボメア（グループ2は例外的にグループ1より前方に発現される）まで発現され，より5'端のHox遺伝子は後方のロンボメアにのみ発現されます．そして，遺伝子の発現される最前端はロンボメアの境界と一致しています．多くの場合，異なったセットに属する同じ番号のグループのHox遺伝子が発現する最前端は同じですが，各々のHox遺伝子の発現

レベルはロンボメアにより異なります．ですから，発現されるHox遺伝子の組合せと発現レベルが，ロンボメアに領域特異的なHox遺伝子発現パターンを生み出し，Hox遺伝子の発現のパターンに位置情報が刻まれることになります．（図9aの黒の部分は発現レベルが高いことを示していますが，図9bの濃淡は発現レベルとは無関係です．）しかし，もう1つの特徴である後方優位の現象から，それぞれのロンボメアに発現される組合せのうち最も後方のHox遺伝子，すなわち，最前端に発現される遺伝子が主に運命を決定することになります．たとえば，r2では，Hoxa2が，r4ではHoxb1〔グループ2はグループ1より染色体上では5'端により近く位置しますが発現の最前端は例外的により前方なので，r4においては，より後方に発現されるb1（r4に最前端を持つ）が後方優位の現象から優位になると考えられます〕が，それぞれの運命を決定するのに重要となります．Hox遺伝子の発現は，頭部の末梢神経系および骨格や結合組織等に分化する神経冠や，移動した神経冠細胞と共に末梢構造を形成する鰓弓（branchial arch）にも見られます（図9b）．矢印は菱脳の各ロンボメアから各鰓弓へ移動する神経冠を示しています．鰓弓1に移動する神経冠（r1, r2およびr3の一部）にはHox遺伝子は発現されないという例外はありますが，一般に，神経冠におけるHox遺伝子発現パターンは，由来するロンボメアのパターンと同じで，グループ2は鰓弓2以降に，グループ3は鰓弓3以降に，グループ4は鰓弓4以降に移動する神経冠細胞に発現されるというように，各々のグループにおいて1つロンボメアが後方へずれたパターンとなっています．また，鰓弓におけるHox遺伝子発現パターンは3胚葉において異なっていますが，鰓弓1にはHox遺伝子は発現されません．

　図8で説明したように，実際にHox遺伝子の発現パターンを変えると，運命も新しい発現パターンに対応した位置のものに変わります．例として菱脳での2種類の運動ニューロン（黒丸）の分化を見てみましょう（図10）．菱脳のロンボメアr2からは三叉神経運動ニューロン（V）が，r4からは顔面神経運動ニューロン（VII）が生まれます．哺乳類では（図10A-a），三叉神経運動ニューロンはr2の内側で生まれて外側へ移動しますが，顔面神経運動ニューロンはr4の内側で生まれて内側部を尾側へ移動します．r4の細胞の運命を決定する最も重要なHox遺伝子は最前端に発現されるHoxb1なので，顔面神経運動ニューロンの誕生にはHoxb1が必要です．そして，Hoxb1が発現されないr2では三叉神経運動ニューロンが誕生します．では，もしHox遺伝子の発現パターンをHoxb1が発現されないように変えたらどうなるでしょう？　Hoxb1遺伝子の欠損マウスでは（図10A-b）r4の顔面神経運動ニューロンは形成されず，r4の運動ニューロンは尾側へ移動する変わりに，三叉神経運動ニューロンのように外側へ移動するのです．また，各種の領域特異的に発現される遺伝子の発現パターンも三叉神経運動ニューロンのものと同様になることから，r4の運動ニューロンタイプはr2のタイプに変換したと考えられます．すなわち，前述（図8b）の一般的ルールに従って，正常で発現されているr4でのHoxb1の欠損により，r4のHox遺伝子の発現パターンは前方のr2と同じになり，r2の位置から生じる三叉神経運動ニューロンに転換したのです．そして，Hoxb1は後方の他のロンボメアでも（少なくともトリで）発現されていますが，後方優位の現象から影響は見られません．

　では逆に，Hoxb1を正常では発現しないr2に異所性に発現させたらどうなるでしょう？　この場合には，移植実験操作の技術的理由からニワトリ胚を使って実験が行われました（図10A

-c). 菱脳の異なったロンボメアからの運動ニューロンは標的となる特定の1つの鰓弓に神経を伸長してその鰓弓由来の筋と接続します．たとえば，三叉神経運動ニューロン（V）は鰓弓1に，顔面神経運動ニューロン（VII）は鰓弓2に神経を伸長させます．Hoxb1は，ニワトリ胚でもマウス胚と同様にr4で強く発現されますが，r2には発現されません（図9）．ところが，ウイルス感染によりHoxb1を発現させた胚の菱脳r2の運動ニューロン産生部位をウイルス抵抗性の同時期の胚に移植することにより，Hoxb1をr2由来の運動ニューロンに異所性に発現させると（図10A-d），移植されたr2由来の運動ニューロンは本来伸長する鰓弓1ではなく鰓弓2に伸長します．これは，Hoxb1の発現によりr2由来の運動ニューロンのHox遺伝子発現パターンがr4由来の運動ニューロンのものと同じになり顔面神経運動ニューロンに変換した結果，鰓弓1ではなく鰓弓2に神経を伸長したのだと説明できます．すなわち，正常では発現されない前方のr2に後方のr4で発現されるHoxb1を異所性に発現させると，r2はこの遺伝子の発現されている後方のr4の運命に転換するという前述（図8c）の後方優位の現象による一般的ルールで説明されます．

では，運動ニューロンのHox遺伝子の発現パターンではなく，運動ニューロンの標的となる鰓弓1または鰓弓1に移動する神経冠にHoxb1を異所性に発現させてHox遺伝子の発現パターンを変えたら神経接続はどうなるでしょう？　標的となる頭部の骨格筋の筋組織は鰓弓の中胚葉由来ですが結合組織は各々の鰓弓に移動する神経冠由来で，しかも移植実験から筋の適切な骨格への付着及び適切な運動ニューロンとの接続等のパターン形成に頭部神経冠が重要な役割を果たしていると考えられています．そこで，Hoxb1を異所性に標的鰓弓1領域に発現させると，神経冠または鰓弓いずれに発現させても，r2からの三叉神経運動ニューロンは正常なら伸長するはずの鰓弓1に伸長できません（図10B）．

これらの結果は，コンパートメントを使う方法で位置情報がHox遺伝子の発現パターンに刻まれ，菱脳の領域特異的な運動ニューロンのタイプおよび神経接続が決定（解釈）されることを示しています．

2.1.3　進化の過程で保存された位置情報の刻み方

このように，コンパートメントの位置情報はHox遺伝子の発現パターンとして刻まれることを見てきましたが，大切なことは，位置情報を刻み込むのと位置情報を解釈するのとは全く独立した過程で，進化的に保存されたのは，位置情報の刻み方であるということです．Hox遺伝子の発現パターンとして刻まれた位置情報の解釈の方法は動物によって異なるのです．一般に，ホメオボックス遺伝子の支配下にある標的遺伝子は動物により異なるので結果的に出来上がってくる体の構造や形態は多様です．しかし，マウスや人のHox遺伝子はショウジョウバエにおいても効率は低いもののショウジョウバエのHOM-C遺伝子と同様の特異性をもって機能し，ショウジョウバエの標的遺伝子に作用します．ですから，どんな構造が形成されるかは動物によって異なるけれど，その構造の作り方が保存されたのです．これが図2で示した，脊椎動物の初期発生では皆同じような形態をとる時期があるということの意味で，"個体発生は系統発生を繰り返す"として長い間提唱されてきた共通の発生機構の実体です．

2.1.4 Hox 遺伝子発現のコントロール

ここまでは，位置情報を刻むのに Hox 遺伝子が仲介者として中心的役割をすることを見てきましたが，どんな外的環境因子がこの領域特異的な Hox 遺伝子の発現をコントロールしているのでしょう？ この問題は解明されていませんが，神経誘導において前後軸に沿ったパターン形成の後方化因子の1つである RA が，前後軸の位置情報を仲介する Hox 遺伝子の発現をコントロールしている最も重要な因子であると考えられています．ロンボメアに発現される Hox 遺伝子のうち，最前端に発現される Hox 遺伝子（最も後方のもの）がロンボメアの運命を決定するので，RA がどのように Hox 遺伝子の発現をコントロールしているかという問題を，RA がどのように Hox 遺伝子の最前端をコントロールしているかという観点から見てみましょう．まず，ロンボメアの RA への依存性は発生過程の特定の期間に見られ，後方のロンボメア程高く，発生が進むにつれて前方のロンボメアから失われます．RA を与えない胚では（図 11A－b；図 11A－a の菱脳領域は図 9b のニワトリの場合と同じ），r5 以降のロンボメアは形成されず前方のロンボメア r1－r4 の拡大が見られます．この結果は，後方のロンボメア形成には RA が必須であることを示すばかりでなく，RA の欠乏により Hox 遺伝子発現の最前端が後方へずれたため後方のロンボメアの運命が前方のものに変換した（r5→r4, r6→r4, r7→r4, r8→r4）ことを示唆します．逆に，RA を過剰に与えた胚では（図 11B－b；図 11B－a の菱脳領域は図 9a のマウスの場合と同じ），RA により異所性に Hox 遺伝子が誘導されて Hox 遺伝子発現の最前端が前方へ移動し，ロンボメアの運命も後方のものに変換します（r1→r4, r2→r4, r3→r4）．

RA の影響は量だけでなく時期によっても異なり，たとえば，RA を過剰に投与する時期が少し遅くなると 8 個のロンボメアの区域は保たれます．しかし，過剰の RA により前方のロンボメアに異所性に Hox 遺伝子が発現されて Hox 遺伝子の発現の最前端が前方へ移動するため，前方のロンボメアの運命が後方のものに変わります（図 8c 参照）．このロンボメアの運命が実際に変換する例は，産生される運動ニューロンのタイプの変換に見られます．図 12 には，マウス胚の r2 に異所性に r4 と同じ Hox 遺伝子が発現される結果，三叉神経運動ニューロンに分化するはずの r2 から顔面神経運動ニューロンが形成される機序を説明しています．そして，r2 の神経冠も（多分同じレベルの鰓弓も）r4 レベルのパターンに変化するので，r2 由来の神経冠が移動する鰓弓 1 が鰓弓 2 の運命に変化する結果，この r2 の顔面神経運動ニューロンは（鰓弓 2 に転換した）鰓弓 1 に神経接続します．ですから，r2 から転換した r4 と元来の r4 の重複が見られることになります．しかし，後方のロンボメアには変化は見られません．このように，ロンボメアの運命が Hox 遺伝子の発現パターンの変化を伴って，RA 欠損では前方の，RA 過剰で後方の運命に転換することは，前述（図 8）の Hox 遺伝子発現の特徴である後方優位の現象と考えられ，RA が Hox 遺伝子の発現の最前端をコントロールする外的環境因子であることを示唆します．

Hox 遺伝子の RA に対する感受性は Hox 遺伝子により異なっており，染色体で 3' 端に近く位置するほど，すなわち胚の前方に発現される Hox 遺伝子ほど低濃度の RA でより速く誘導されることが知られています（図 7）．たとえば，Hoxb1 の方が Hoxb9 より低濃度でより速く誘導されます（図 11B）．このような直接のコントロール以外に，RA は，ロンボメアの形成や Hox 遺伝子の発現に影響を与える転写調節因子の発現もコントロールしていることが知られています．

しかしながら，Hox 遺伝子の発現は，FGF（たとえば図 18）などの RA 以外の環境因子にも影響されます．ロンボメアの移植実験から，Hox 遺伝子発現パターンは，移植された場所の中胚葉が産生する高分子量の因子により移植部位の新しいパターンに変更が可能であることが示されていますが，その因子はまだ多くが同定されていません．

2.2 勾配を使う方法

2.2.1 フランス国旗モデル

　胚の一部から出るシグナルが，そのシグナルに反応する周りの細胞の配置および運命を決定する方法としてシグナルの勾配を使うという考えは発生における重要な概念です．Wolpert は，発生での形態形成が 3 次元の軸を基本として行われることを洞察し，細胞の運命を決める位置情報の体系化の重要性を指摘して，シグナル勾配と位置情報を結びつけた"フランス国旗モデル"を提唱しました．細胞は，勾配状に分布するシグナルの，自分の位置に対応する値に従って運命を決定するというもので，図 13A-a は，フランス国旗モデルで，どのようにして細胞が位置情報をシグナルの値に対応させて運命を決定するかを説明しています．横軸はシグナル（化学分子など）に反応する細胞の分泌源からの距離で，縦軸はシグナルの濃度です．たとえば，分泌源からの濃度勾配に従って閾値 ① 以上に反応する細胞は青になり，閾値 ① 未満で ② 以上は白に，閾値 ② 未満は赤になればフランス国旗の青・白・赤の 3 色のパターンができるというように，細胞の分泌源からの距離により異なるシグナル濃度を細胞は 3 通りに解釈することになります．このようにすれば，位置情報は対応するシグナルの閾値濃度に変換され，閾値濃度に対応する遺伝子の発現を通して細胞の運命を決めることになります．このモデルの特徴は，もし，3 色のパターンが緑・白・橙ならアイルランド国旗に，黒・黄・赤ならベルギー国旗になるように，閾値を細胞がどのように解釈するか，すなわち，細胞のどのような遺伝子の発現に結びつけるかは，同じパターンでも細胞によって異なるので（図 13A-a），上述のコンパートメントを使う方法の場合と同様，位置情報を刻むのと解釈は全く独立した過程であるということです．また，このモデルは細胞や動物の大きさに関係なく適用できます．たとえば，国旗の横の大きさを半分にした場合（図 13A-b），分泌源からの距離は変わっても細胞間の相対的位置は同じなのでパターンは同じとなり，位置情報は大きさに関係なく刻まれることになります．更に，何らかの理由でシグナルの濃度が上がったり下がったりして変わると，各々の細胞の運命は一斉に平行移動して分泌源により近いかより遠いものに転換します（図 13A-c, A-d）．では，実際の例として脊髄腹側部のニューロンの誘導を見てみましょう．

2.2.2 脊髄背腹方向のパターン形成

　たとえば，ニワトリ胚の脊髄腹側には，底板（FP），運動ニューロン（MN）と 4 種類の介在ニューロン（V0-V3）が背腹軸に沿って特定の領域に誕生します（図 13B-a）．最も腹側の正中部には底板が，そして左右対称に背側に向かって順に V3, MN, V2, V1, V0 が誕生します．各領域に生まれるニューロンのタイプは，これらニューロンの前駆細胞の段階で背腹軸に沿った各

領域に特異的に発現する転写調節因子（主にホメオボックス遺伝子からの翻訳産物）の特定な組合せにより決定されることが明らかになっています．図6で，神経系の背腹軸の形成は原口背唇部中胚葉由来の脊索から分泌される腹側化因子ShhがBMPなどの背側化因子に拮抗して行われることを述べましたが，背腹軸方向の位置情報がフランス国旗モデルに従って分泌源である脊索（または底板）からのシグナルShhの閾値濃度に変換され，対応する転写調節因子の領域特異的な発現の誘導または抑制につながることによりニューロンタイプを決定する最初の設定がなされるのだと考えられています．では，この脊髄腹側ニューロンの前駆細胞領域が脊索（または底板）からのシグナルShhによりフランス国旗モデルのメカニズムで決定されるという結論にいたる過程をもう少し詳しく見てみましょう．

　まず，脊索を除くと底板もどのタイプの腹側ニューロンも生まれないこと，逆に，脊索を別の場所に移植すると底板ともう一組のニューロンが誘導されることは，脊索からのシグナルが全ての腹側細胞を誘導することを示します．また，底板だけを移植しても全種類のニューロンが生まれるので，脊索の位置が神経管から離れる発生後期には底板が重要となることが理解できます（図6c参照）．脊索や底板は腹側正中部に位置するので，これらの分泌源からのシグナルは背腹方向に沿って左右対称に分泌源からの距離に従った濃度勾配を形成することになります．では，このシグナルの濃度勾配はどのように各種ニューロンの前駆細胞領域を決定するのでしょう？脊索を異所性に移植して（図14b-d），宿主（N，白丸）と移植片の脊索（N'，灰色の丸）によって誘導されるMNに注目すると，背側正中部に移植した場合には2組のMNが見られるのに（図14b），宿主と移植片の脊索間の距離が短くなるに従って各々のMNの誘導領域が重なり（図14c；点線で囲まれたMN），両者からの重なったシグナル濃度がMNを誘導する濃度を越えると遂には見られなくなります（図14d）．逆に，底板の形成される以前に脊索（N）の一部を取り除き，脊索のない部分の神経管に誘導される細胞のタイプを調べると（図15），最も高い濃度を必要とする底板（FP）の誘導は，脊索のない部分の神経管腹側正中部の両端（脊索切断端の一方を示す図15の＊の部分）に脊索の切断端を超えて短距離延長が見られますが，その他の部分には見られません．その代わりに，底板（または脊索）から一定の距離に，本来なら底板が存在するはずの腹側正中部にも連続してMNが誘導されるのが観察されます．これらの結果は脊索や底板からの距離で決まるシグナルの特定の濃度が各種の前駆細胞の誘導領域を決定することを示し，フランス国旗モデルが適応できることになります．そして，この脊索や底板から分泌されるシグナルが腹側化因子Shhであるという結論は，培養系でShhを分泌する底板を除いた腹側神経板に，たった2-3倍の濃度差のShhで各種の腹側ニューロンを誘導でき，この誘導はShhの作用を特異的に阻害する抗体の存在下では見られないこと，更に動物系でも，Shhの異所性発現で底板や各種の腹側ニューロンに特異的な遺伝子の発現を誘導でき，逆にShh欠損でどのタイプの腹側ニューロンも生まれないこと等の結果に基づいています．

　図13B-aは，Shhが脊髄腹側部のニューロン前駆細胞の各領域を誘導する方法をフランス国旗モデルで説明しています．分泌源である脊索や底板からの距離に反比例したShh濃度で各々のニューロン前駆細胞が誘導されます．更に，脊髄の左右いずれか（実験側）の一部の細胞に改変したShh受容体を導入して，Shhのシグナル伝達を亢進したり（図13B-b）阻害したりす

ると（図13B-c），フランス国旗モデルの特徴（図13A-c, 13A-d）から予測されるように，各ニューロン領域において導入された細胞の運命のみが背腹方向に沿ってずれる（図は，ずれにより両端に位置するV0またはV3が消失する特別な場合です）ことは，Shhが直接に細胞の運命決定に関わっていることを示しています．ですから，位置情報が脊索や底板から分泌される勾配状に分布するShhの閾値濃度に反映される形で組み込まれて脊髄腹側におけるニューロンタイプの決定（解釈）につながるのです．また，脊髄以外のたとえば菱脳ならば，同じShhの濃度勾配が全く別のタイプの菱脳でのニューロンの誕生につながることが知られていますが，これはフランス国旗モデルの特徴である位置情報の刻み込みと解釈とは独立して行われることを示す例です．たった1個の化学分子が2-3倍の濃度差で異なったニューロンのタイプを決定するというのは驚きです．

　脊髄の背側からは，神経冠，蓋板，背側ニューロンが形成されますが，これらの細胞の誘導にも同様のメカニズムが働いていると考えられています．しかし，腹側と異なって，BMPやWntなど複数の因子が必要なことが知られています．神経板の周囲の表皮から分泌されたBMPは（図6a, b），その後最背側正中部に位置する蓋板から分泌されるようになり（図6c），腹側化因子Shhに拮抗して神経管を背側化する因子として感覚ニューロンや背側介在ニューロンを誘導します．

2.2.3 外的環境因子の作用機序の特徴

　ここまでは細胞の運命を決定するいくつかの外的環境因子を見てきましたが，一般に外的環境因子の作用機序に関して重要な点は，誘導因子の作用の効果（この場合，細胞の運命の決定）を決めるのは誘導因子ではなく，反応する細胞の状態であるということです．たとえば，上述のBMPは，外胚葉を表皮化する因子であると共に中胚葉の腹側化因子でもあります．ですから，同じ因子に対しても細胞の種類によって異なった反応となるので，同じ因子が同時に神経系以外の組織の発生においても広く使われます．また，神経誘導時には外胚葉の神経組織への分化を阻止する因子であったBMPが，神経管が形成された後は脊髄での背側化因子として神経冠や感覚ニューロンなどの神経組織の誘導に関わるという全く逆のような働きをします．更に，もう少し後の時期には，神経冠細胞を交感神経系の細胞に分化させる働きもします（後述）．ですから，発生の異なった時期には，同じ細胞でさえ同じ因子に全く異なった反応するので，同じ因子が様々な発生過程で何回も使われることになり，BMP, Wnt, FGF, Shh等の少数の因子で足りることになります．このように，因子の効果を決めるのは反応する細胞であるということは，誘導因子の数が少数で可能となり遺伝情報の節約になる他に進化的にも意味があります．細胞の反応する仕方を動物によって変えれば，誘導因子や基本となる発生のメカニズムを変えなくても容易に異なった効果が得られるので，進化の過程で同じメカニズムが保存されたHox遺伝子の場合のように，同じ分子が保存されていることが理解できます．

　さて，位置特異的な運命の決定をするのに，上述のコンパートメントや誘導因子の勾配を使ういずれの方法においても，反応する細胞は胚の特定の部位に限局していることが必要でしたが，

読者の中には，逆に誘導因子が胚の特定の部位に限局していて，その部位まで反応する細胞が移動しても同じ結果となると考えられる方もみえるでしょう．この後者の方法は，次に示すように，まさに末梢神経系を形成する神経冠の分化に見られるものです．

第 2 章・図

図7　ショウジョウバエのHOM-C遺伝子群と脊椎動物のHox遺伝子群の比較

　ショウジョウバエのHOM-C遺伝子群は，体の構造の形成異常を示す突然変異体のうちで，発生中の体節の運命決定に異常を示すアンテナペディア変異体とウルトラバイソラックス変異体と呼ばれる変異体に関連する2つの遺伝子群（antenapedia complex, bithorax complex）から構成されています．このショウジョウバエのHOM-C遺伝子群が進化の過程で重複して形成された脊椎動物の4セットのHox遺伝子群，Hox a，Hox b，Hox c，Hox dは遺伝子の塩基配列の類似性により13のグループ（paralogous group）に分けられます．塩基配列やアミノ酸配列において，これら13のグループとショウジョウバエの8種類のHOM-C遺伝子との相同関係を線で示してあります．たとえば，ショウジョウバエのlabial (lab)は，マウスのグループ1のHoxa1, Hoxb1, Hoxd1と最も類似しています．ただし例外として，脊椎動物のグループ3に相当する遺伝子はショウジョウバエではHOM-C遺伝子としての機能は失われ新しい機能を持つ3つの遺伝子に変換しているので，その部分は（　）で示してあります．点線で囲んだグループ1-4の4グループは菱脳レベルの頭部以降に発現され，グループ5-13は脊髄を含む胴部で発現されます．Hox遺伝子の発現の仕方は特徴的で，染色体に配列している順番に，3'に近いHox遺伝子程早期に，しかも体軸の最も前方まで発現されます．また，3'に近いHox遺伝子程，発現をコントロールするレチノイン酸（RA）に高い感受性を示します．

(Krumlauf 1994, Capecchi 1997 より改変；Falcianiら1996, Stauberら1999 参照)

第 2 章 位置情報　37

ショウジョウバエ

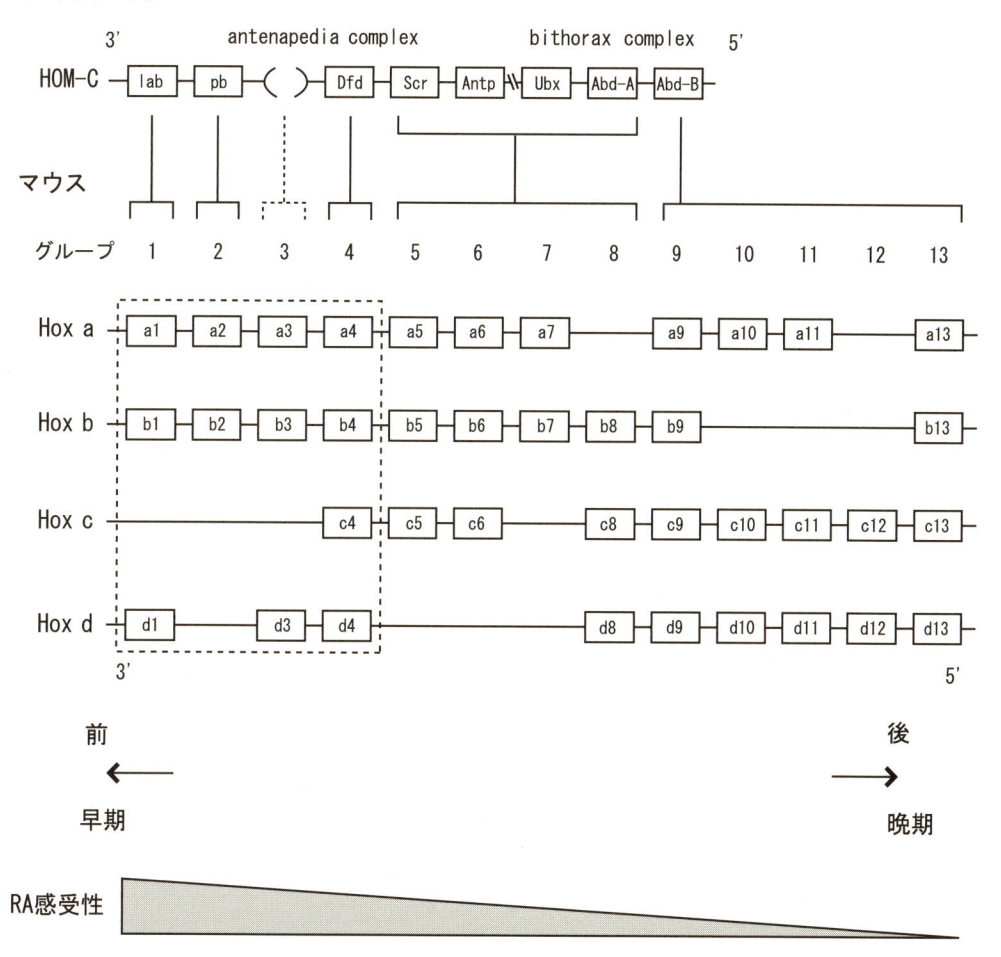

HOM-C 3' antenapedia complex — bithorax complex 5'
lab — pb — ( ) — Dfd — Scr — Antp — Ubx — Abd-A — Abd-B

マウス

グループ　1　2　3　4　5　6　7　8　9　10　11　12　13

Hox a　a1 — a2 — a3 — a4 — a5 — a6 — a7 — a9 — a10 — a11 — a13

Hox b　b1 — b2 — b3 — b4 — b5 — b6 — b7 — b8 — b9 — b13

Hox c　c4 — c5 — c6 — c8 — c9 — c10 — c11 — c12 — c13

Hox d　d1 — d3 — d4 — d8 — d9 — d10 — d11 — d12 — d13

3'　　　　　　　　　　　　　　　　　　　　　　　5'

前 ←　　　　　　　　　　　　　　　　　　　　　　→ 後
早期　　　　　　　　　　　　　　　　　　　　　　　晩期

RA感受性

> **図8** 位置情報はHox遺伝子発現パターンに刻まれる

aは，どのようにしてHox遺伝子の発現パターンが前後軸に沿って位置するコンパートメントを特定し領域特異的運命が決定されるかを説明しています．bとcは，欠損や異所性発現によりHox遺伝子の発現パターンが変わると，コンパートメントの運命が前後軸方向にずれるメカニズムを説明しています．詳細は本文を参照して下さい．

黒の部分は，各コンパートメントに発現されるHox遺伝子群のうち，コンパートメントの運命の決定に最も重要な遺伝子を示します（コンパートメント5に関しては本文参照）．

第2章 位置情報　39

a　正常

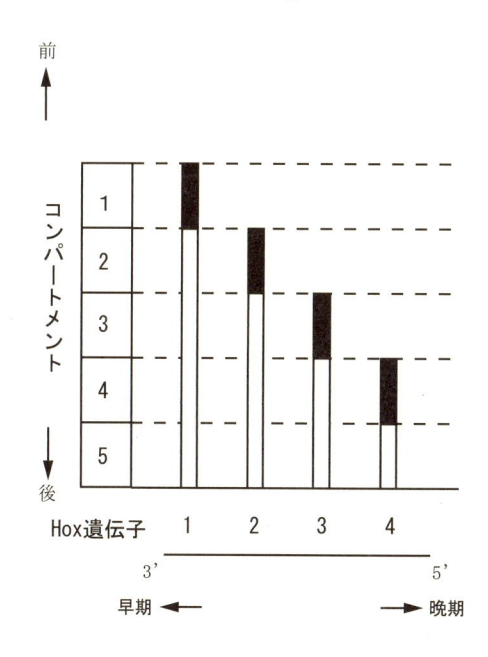

b　遺伝子2の欠損

c　遺伝子2の異所性発現

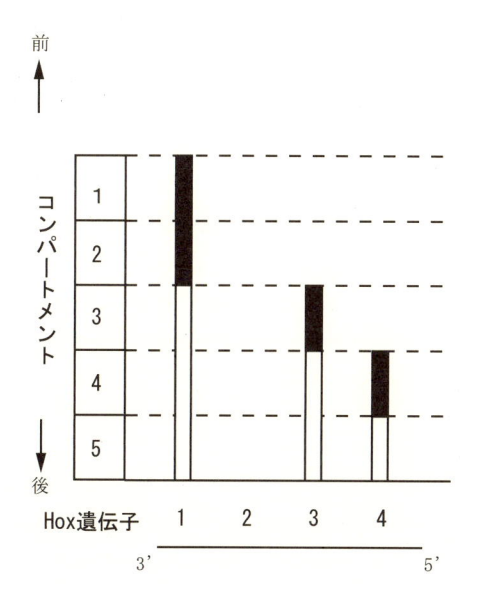

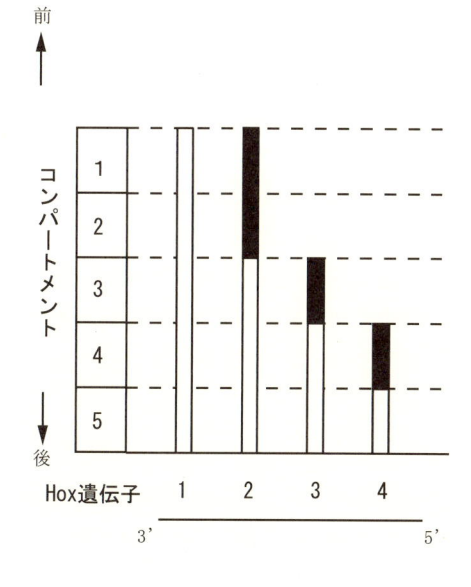

図9　Hox 遺伝子の発現パターン

a　胎生 9.5 日目のマウス菱脳における Hox 遺伝子の発現パターン

　　Hox 遺伝子の発現レベルは，個々の遺伝子毎に発現されるレベルを相対的に示してあり，黒の部分は各々の遺伝子発現領域で強く発現されている領域です．頭部に発現されるグループ 1-4（図 7）のうち，Hoxd1 は神経管には発現されません．一般には，染色体上で 3' 端により近く位置する Hox 遺伝子ほど前部のロンボメア（r）に発現されますが，例外的にグループ 2 は，3' 端により近く位置するグループ 1 より前部のロンボメアにまで発現されます．また，ほとんどの場合，同じ番号のグループの Hox 遺伝子が発現される最前端は同じですが，例外もあり，たとえば，Hoxa2 と Hoxb2 は同じ番号のグループに属しますが発現される最前端は異なります．更に，Hox 遺伝子の発現パターンは発生過程で変化します．たとえば，Hoxa1 は，発生早期に一度は r3 と r4 の境界まで発現されますが，胎生 8.5 日までには菱脳では発現されなくなるため点線で示してあります．Hoxb1 も Hoxa1 と同様ですが，r4 での発現は逆に亢進します．

b　ニワトリ胚（E3）での菱脳および神経冠と鰓弓の Hox 遺伝子発現パターン

　　比較を容易にするため，Hox 遺伝子の発現パターンは，Hoxb1 以外はグループ毎に示してあります．グループ毎に示されている濃淡は，a とは異なり，発現レベルの強弱を意味するものではなく，同じグループであることを容易に区別するためのものです．ニワトリ胚での Hoxb1 の発現は，マウス（a）と異なって r7 と r8 にも見られます．一般に，神経冠の Hox 遺伝子の発現パターンは，由来する菱脳のロンボメアと同じです．しかし，鰓弓 1 へ移動する神経冠は Hox 遺伝子を発現しません．矢印は，鰓弓に移動する神経冠細胞が由来する主なロンボメアを示しています．r1 と r2 からは鰓弓 1 に，r4 からは鰓弓 2 に，そして r8 からは鰓弓 4 に移動しますが，r3 と r5 からの神経冠細胞は 2 手に分かれて隣接した 2 つの鰓弓に移動します．すなわち，r3 は鰓弓 1 と 2 に，r5 は鰓弓 2 と 3 に移動します．また，r6 と r7 からの神経冠細胞は鰓弓 3 と 4 に移動します．鰓弓 2 以降には Hox 遺伝子の発現が見られ，その発現パターンは 3 胚葉によっても時期によっても異なります．

（a は Keynes & Krumlauf 1994 より改変；b は Prince & Lumsden 1994, Couly ら 1996 より改変）

第 2 章 位置情報 41

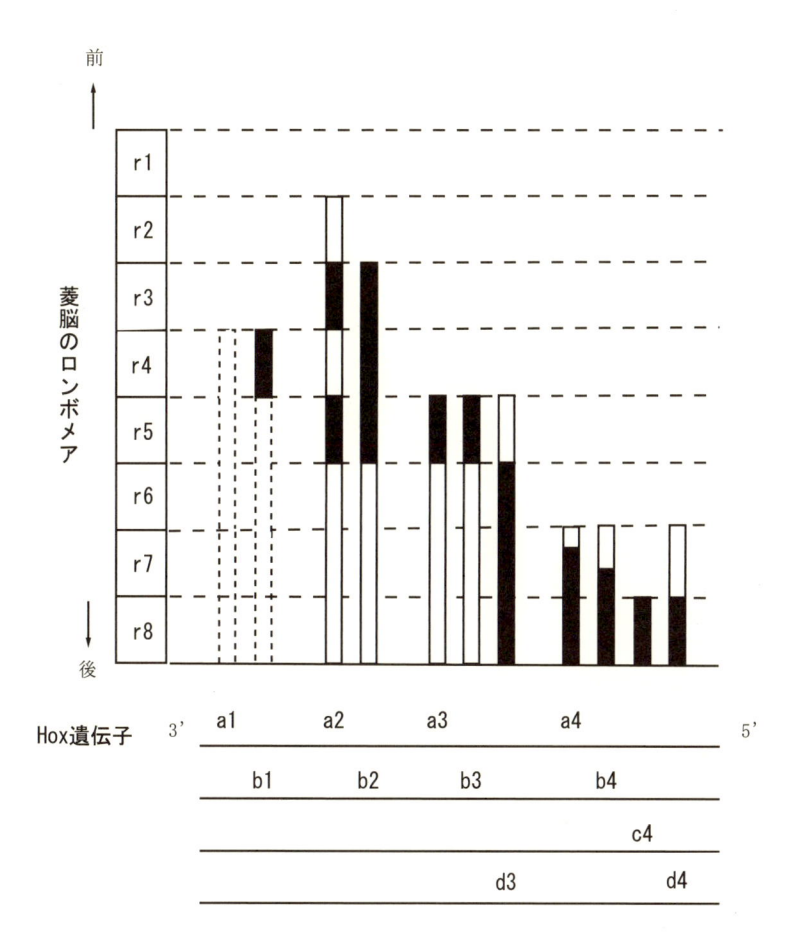

a

菱脳のロンボメア：r1, r2, r3, r4, r5, r6, r7, r8（前→後）

Hox遺伝子　3'　a1　a2　a3　a4　5'
　　　　　　　　b1　b2　b3　b4
　　　　　　　　　　　　　　c4
　　　　　　　　　　　d3　d4

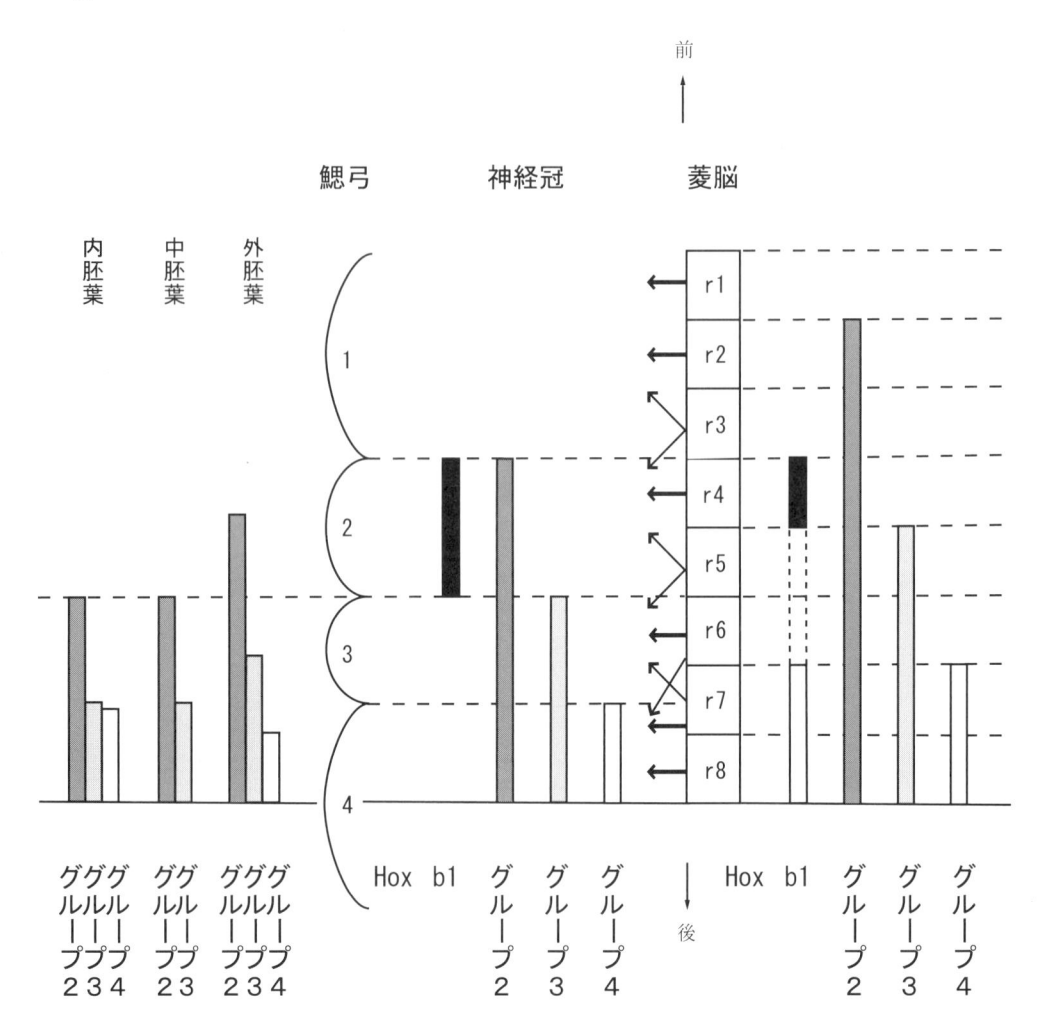

42   第Ⅰ部　ニューロンの誕生とタイプの決定

b

図10 　運動ニューロンのタイプや神経接続は Hox 遺伝子の発現パターンで決定される

A　菱脳のロンボメア特異的な運動ニューロンの Hox 遺伝子発現パターンを変えた場合

　a & b：正常のマウス胚の菱脳においては（a），ロンボメア2（r2）からは三叉神経運動ニューロン（V）が，ロンボメア4（r4）からは顔面神経運動ニューロン（VII）が生まれます．r2 の内側で生まれた三叉神経運動ニューロンの細胞体（点線の丸）は外側へ移動します（矢印）．一方，r4 内側で生まれた顔面神経運動ニューロンの細胞体（点線の丸）は，哺乳類では尾部へ移動し（矢印），r5 と r6 の境界に達すると急に外側へ移動して最終定着地に到達します（鳥類では三叉神経運動ニューロンの細胞体のように同じロンボメア内で外側へ移動します；図32参照）．図の右側には，r2 と r4 で発現される Hox 遺伝子が示してあります．

　Hoxb1 遺伝子の欠損した胚（b）では，顔面神経運動ニューロンにコントロールされる顔の表情筋に麻痺が見られます．これは，Hoxb1 の欠損により顔面神経運動ニューロンが産生されなかったからです．r4 で生まれた運動ニューロンの細胞体は，顔面神経運動ニューロンに特有の尾部への移動のかわりに r2 由来の三叉神経運動ニューロン細胞体の移動様式と同じような外側への移動を示します．この結果は，r4 の Hox 遺伝子の発現パターンが Hoxb1 の欠損により Hoxa2 だけとなり（r4 のもう1つの Hox 遺伝子である Hoxb2 の発現には Hoxb1 が必要です），r2 の Hox 遺伝子の発現パターンと同じになるので，r4 由来の運動ニューロンタイプは顔面神経運動ニューロンから三叉神経運動ニューロンに変換したことを示唆しています．しかし，この変換した r4 三叉神経運動ニューロンは，神経接続においては伸長方向を変えて適切な標的のある鰓弓1に伸長することができず，鰓弓2に伸長し発生後期で死滅します．（図9b に示したように，Hoxa2 が発現している鰓弓2は，Hox 遺伝子が発現されない鰓弓1とは異なるので不適切な標的となります．）変換した顔面神経運動ニューロン（d 参照）とは異なり，この変換した三叉神経運動ニューロンが適切な標的のある鰓弓1に伸長できない事実は鳥類の移植実験においても示されています．しかし，脊髄運動ニューロンは不適切な筋と永続した関係を保つことができるのに（後述の神経回路網の形成を参照），鰓弓2の不適切な筋とシナプスを形成することが報告されているこの三叉神経運動ニューロンが死滅する理由は明らかになっていません．

　c & d：正常のニワトリ胚の菱脳においては（c），r2 で生まれる三叉神経運動ニューロン（V）は鰓弓1由来の筋と，r4 で生まれる顔面神経運動ニューロン（VII）は，鰓弓2由来の筋と接続します．図の右側に示すようにニワトリにおいてもマウスと同様 r2 には Hoxb1 遺伝子は発現されていません（図9b）．しかし，r2 由来の運動ニューロンに異所性に Hoxb1 遺伝子を発現させると（d），r2 由来の運動ニューロンは鰓弓1ではなく鰓弓2の筋と神経接続をします．すなわち，Hoxb1 遺伝子の発現により r2 由来の運動ニューロンの Hox 遺伝子発現パターンは r4 のものと同じになり，顔面神経運動ニューロンに変換したため神経接続も変わったと考えられます．

　　＊　実際の実験では，ウイルス感染により Hoxb1 遺伝子を発現させた r2 をウイルス抵抗性の胚に移植するという方法を取ったため，（全細胞がウイルスに感染していないので）発現はモザイク状となり，全ての運動ニューロンが神経接続を変えたわけではありません．

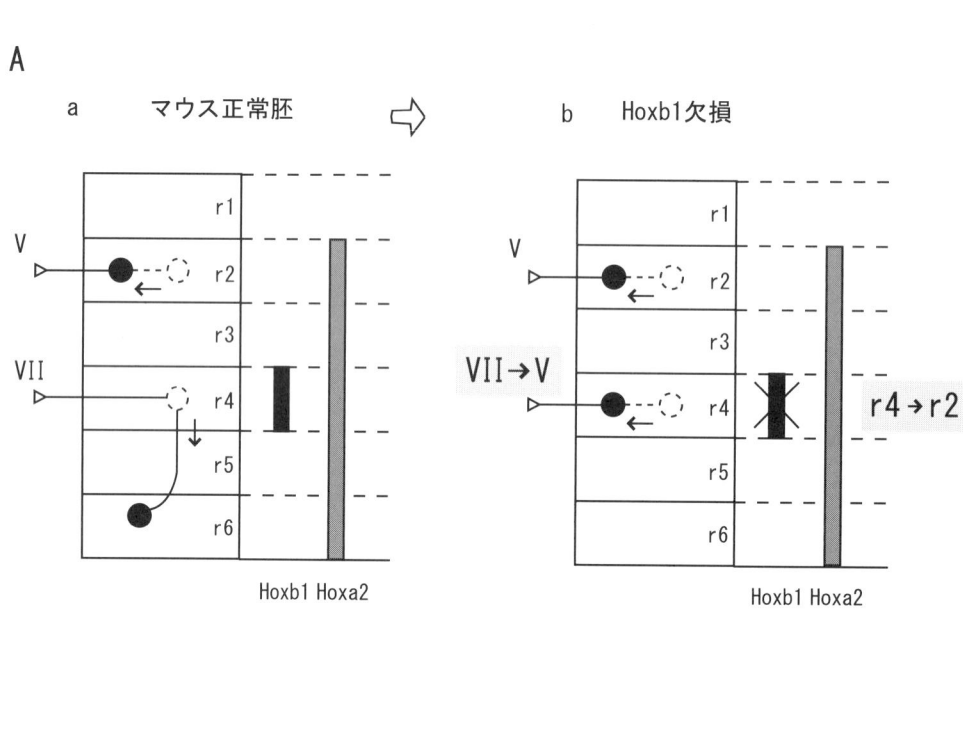

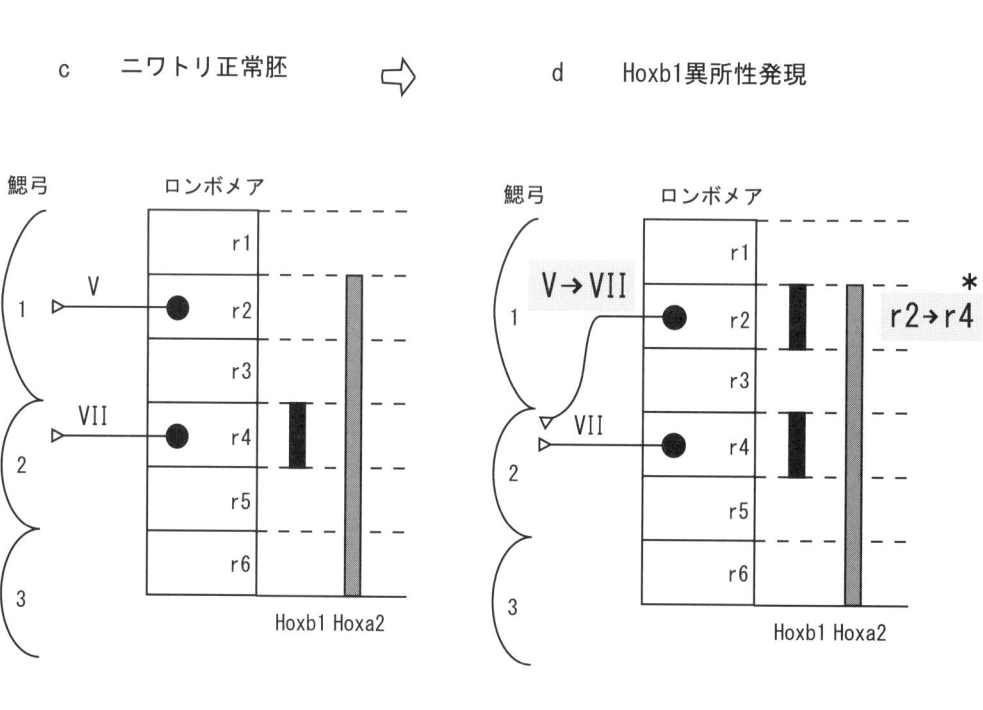

44　第Ⅰ部　ニューロンの誕生とタイプの決定

A

a　マウス正常胚　⇨　　　b　Hoxb1欠損

c　ニワトリ正常胚　⇨　　d　Hoxb1異所性発現

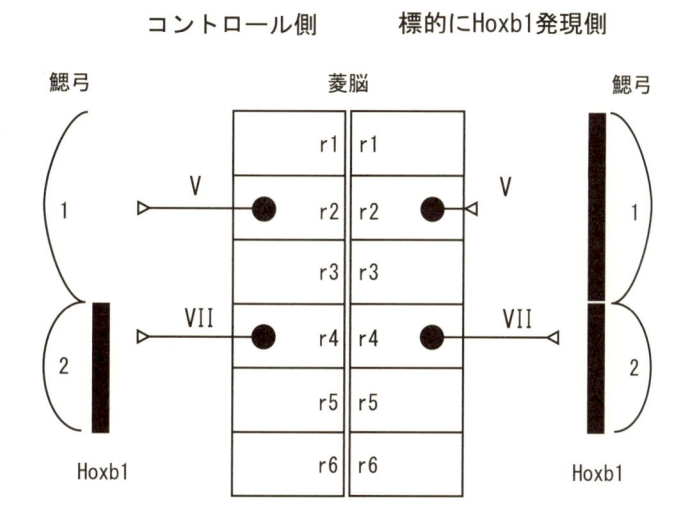

B 標的領域（神経冠や鰓弓）のHox遺伝子の発現パターンを変えた場合

正常のニワトリ胚では，コントロール側に見られるように，r2由来の三叉神経運動ニューロンは鰓弓1の，r4由来の顔面神経運動ニューロンは鰓弓2の標的筋と神経接続をします．しかし，異所性にHoxb1を発現させると，鰓弓1または（鰓弓1に移動する）神経冠いずれに発現させた場合にも，r2からの三叉神経運動ニューロンは正常なら見られるはずの鰓弓1への伸長を示しません．すなわち，標的領域のHox遺伝子の発現パターンも運動ニューロンの神経接続の決定に関わっていることがわかります．

（Aのa＆bはGoddardら1996，Studerら1996，Gavalasら2003より作図．Warrilow & Guthrie 1999，Jacob & Guthrie 2000参照；Aのc＆dおよびBはBellら1999より作図）

図11　Hox遺伝子の発現パターンはRAによってコントロールされている

　Hox遺伝子の発現パターンへのRAの影響は鳥類でも哺乳類でも同様に見られますが，ここでは，RAの欠乏した場合は鳥類で，RAの過剰の場合は哺乳類で示しています．

A　RAが欠乏した場合

　RAの欠乏によるHox遺伝子の発現パターンの変化は，欠乏の時期および程度により異なりますが，発生早期の4-5期での欠乏が最も強い影響を及ぼします．全くRAを与えなかったりRA受容体阻害剤により完全にRAシグナル伝達機能を阻害した場合でも，Hox遺伝子の発現されない前部神経組織である前脳や中脳には影響はありませんが，Hox遺伝子の発現される後部神経組織に非常に大きな影響が見られます．特に菱脳においては強い影響が見られ，全体としての菱脳は短くなり後部のr5以降のロンボメアの欠損が見られます．しかし，逆にr1-r4の各ロンボメアは拡大し，r4の拡大は本来なら脊髄部位である体節6のレベルにまで及びます．これは，RA欠乏により，神経組織が失われたというより，後方のロンボメアに発現されるHox遺伝子の発現が起こらなかったため，（図8bで説明したように）発現されるHox遺伝子の最前端が後方にずれてr5-r8のロンボメアの運命が前方のr4のものに変換したからだと説明できます．

　この変換が体節6までということは，RA欠乏によるHox遺伝子発現パターンの変化が後述（図19B, 20）のHox遺伝子を誘導する能力のない体節5近辺までであることを考えると興味深いです．

B　RAが過剰の場合

　RAの過剰によるHox遺伝子の発現パターンの変化も過剰の時期および程度により異なります．胎生8日頃を境に（正確な時期は研究者により異なります），8日以前の場合には，RA欠乏（A）で観察されたのと逆の現象，すなわち，前方のr1-r3のロンボメアの消失および後部菱脳の拡大が見られます．これは，RA過剰により異所性にHox遺伝子（Hoxb1, Hoxb2）が前方のロンボメアに発現され，Hox遺伝子の発現される最前端が前方にずれ，前方のロンボメアの運命が後方のものに変換した結果（図8c）と考えられます．しかし，脊髄の後方に発現されるHox遺伝子のパターン（Hoxb9）は変化しません．r4の拡大は，前部神経組織である前脳や中脳にまで影響し，全体として前方へのずれが見られます．RA過剰が早期に起こる程，前脳や中脳への影響は大きく，これらの前部神経組織は短くなります．また，前方に発現されるHoxb1やHoxb2には影響があるのに後方に発現されるHoxb9には影響しないことは，3'端に近く位置するHox遺伝子ほどRAへの感受性が大きいという特徴を反映しています（図7）．

　一方，RAの過剰が8日以降に起きた場合には，8つのロンボメアの区域は保たれます．しかし，RA過剰のHox遺伝子の発現への影響は，図12に示すように前方のロンボメアに見られます．

第2章 位置情報　47

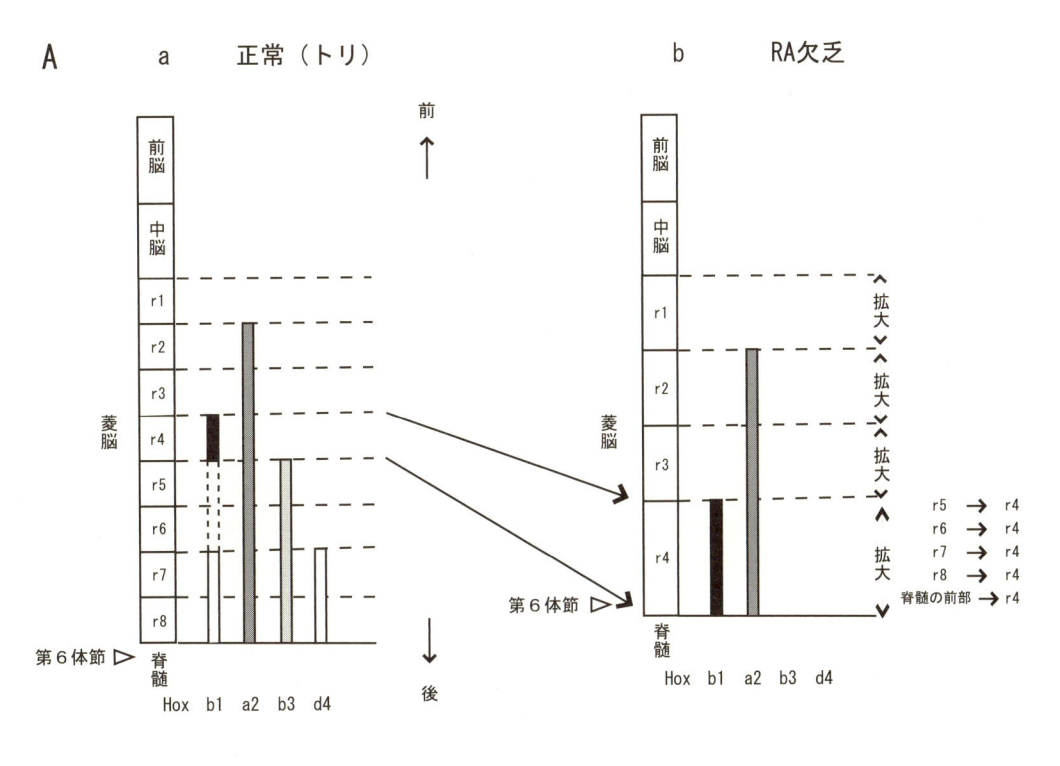

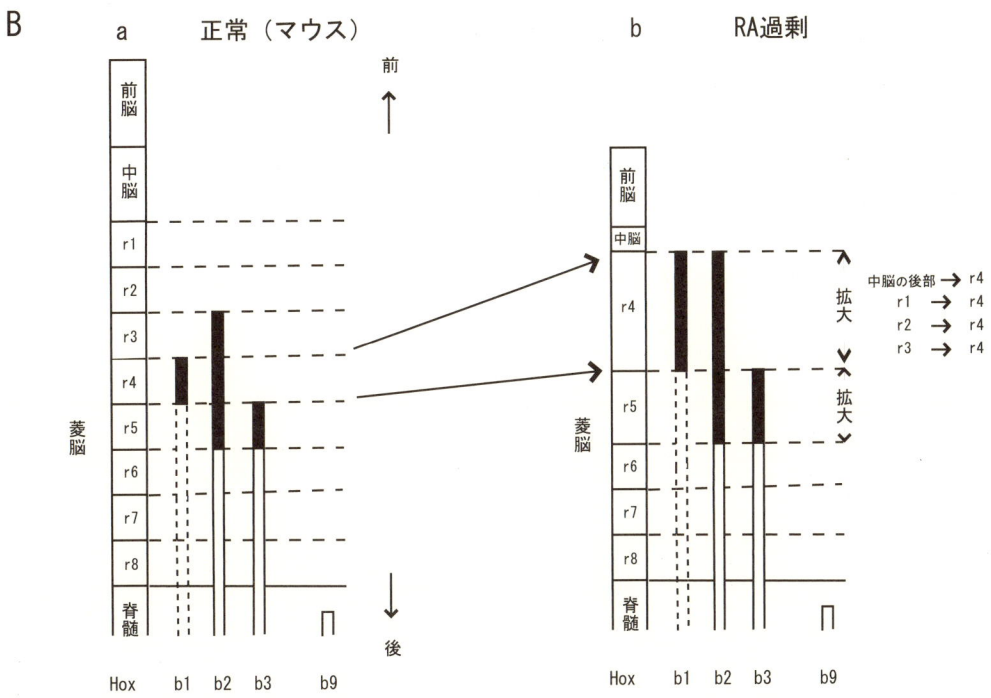

図12 　RAはHox遺伝子発現パターンの変換を介してロンボメア特異的な運動ニューロンタイプを変換する

a　マウスの三叉神経運動ニューロンはロンボメアr1-r3で, 顔面神経運動ニューロンは, ロンボメアr4-r5で産生され, 前者は鰓弓1と後者は鰓弓2の筋と神経接続しますが, 図にはそれぞれに代表的なr2からとr4からのものを示してあります. そして, Hox遺伝子発現パターンとの関係を見るために, ロンボメアにおけるHoxb1とHoxb2の発現パターン, および神経冠のHoxb2の発現パターンを示してあります (Hoxb1は神経組織に分化する神経冠細胞には発現されますが, 骨や結合組織に分化する神経冠細胞には発現されません).

b　図11Bの説明で述べたように, 胎生8日以降にRAを過剰に投与した胚でロンボメアの各領域が保たれている場合でも, RA過剰のHox遺伝子発現への影響は前方のロンボメアr2に見られ, 異所性にHoxb1およびHoxb2が発現されることになります. すると, r2とr4のHox遺伝子発現パターンが (Hoxa2を含んで) 同じとなりますが, これは, Hox遺伝子の発現の最前端が前方にずれたのと同様で, (図8cでのように) r2の運命は後方のr4のものに変換します. r2のr4への運命の変換は運動ニューロンのタイプの変換に見られます. r2から生まれる運動ニューロンは, 本来の三叉神経運動ニューロンから顔面神経運動ニューロンに変換し, 独特な顔面神経運動ニューロンの細胞体の尾部への移動がr2とr4から重複して見られます. そして, r2由来の顔面神経運動ニューロンは, 10A-dの場合とは異なり, 鰓弓1に神経接続します. これは, RA過剰ではロンボメアr2のみならず鰓弓1へ移動するr2由来の神経冠 (そして多分鰓弓1自身) のHox遺伝子発現パターンも同様に変換するため鰓弓1は鰓弓2に変換し, 鰓弓2に接続する元来の顔面神経運動ニューロンのように (鰓弓2に変換した) 鰓弓1に接続したからだと考えられます. (図では説明を簡単にするため省いてありますが, r3内側部で産生される運動ニューロンもHoxb1の発現により顔面神経運動ニューロンに変換するので, r2／3はr4／5に変換したことになります.) このように, ロンボメアや鰓弓の運命が, RA過剰によりHox遺伝子の発現パターンの変化を伴って後方にずれることは, RAがHox遺伝子の発現パターンをコントロールしていることを強く支持するものです.

(Huntら1991c, Marshallら1992より作図)

a マウス正常胚

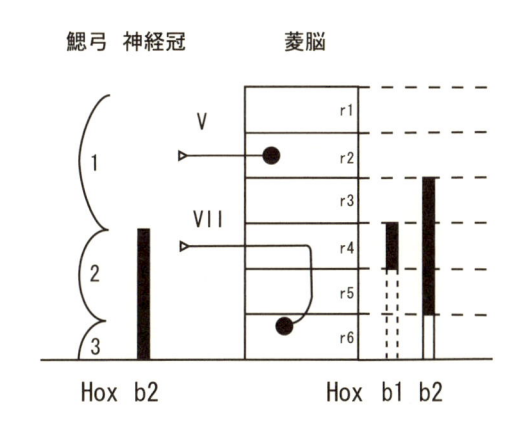

鰓弓　神経冠　　菱脳

	r1
V	r2
	r3
VII	r4
	r5
	r6

Hox b2　　　　Hox b1 b2

b RA過剰投与

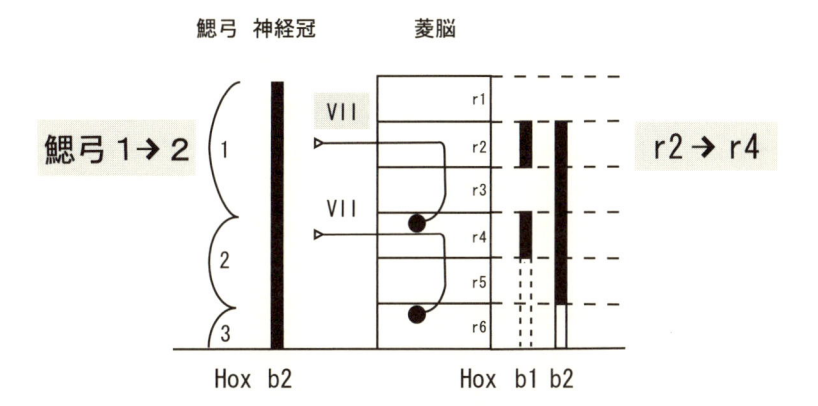

鰓弓1→2

鰓弓　神経冠　　菱脳

VII	r1
	r2
VII	r3
	r4
	r5
	r6

r2→r4

Hox b2　　　　Hox b1 b2

図 13　位置情報は勾配状シグナルの閾値濃度へ変換される

A　フランス国旗モデル

a　フランス国旗モデルの説明と特徴（1）

図の縦軸はシグナルの濃度で，横軸はシグナルに反応する細胞の分泌源からの距離です．横軸のO点から分泌されるシグナルの濃度は横軸に沿って減少し図のような濃度勾配が形成されるとすると，横軸に沿って分泌源から一定の距離に位置する細胞は，細胞の分泌源からの距離に対応するシグナルの閾値濃度によって決まる遺伝子を発現して異なったタイプの細胞に分化できます．すなわち，位置情報がシグナルの閾値濃度に反映されることになります．たとえば，最も分泌源に近い細胞群は閾値濃度①以上なので青，中間に位置する細胞群は閾値①未満で閾値濃度②以上なので白，最も遠くに位置する細胞群は閾値②未満なので赤となり，フランス国旗が形成されます．

しかし，同じ閾値でも，緑，白，橙の3色パターンならアイルランド国旗に，黒，黄，赤の3色パターンならベルギー国旗となるので，位置情報を閾値濃度に変換する同じ方法を使って異なった結果（解釈）を生むことができます．

b　フランス国旗モデルの特徴（2）

フランス国旗モデルでは，横軸の大きさ，すなわち，動物の成長に伴うなど細胞の大きさが異なっても同じ青・白・赤のパターンが保たれます．ですから，位置情報は大きさとは関係なく伝えられます．図は大きさが半分になった場合を示しています．

c & d　フランス国旗モデルの特徴（3）

シグナルの濃度勾配を使っているので，もし，シグナル濃度の大きさが変われば（濃度勾配が左右に平行移動すれば），各領域の細胞の運命は一斉に横軸に沿って左右にずれる結果となります．すなわち，シグナル濃度が増加すれば（cの濃い灰色と白い矢先の矢印），各領域の濃度は増加するので（右方へ平行移動），細胞の運命は分泌源に近いものに変わります．図には，フランス国旗の白の一部は青に，赤の一部は白に変わる例を示してあります．逆に，シグナル濃度が減少すれば（dの濃い灰色と白い矢先の矢印），各領域の濃度は減少するので（左方へ平行移動），細胞の運命は分泌源からより離れたものに変わります．図には，フランス国旗の青の一部は白に，白の一部は赤に変わる例を示してあります．

B　脊髄腹側ニューロン前駆細胞の領域化

a　フランス国旗モデルによる説明

下部の脊髄の横断面図に示すように，脊髄腹側には底板（FP），運動ニューロン（MN），介在ニューロン（V0-V3）が特定な領域に産生されます．どのタイプの細胞に分化するかは，これらの前駆細胞が背腹軸に沿って位置する領域に領域特異的に発現する遺伝子の組み合わせにより決定されます．図は，分泌源からの距離に対応したShhの閾値濃度（縦軸はShh濃度の対数）により領域特異的に遺伝子群が発現または抑制され，各タイプのニューロン前駆細胞領域が設定されることをフランス国旗モデルで説明しています．Shh濃度の絶対値は研究者により（Shhのバッチの違いなど）

少しずつ異なった値が報告されていますが，重要な点は，勾配状に分布する Shh が，約 2 倍の濃度差で，産生されるニューロンのタイプを決定し脊髄腹側のパターン形成を行うことができるということです．

 b & c Shh が直接に脊髄腹側のパターン形成を行うことを支持する実験
  もし脊髄腹側ニューロン前駆細胞領域を決定するのが勾配状に分布する Shh なら，上述のフランス国旗モデルの特徴（3）でシグナル濃度の変化に伴って各領域の運命が横軸に沿って左右にずれたように，Shh 濃度変化に相当する Shh 機能の変化に伴って前駆細胞各領域の運命は横軸に沿った背腹方向にずれるはずです．改変した Shh 受容体の DNA を脊髄の左右いずれか 1 側の細胞の一部に導入して，導入された細胞と正常細胞のモザイクとし（実験側），導入された細胞に Shh 機能の亢進または抑制された状態を作ると，予測されたように，各前駆細胞領域の導入された細胞のみが領域特異的な遺伝子群の発現パターンのずれを示し運命が変わります．それらの細胞の運命は，Shh 機能が亢進した場合には（b）背側から腹側に（左方へ）ずれ，逆に，Shh 機能が抑制された場合には（c）腹側から背側に（右方へ）ずれます．図は，理解を容易にするため，Shh 機能の変化によるずれで，b では V0 が，c では V3 が消失する特別な場合を示しています．

(A-a, b は Wolpert 1996 より改変，A-c&d は Gurdon & Bourillot 2001 参照；B-a は Martí ら 1995, Ericson ら 1997a, b, Briscoe ら 1999, 2000 より，B-b は Hynes ら 2000 より作図，B-c は Briscoe ら 2001 参照)

52　第Ⅰ部　ニューロンの誕生とタイプの決定

A　フランス国旗モデル

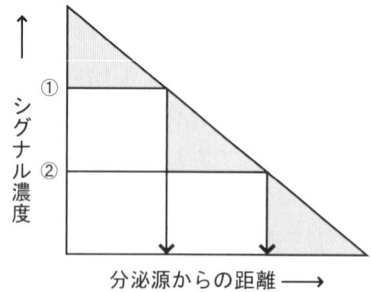

a　特徴 - 1

シグナル濃度 / 分泌源からの距離 →

フランス国旗	青	白	赤
アイルランド国旗	緑	白	橙
ベルギー国旗	黒	黄	赤

b　特徴 - 2

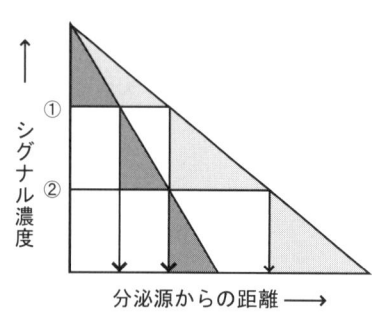

シグナル濃度 / 分泌源からの距離 →

| フランス国旗 | 青 | 白 | 赤 |
| フランス国旗 | 青 | 白 | 赤 |

c　シグナル濃度増加

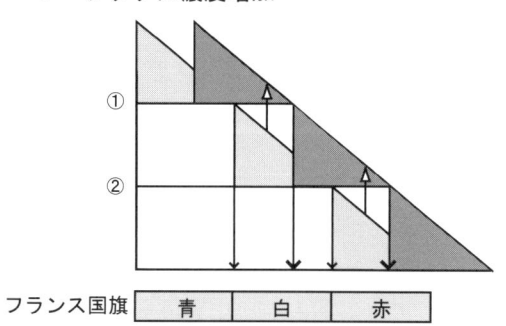

| フランス国旗 | 青 | 白 | 赤 |
| | 青 | 白 | 赤 |

d　シグナル濃度減少

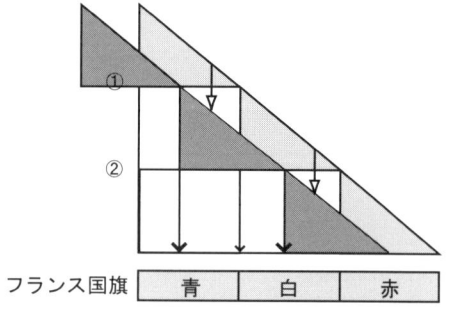

| フランス国旗 | 青 | 白 | 赤 |
| | 青 | 白 | 赤 |

B 脊髄腹側ニューロン前駆細胞領域化

a フランス国旗モデルによる説明

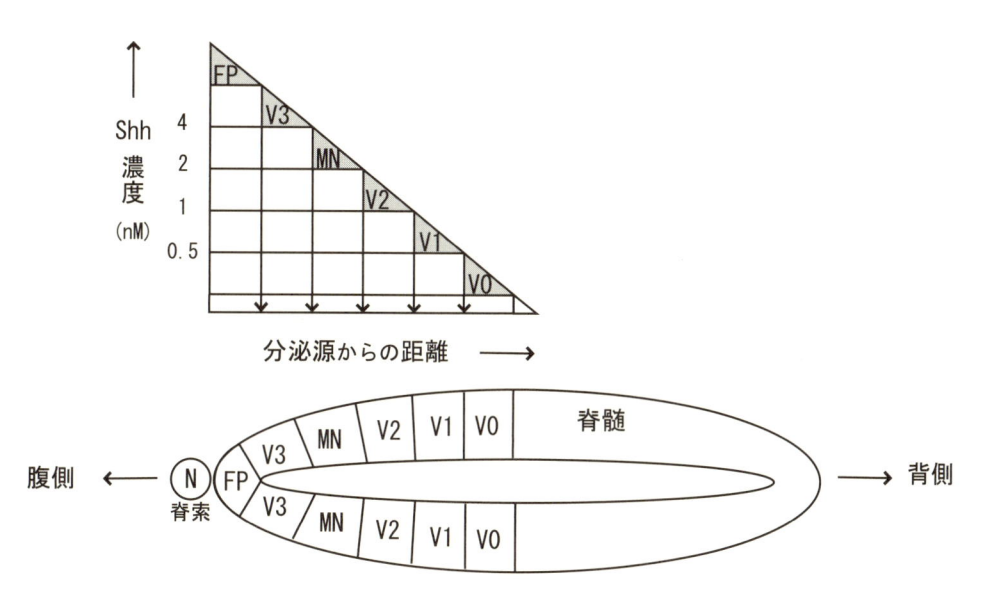

b Shhシグナル伝達亢進

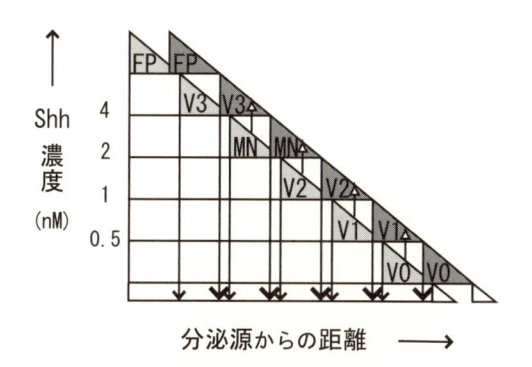

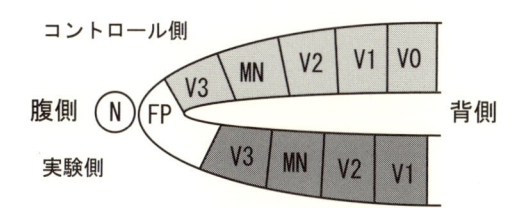

c Shhシグナル伝達抑制

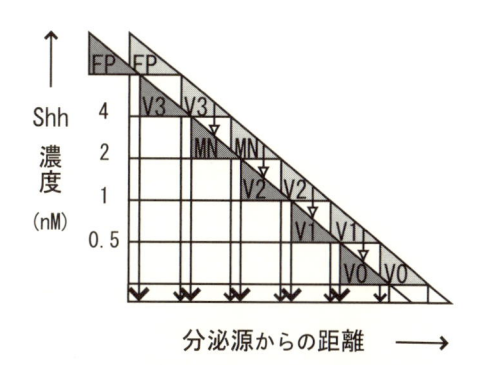

図 14　勾配状に分布する Shh が分泌源から一定の距離に運動ニューロン前駆細胞領域を誘導する

a & a'　脊髄腹側部における Shh の分布

　グラフの縦軸は Shh の濃度で，横軸は分泌源（脊索や底板）からの距離です．a' には，非線形な Shh 濃度の分布（a）を，図 13B-a との関連を示すため，Shh 濃度の対数をとって線形に変換して示してあります．a の下部には，脊髄の横断面及び脊索（N）が，グラフの横軸の 0 点に一致させて描かれています．そうすると，たとえば分泌源から一定の距離に位置する脊髄領域 x では，その領域に対応した Shh の閾値濃度が運動ニューロン（MN）の前駆細胞領域を決定することになります．

b　脊髄の背側正中部に脊索を移植した場合

　脊髄の腹側正中部に隣接して存在する元来の脊索（N，白丸）と移植された脊索（N'，灰色の丸）との両者から分泌される Shh により，運動ニューロン（MN）の前駆細胞を誘導する Shh 閾値濃度が各々の分泌源から一定の距離に位置する脊髄領域 x に生じるので，合計 2 組の運動ニューロン前駆細胞領域が形成されることになります．ただし，このように移植された脊索 N' による運動ニューロンの誘導が見られるのは，N' が脊髄の背側正中部に割り込んで背側部での神経管の癒合を妨げる結果，蓋板が形成されない場合に限ります．

c　脊髄の背腹の中間部位に隣接して脊索を移植した場合

　元来の脊索と移植された脊索の両者から分泌された Shh の濃度分布が重なって運動ニューロン（MN）前駆細胞を誘導する閾値濃度を越えると運動ニューロンは産生されなくなるため，両脊索間の運動ニューロン前駆細胞領域は，通常の領域 x より遠距離に移動し，しかも両者の癒合したものとなります（点線で示した濃度分布および運動ニューロン前駆細胞領域）．その結果，合計 3 つの運動ニューロン前駆細胞領域のみが形成されます．

d　元来の脊索の近傍に脊索を移植した場合

　元来の脊索と移植された脊索との距離が近くなると，ついには両者から分泌された Shh の濃度が運動ニューロン（MN）前駆細胞を誘導する閾値濃度より高くなり（点線で示した濃度分布），両脊索間のどこにも運動ニューロンの産生は見られなくなります．

(a, a' は Eichele & Thaller 1987, Eichele 1989 参照；b, c, d は Yamada ら 1991 より改変)

第 2 章 位置情報　55

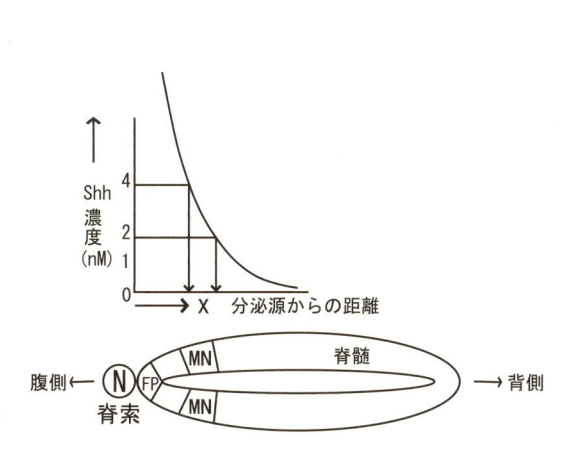

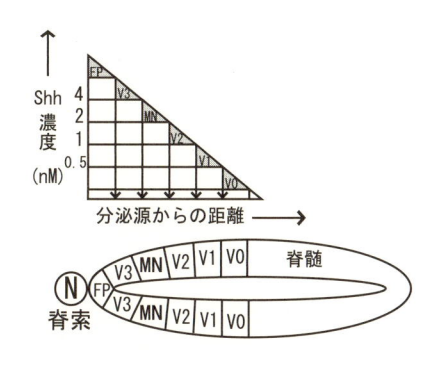

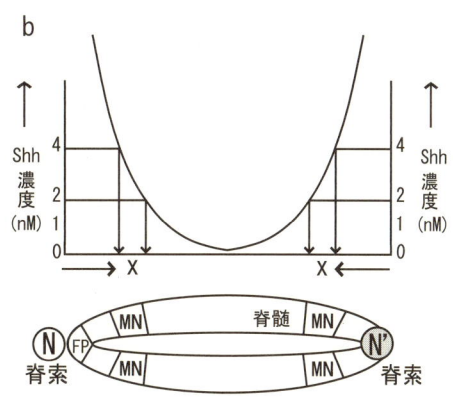

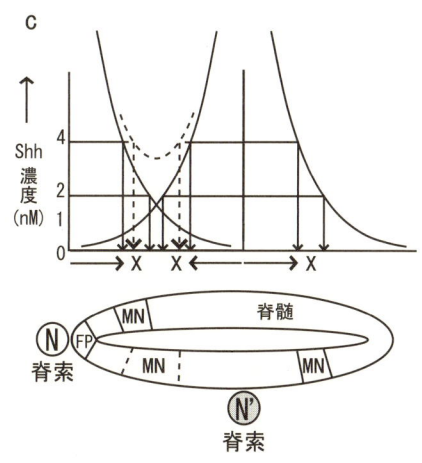

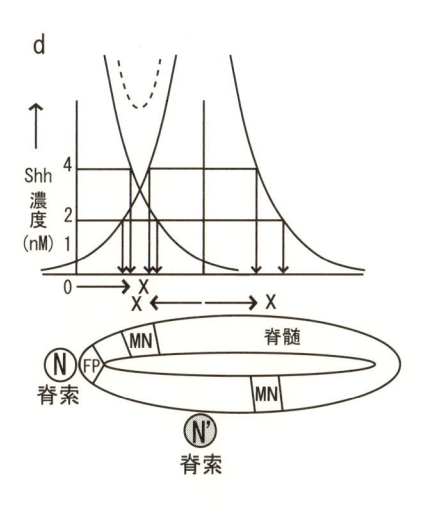

図 15　運動ニューロン領域は脊索や底板から一定の距離に誘導される

　底板（FP）の形成される以前に脊索（N）の一部を取り除くと，脊索のない部分の神経管腹側正中部の両端には，底板が脊索切断端を越えて短距離延長して誘導される（＊で示した部分）だけでなく，脊索及び誘導された底板から一定の距離 x に，正常胚では底板が誘導される神経管腹側正中部にも運動ニューロン（MN）領域が誘導され，正常胚のように左右別々に位置するのではなく正中部でつながった1つの拡大した領域となります．図は，脊索切断端の一方において，誘導される運動ニューロン領域と脊索や底板との位置関係およびShh濃度勾配との関係を，横からと上から見たものを示しています．

（Yamada ら 1991 より改変）

第2章 位置情報　57

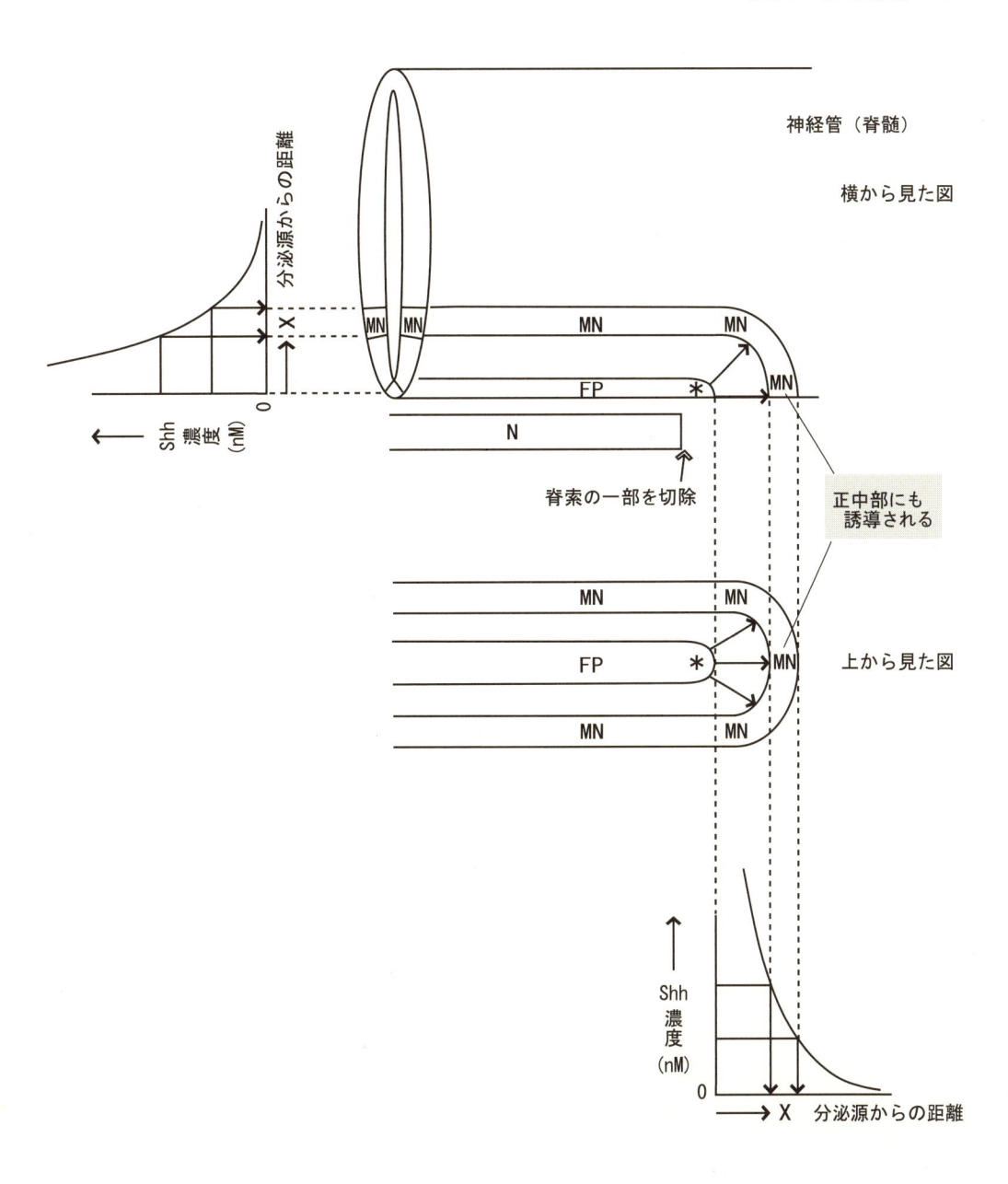

神経管（脊髄）

横から見た図

分泌源からの距離

Shh濃度(nM)

MN MN　MN　MN
FP　＊　MN
N
脊索の一部を切除

正中部にも誘導される

MN　MN
FP　＊　MN
MN　MN

上から見た図

Shh濃度(nM)

X　分泌源からの距離

第3章

細胞系譜と可塑性

　Spemannらにより始まった研究から，発生における細胞間の相互作用による外在性環境要因の重要性は確立されましたが，運命決定に外在性環境要因と内在性遺伝要因それぞれがどの程度関わっているのでしょう？この問題は発生における最も基本的なもので，この本の主要なテーマです．2つの極端な考えがあります．1つは，個々の細胞の運命は全て外在性環境因子により決定されるというもので，もう1つは，個々の細胞の運命は全て内在性遺伝プログラムにより決定されるというものです．

3.1　神経冠由来の場合

3.1.1　移動前神経冠細胞の多能性

　神経系におけるこの細胞系譜の問題の解明には，まず神経冠がモデル系として使われてきました．なぜなら，神経冠細胞は遠距離まで移動して末梢神経系だけでなく，色素細胞や頭部の骨および内分泌細胞を含む様々なタイプの細胞に分化する能力を持ち，最終的な運命の決定に長い間環境要因の影響をうけるからです．では，個々の神経冠細胞は全て移動前にはあらゆるタイプの細胞に分化できる潜在能力を持っていて，移動経路や最終定着地の外在性環境因子により特定のタイプへの分化が誘導されて運命が決定されるのでしょうか？　それとも，個々の神経冠細胞の運命は移動前に既に内在性遺伝要因のみにより決定されていて，移動経路や最終定着地の局所的環境因子の役割は，運命の決定している，異なった性質を持つ細胞群の中から単に環境にあったものを選択することなのでしょうか？

　神経冠細胞のように移動する細胞の発生分化を調べるには，個々の細胞を発生の初期から追跡できる系が必要です．ウズラ胚はニワトリ胚と大きさも発生時期も似ているので両者間で移植しても正常の発生過程が追跡できるだけでなく，ウズラの細胞は組織学的方法で大きく濃くそまる核小体を持つので，これを標識としてニワトリの細胞と区別できます．では，このウズラ－ニワトリ間のキメラの系で，まず，神経冠細胞の正常な発生分化を見てみましょう．ウズラ胚（またはニワトリ胚）の神経冠の一部を同時期のニワトリ胚（またはウズラ胚）の同じ位置の神経冠と置き換え（同時期・同所性移植），適切な発生時期に宿主のニワトリ胚内で移植されたウズラ細胞を追跡することにより，正常胚で神経冠のどの部位の細胞がどんなタイプの細胞に分化するのかを決定することができます．たとえば，図16aは，移動開始前のウズラ胚神経冠の一部を同時

期のニワトリ胚神経冠の同じ位置に相当する部分と置き換え追跡することにより，前後軸方向のどの部分の神経冠細胞が自律神経系の交感・副交感神経節の細胞に分化するかを決定したものです．体節5から尾部の神経冠からは交感神経系の細胞が，中脳，体節1-7および体節28より尾部の神経冠からは副交感神経系の細胞が分化します（図16aには頭部副交感神経節に分化する全領域は含まれていません；図17参照）．この結果は，神経冠細胞は移動前の前後軸に沿った位置によって異なるタイプの細胞に分化することを示しています．

このように出発領域により行く先が異なるのは，細胞がもともと異なる性質を持っているからでしょうか？ この質問に答えるため，正常の発生で運命が既知の神経冠細胞を，異所性に移植してみます．もし，もともと異なる性質を持っているなら，すなわち，既に運命が決まっているなら，正常の発生で見られるのと同じ運命の細胞が生じるはずです．しかし，たとえば，正常なら頭部の副交感神経節を形成するウズラ神経冠（移動前の神経冠を含む神経管）を，ニワトリ胚の正常なら交感神経節を形成する胴部に移植すると（図16b），正常では絶対に交感神経節には分化しないにもかかわらず，移植されたウズラ神経冠からは交感神経節が形成されます．同様に，正常なら交感神経節に分化する胴部のウズラ神経冠（移動前の神経冠を含む神経管）を，ニワトリ胚の正常なら副交感神経節に分化する体節1-7に相当する領域に移植すると（図16c），正常では絶対に副交感神経節には分化しないにもかかわらず，移植されたウズラ神経冠からは副交感神経節が形成されます．このように，移植された神経冠細胞は，元来の出発領域ではなく，新しい宿主の出発領域によって決められた運命の細胞に分化するのです．すなわち，移動前の神経冠細胞の運命は未定で，交感・副交感どちらの細胞にも分化できる能力を持っていて，どちらのタイプのニューロンに分化するかは移動経路や最終定着地など神経冠細胞が育つ局所的環境要因によって決定されることがわかります．神経冠細胞の運命が育つ局所的環境因子により決定されることは，自律神経系のみならず感覚神経系の場合においても同様です．これらの結果は，あらゆるタイプの末梢神経系細胞に分化できる神経冠細胞の潜在能力（多能性）は，実際に正常の発生過程に見られる能力よりずっと大きいことを示しています（図17）．

3.1.2 頭部神経冠細胞の多能性

神経冠は間脳から脊髄にわたって存在し，頭部と胴部に分けられますが，胴部と違って頭部の神経冠細胞の運命は移動前に既に決定されていると長い間考えられてきました．これは，骨組織への分化能は頭部の神経冠細胞に限られるというニワトリ-ウズラのキメラの系を使った移植実験結果（図17）や，Hox遺伝子発現を扱う様々な移植実験結果がこの考えを支持するものだったからです．一般に，Hox遺伝子発現には後方ほど強いHox誘導因子が存在し，より後方のHox遺伝子が優位となることを示唆する後方優位の現象が見られます．すなわち，後方から前方への移植の場合には，ロンボメア（神経管）及び神経冠細胞共に，必ず後方のHox遺伝子発現パターンが維持されます．一方，逆方向の前方から後方への，たとえば，Hox遺伝子を発現しない（Hox$^-$）領域のr1から後方のHox遺伝子を発現する（Hox$^+$）領域への移植の場合，ロンボメア（神経管）の細胞ではr7以降に移植した場合にはHox遺伝子発現パターンがHox$^+$の後方のものに変換するのに，神経冠細胞では，より後方のr8の体節3-4レベルへの移植でも

Hox⁺への変換は見られません．この頭部神経冠細胞のHox遺伝子の発現パターンが双方向の移植で変わらない（たとえば後述する図19A）ことが，頭部神経冠細胞の運命は移動前に決定されているという考えを支持する根拠となっていました．しかし最近，根拠とされてきたこれらの実験の問題点が指摘され，頭部の神経冠細胞の運命は移動前に決定しているのではなく移動経路や最終定着地などの局所的環境要因によって変わりうると考えられるようになってきました．

　従来の考えの根拠の1つは，鰓弓1（B1）に移動して鰓弓1由来の骨格に分化するHox⁻の移動前神経冠細胞を含むロンボメアr1および隣接組織（峡部）を，後方のHox⁺の環境，たとえば鰓弓2（B2）由来の骨格に分化するレベルのロンボメアr4に移植すると（図18b），移植片r1から鰓弓2へ移動した神経冠細胞は鰓弓2由来の骨格ではなく元の鰓弓1由来の骨格に分化したため，宿主本来のものと鰓弓1由来の骨格の重複が見られたという実験結果です．異所性に移植された神経冠細胞も元の鰓弓1由来の骨格を形成したというこの実験結果から，頭部神経冠細胞の運命は移動前に決定されていると結論されました．しかしその後，移植片に隣接組織（峡部）を含まないと（図18c），正常胚でのように鰓弓2由来の骨格への分化が見られることが示され，鰓弓1の重複が得られたのは，移植片に含まれていた隣接組織（峡部）から分泌されたFGFが，鰓弓2へ移動する神経冠細胞（宿主由来のHox⁺のr3やr5を含む；図9b参照）の鰓弓2由来の骨格への分化を決定するHoxa2遺伝子の発現を抑制したため（図18d），（前述のHox遺伝子欠損が起こった場合のように）運命が変換して鰓弓1由来の骨格へ分化した結果だと判明しました．すなわち，鰓弓1の重複が得られたのは，鰓弓2へ移動する神経冠細胞の運命が決定されていたからではなく環境因子（FGF）により変わったからでした．頭部神経冠細胞の運命は移動前に決定されているという考えの主な根拠となっていた実験結果が，逆にこの考えを否定する強力な根拠となったのです．

　更に，逆のHox⁺の後方のロンボメア（神経冠を含む）をHox⁻の前方へ移植した場合でも，神経冠細胞（または神経管細胞）が大きな塊として移植された場合にはHox遺伝子は元のように発現されたままで変わらないのに（図19A-a），少数バラバラに移植されればHox遺伝子の発現が失われ新しい環境によって転換することが示されたのです（図19B-a）．Hox遺伝子が元のままに保たれるのは，大きな塊として移植され細胞間相互作用が保たれている場合か（図19A），バラバラにした神経冠細胞なら前後軸に関して同じレベルの中胚葉部分を含む場合に限る（図20-②）ことが示され，頭部神経冠細胞のHox遺伝子の発現パターンは，細胞間相互作用や中胚葉由来の外在性環境因子によりコントロールされていることが明らかになりました．その上，別の実験では，Hox遺伝子変換後の細胞の運命まで新しい環境に従うことも示され，個々の頭部神経冠細胞の運命は移動前に決定されているのではなく局所的環境要因により変わりうることが広く受け入れられるようになってきました．

　同様に，骨組織への分化能が頭部神経冠に限られている（図17）とされてきた根拠についても，Hox⁺の神経冠からはHox⁻神経冠由来の骨組織が形成されないことや鰓弓2以降に発現されるグループ1-4のHox遺伝子はHox⁻の環境下では骨組織への分化を抑制するという最近の報告から，胴部を含む後方のHox⁺領域から前方のHox⁻領域（峡部を除く）へ従来の大きな塊として移植した場合には（19A-a），細胞間相互作用によりHox遺伝子が発現されたままとなり

骨組織への分化が抑制されたため，骨組織への分化能は体節4レベルまでの頭部神経冠に限られると結論されたのだと説明できます．実際，一晩培養で胴部（Hox$^+$領域）神経管から移動し始めたばかりの神経冠細胞を直接鰓弓1（Hox$^-$領域）へ移植すると，Hox遺伝子発現との関係は調べられていませんが，バラバラになった神経冠細胞の頭部骨組織への寄与が見られることが報告されています．

3.1.3　移動経路の選択と運命の決定

　神経冠細胞の運命は移動前に既に決まっているのかという問題は，移動経路の選択と運命の決定との関係からも調べられました．神経冠細胞が移動する道筋は大まかに腹側方向と背側方向の2つに分けられますが，どちらの経路をとるかによって分化する細胞タイプが決まっています．では，どちらの経路をとるかはどのように決まるのでしょう？　どのタイプの細胞に分化するかが決定している神経冠細胞が，経路特異的に存在するシグナルに対応して移動する（細胞の運命が経路を決定する）のでしょうか？　それとも，移動前には分化するタイプが未定の多能性神経冠細胞が，ランダムに選んだ経路で遭遇する局所的環境因子に従って経路特異的な細胞タイプに分化する（経路が細胞の運命を決定する）のでしょうか？　正常のニワトリやウズラ胚では時期により移動経路が異なるので，この特徴を利用してウズラ-ニワトリ間の移植実験が行われました（図21a）．たとえば，頭部神経冠細胞は顎の骨格に分化する腹側経路と，色素細胞や副交感神経節などに分化する背側経路の2つの移動経路をとりますが，正常胚においては，早期に（8体節期）移動する神経冠細胞は両方向の経路をとり両方のタイプの細胞に分化するのに，晩期に（12-13体節期）移動するものは背側経路のみをとり，腹側経路に特異的な顎の骨格には寄与しません．しかし，早期ニワトリ胚に移植された晩期ウズラ神経冠細胞は，宿主の早期神経冠細胞と同様の経路をとり顎の骨格へ分化し，逆方向の，晩期ニワトリ胚に移植された早期ウズラ神経冠細胞は，宿主の晩期神経冠細胞と同様の経路をとり顎の骨格へは分化しませんでした．もし，神経冠細胞の運命が移動前に決まっているなら，異なった時期に置かれても運命は変わらないはずですから，異なった時期に移植された神経冠細胞の運命が変わったことを示すこの結果から移動前神経冠細胞の運命は未定であると結論できます．では，なぜ晩期では背側へのみ移動するのでしょう？　これを調べるため，早期のものを取り除いた晩期の胚に晩期神経冠細胞を移植すると，晩期に見られる背側ではなく早期にみられる腹側へ移動して腹側経路特異的な顎の骨格への寄与が見られました（図21b）．この結果は，晩期神経冠細胞が背側の移動経路しかとらないのは，早期に移動した細胞が既に存在するからであり，移動前の神経冠細胞はどの時期でも各種の細胞に分化できる潜在能力を保持していることを示しています．ですから，移動経路の選択と運命の決定との関係において，神経冠細胞の内在性遺伝要因によって決まる運命が移動経路を選ぶのではなくて，ランダムに選ばれた移動経路に存在する環境因子が細胞の運命を決定するのだと結論できます．

3.1.4　環境因子による神経冠細胞の運命の変換

　さて，読者は，上述の動物の系における各種の移植実験で新しい環境により細胞タイプの変換

が見られるけれど，多数の細胞を扱うこれらの移植実験では，環境が多能性細胞の特定の運命への分化を誘導して個々の細胞の運命を変えた場合（instructive）と，環境が既に運命が決定された複数のタイプで構成された細胞群から1つを選択した場合（selective）を区別できないと反論されるかもしれません．全くその通りで，真に環境因子が個々の細胞レベルで神経冠細胞の運命を変換できるということは，1970年代初期に神経冠細胞の周りの環境を人為的に変えて調べることができる培養系で初めて実証されました．

　ニューロンの機能である情報伝達は主に神経伝達物質を介して行われるので，神経伝達物質の選択はニューロンの分化の最も重要なものの1つです．たとえば，末梢の自律神経系の交感神経節ニューロンはノルアドレナリン（noradrenaline）を，副交感神経節ニューロンはアセチルコリン（acetylcholine, ACh）を神経伝達物質として使い，どちらの神経伝達物質を選択するかにより全く逆の作用を及ぼすことになります．ですから，どちらの神経伝達物質を選択するかを未熟なニューロンの分化の指標として使って，環境が個々の細胞の運命決定に及ぼす影響を調べることができます．新生ラットから未熟な交感神経節ニューロンを単離培養すると生体にみられるように3週間ほどの経過を経て成熟し，ノルアドレナリンを神経伝達物質として合成，貯蔵，分泌するアドレナリン作動性ニューロンになります〔図22a-①；図ではノルアドレナリンを含む総称名のカテコラミン（catecholamine, CA）で示してあります〕．しかし，特定の非ニューロン細胞（たとえば心筋細胞）と共培養するか，その非ニューロン細胞が分泌する拡散性因子〔たとえば白血病抑制因子（leukemia inhibitory factor, LIF）〕の存在下で培養すると，その細胞の生存や成長に影響することなく，ノルアドレナリンの合成は減少し，アセチルコリンの合成が誘導されてコリン作動性ニューロンに変換します（図22a-②, ③；神経伝達物質の表現型の変換はACh／CA比の増減で示してあります）．また，この変換はニューロンを脱分極させるような条件下（高濃度のK$^+$存在下など）では抑制されます（図22a-④）．この結果は，未熟な交感神経節ニューロンの育つ環境が神経伝達物質の表現型を変えることができることを示唆しますが，実際に単一のニューロンが合成する神経伝達物質が変換する経過が電気生理学的手法により時間を追って調べられ，初めアドレナリン作動性だったニューロンが，途中で両方の神経伝達物質を同時に合成する時期を経てコリン作動性ニューロンに変換していく過程が観察されました（図22b）．そして，この変換の過程はシナプスの微細構造にも反映されていました（図22b）．環境が個々の未熟な交感神経節ニューロンの神経伝達物質の表現型を変換できることを機能的にも形態学的にも実証したこの結果は，神経冠細胞にみられる細胞タイプの変換は，局所的環境が特定のタイプの細胞を生存させるように選択するというより，個々の細胞のタイプを真に変換する結果であることを示しています．

　では，逆に，未熟なコリン作動性副交感神経節ニューロンの神経伝達物質の表現型は育つ環境によりアドレナリン作動性に変換できるのでしょうか？　移動を終えて最終目的地に定着し頭部の副交感神経節を形成し始めたばかりの未熟なウズラのニューロンのうち標的に達したニューロンを選択的にラベルし（図23-①），早期ニワトリ胚の交感神経節ニューロンに分化する神経冠細胞の移動経路（胴部の腹側経路）に移植して（図23-②），移植されたウズラニューロンの神経伝達物質の表現型を調べました．頭部神経冠細胞は，正常胚では副交感神経節細胞にしか分化

しないし（図16, 17参照），この時期までにコリン作動性ニューロンに必要なアセチルコリン合成酵素（choline acetyltransferase, CAT）を持っていることが知られています．もし，神経伝達物質の表現型がこの時期までに決定されているなら，交感神経節ニューロンの神経伝達物質であるカテコラミン（CA）は合成できないはずです．しかし，移植されたウズラニューロンは胴部の腹側経路の最終定着地にまで移動し，宿主ニワトリ胚のニューロンと同様に交感神経節でカテコラミンを合成したのです（図23-③）．神経節で分化をし始めていた未熟なニューロンの神経伝達物質の表現型が両方向へ変わりうることを示すこれらの結果は，神経冠細胞の多能性は（少なくとも神経伝達物質の選択に関しては）最終分裂を終えニューロンに分化した時期になっても保持されていることを示唆しています．

　しかも，このような神経伝達物質の表現型の変換は実際に正常の発生段階でも見られます．たとえば，成熟したラットの足底の汗腺をコントロールする交感神経節ニューロンはコリン作動性ですが，生まれた時はアドレナリン作動性です．動物系においても培養系で観察されたように生後3週間程の成熟期にアドレナリン作動性からコリン作動性への変換が同一のニューロンにおいて起こることが示されています（図22c）．この変換を誘導する分子は汗腺から分泌される拡散性分子で，そのレセプターはLIFレセプターのシグナル伝達に関わるサブユニットを共有することが知られています．ですから，正常な発生過程でも局所的環境が個々の神経冠細胞の運命を決定していると結論できます．

3.1.5　移動前神経冠細胞の不均一性

　動物系で個々の神経冠細胞の多能性を証明するのに，なぜ，1個の神経冠細胞をラベルして，その細胞の子孫を追跡しないのかと思われる読者もみえるでしょう．その後，直接にラベルを導入する方法や，増殖しないように加工したウイルスを使って追跡したい細胞の染色体にラベルを組み込む方法が開発され，1個の神経冠細胞の子孫の分化可能な範囲を調べることができるようになりました．これらの直接的で確実な方法を使った結果においても，一般には，移動前の神経冠細胞は多能性で，細胞の運命は移動経路や最終定着地での局所的環境により決定されるという考えが支持されました．しかし，移動前の神経冠細胞には多能性の細胞が存在することは証明されたものの，全ての移動前の神経冠細胞が均一に多能性であるかどうかはまだ明らかになっていません．個々の細胞を追跡する方法にも，導入されたラベルが細胞分裂を繰り返すうちに検出できないレベルまで希釈してしまったり，細胞の染色体に導入されたラベルが分化した子孫では発現されなかったりする可能性があるため，神経冠細胞が分化できる全ての能力を反映できないという欠点があります．ですから，全ての可能性が見られなかった場合，分化が既に確定していた細胞なのか，本当は多能性がある細胞なのかの区別はできません．移動前の神経冠細胞には多能性細胞以外に分化が確定または分化可能な範囲が制限されている細胞が存在する可能性も報告されています．たとえば，様々な分子マーカーは移動前神経冠細胞にも均一には発現されないことは長い間知られています．また，胴部神経冠細胞が移動する2つの経路のうち，背側の経路を移動するには背側経路に特異的な色素細胞への分化が移動前に指定されていることが必要だとする実験結果も報告されています．しかし，移動前神経冠に不均一に観察された分子マーカーが運

命の決定に関わっているものかは不明で，必ずしも神経冠細胞の多能性を否定するものではないし，また，色素細胞に分化が指定された神経冠細胞も動物の系で他の運命への分化能が失われているかどうかは調べられていないので，移動前の神経冠細胞に見られる不均一性が，特定の運命に方向づけられたものが存在することを意味するだけなのか，運命が不可逆的に決定しているものも存在することを意味するのかはまだ解決されていません．

3.1.6 運命の指定と確定

ここで，特定の運命への方向づけである指定（specification）と，その運命の不可逆的決定である確定（commitment）とを区別することが重要です．指定された細胞は，正常胚においてか，胚から取り出して外的誘導因子が存在しない状態で培養すれば指定された運命の細胞に分化しますが，外的誘導因子の存在下では指定された運命以外の細胞にも分化できます．これに対して確定された細胞は，他の運命に分化する能力は失われているため，外的誘導因子の存在下でも運命は変わりません．外的誘導因子の影響で運命が変わりうる場合，その細胞には可塑性がある（plastic）といいます．可塑性は成熟した細胞には見られない，発生における多能性の細胞が特定の運命の細胞に分化する過程にのみ（神経発生の場合，後の神経回路網形成過程においても）見られる特有なものです．可塑性のある期間は，細胞が外的誘導因子に応答する期間で感受期（critical period）と呼ばれ，時期や長さは細胞の種類により異なります．たとえば上述の例で，足底の汗腺を支配する新生ラットの未熟な交感神経節ニューロンは，アドレナリン作動性ニューロンに分化するように指定されているので，外的誘導因子（汗腺由来の因子）の存在しない環境では指定された運命のアドレナリン作動性ニューロンに分化しますが，汗腺由来の誘導因子の存在下ではコリン作動性に変わる可塑性があり，アドレナリン作動性ニューロンに確定はされていません．そして，この可塑性のみられる感受期は生後約3週間です．一方，背側の移動経路をとる神経冠細胞は色素細胞への分化は指定されていますが，確定されているのかは不明です．すなわち，色素細胞に指定されている神経冠細胞が，他のタイプの細胞へ分化させる外的誘導因子の影響下でも色素細胞にしか分化しないかどうかという可塑性の有無に関しては明らかになっていません．

3.2 神経管由来の場合

ここまでは末梢神経系を形成する神経冠細胞の分化について見てきましたが，中枢神経系を形成する神経管細胞の分化には，内在性遺伝要因と外在性環境要因はそれぞれどの程度関わっているのでしょう？　神経管細胞の増殖は特定の場所でのみ行われます．発生の初期には神経管の脳室面神経上皮である脳室層（ventricular zone）と呼ばれる部位でのみ行われますが，後期には脳室層から移動して形成された第二の増殖領域で行われます．非常に定型的に，限られた期間に細胞分裂を終えて誕生し細胞分裂を終えてから最終定着地へ移動する各種の神経管由来のニューロンは，移動中および移動後も細胞分裂を行う神経冠細胞と異なりますが，どのタイプの細胞に分化するかは神経冠細胞のように移動経路や最終定着地などの外的環境因子により決定されるの

でしょうか？ それとも，内在性遺伝プログラムのみにより決定されるのでしょうか？ 代表的な例として大脳皮質の場合を見てみましょう．

3.2.1 大脳皮質の層の選択

　高等動物で発達している進化的に新しい新皮質と呼ばれる部分の大脳皮質には，成熟した脳では共通の形態や神経接続を持つニューロンが脳表面に平行な6層構造を作って配列していますが，大脳皮質のこれらのニューロンは発生の限られた時期に順番に誕生し，脳表面に向かって移動して独特な方法で層構造を形成します（図24，図31b-①）．まず，脳室層で第一層となるニューロンが誕生し脳表面に移動してプレプレート（preplate；図24aのPP）と呼ばれる構造を作ります．この後に誕生したニューロンは放射状に脳表面に向かって移動し，プレプレートの間に割って入り，第2層から第6層となる皮質板（cortical plate；図24aのCP）を形成します．プレプレートは脳表面側の辺縁層（marginal zone）と呼ばれる第1層になる部分と深部のサブプレート（subplate；図24aのSP）に分割されますが，これらプレプレート由来のニューロンは大脳皮質を構成するニューロンの移動や神経接続における機能を果たした後は大部分が消滅するため（後述のパイオニアニューロン），成熟した大脳皮質では少数しか見られません．皮質板由来の大脳皮質の第2層から第6層を形成するニューロンは，脳室層で細胞分裂を繰り返しながら限られた時期に順番に最終分裂を終えて誕生し，細胞分裂の回数によってほぼ決められた層にインサイド・アウト（inside out）と呼ばれる方法で移動します（図24a, b）．すなわち，後で生まれた若いニューロンは先に生まれたニューロンが形成する層を通り抜けてより外側へ移動して定着するので，内側の層に外側の層が順番に積み重なるように形成されます（インサイドが先でアウトサイドが後）．ですから，外側の層にあるニューロンほど発生後期に生まれたニューロンで，どの層のニューロンに分化するかは誕生日によって正確に決まっているのです．更に，大脳皮質間の情報交換に携わるのは第2／3層，視床からの入力は第4層，視床以外の皮質下の構造への出力は第5層，視床と双方向の情報交換は第6層というように，各々の層のニューロンが神経接続をする相手は層によって決まっているので（図24b），層の選択はどのタイプのニューロンに分化するかを意味することになります．誕生日によってどのタイプのニューロンに分化するかが系統的に決定されるということは，大脳皮質ニューロンの運命は遺伝的にプログラムされていることを示唆します．一方，同じ細胞分裂の回数を経て同時に生まれたニューロンでも複数の層に寄与すること（図24b；たとえば，細胞分裂8回後に誕生したニューロンは第Ⅴ層にも第Ⅳ層にも移動する）や，染色体にラベルを取り込ませて追跡した1個の前駆細胞からの子孫が各種の層のニューロンに分化できるという結果は，遺伝的プログラム以外のメカニズムの関与を示唆します．では，分化する細胞タイプを決める層の選択は移動前に遺伝的プログラムのみにより確定されるのでしょうか？ それとも外的環境因子により変わりうるのでしょうか？ 層の選択が誕生日によって系統的に決定される特徴を使って，前に神経冠細胞の運命を決める移動経路の選択が移動前に確定されているかどうかを調べた（図21）のと同様に，異なった時期の間の移植実験が行われました（図25）．

[³H]-チミジンでラベルした胎生期29（E29）フェレット（白いたち）の大脳皮質の細胞を，新生（P0）フェレットの同じ部位の脳室層に注入し，ラベルされた細胞がどの層に移動するかを調べました（図25b）．[³H]-チミジンは，DNA合成期（S期）にあるE29の前駆細胞および最終の細胞周期を経て誕生しつつあるニューロンの両者をラベルします．しかし，細胞分裂を繰り返す前駆細胞のラベルは薄まるので，最終の細胞分裂期にあったニューロンとは区別できます．正常では，E29に誕生するニューロンは最内側の第6層に移動し，P0に誕生するニューロンはより発生後期なので外側の第2／3層に移動することが知られていますので（図25a），もし移動前にどの層に移動するかが確定しているなら，E29に誕生したニューロンは新しいP0の環境でもE29で見られたように第6層に移動するはずです．しかし，もし確定していないなら，E29に誕生したニューロンは新しいP0の環境で見られる第2／3層に移動できるはずです．結果は意外なものでした．答えは，E29のニューロンが移植された時，細胞周期のどの時点にあったかにより異なったのです．移植されたE29のニューロンは，最終細胞周期のS期後半から分裂準備期（G2期）への移行期を，元のE29で過ごせば（白丸）E29に生まれたニューロンに定められた第6層に移動し，P0の新しい環境で過ごせば（黒丸）P0に生まれたニューロンに定められた第2／3層に移動したのです．（そして，E29胚由来の前駆細胞の子孫も全て，P0で細胞分裂を繰り返すため，第2／3層に移動したのです．）この結果は，まず，若い大脳皮質のニューロンがどの層に移動するかは，神経冠細胞の場合と異なって移動前に確定されていること，しかし確定には最終細胞周期S期の終り頃に存在する感受期（前述の外的環境因子に反応する時期）に接する環境因子が関わっていることを示しています．ですから，層の選択には可塑性があり，環境因子が層特異的なニューロンのタイプを決定することを示しています．

　しかし，逆に，晩期のP0大脳皮質の細胞を早期のE32に移植した場合には（図25c），感受期を新しい環境E32で過ごしても（黒丸），ラベルされたニューロンは新しい環境E32にみられる第5層へ移動するのではなく元のP0にみられる第2／3層へ移動しました．（そして，これは，P0由来の前駆細胞が新しい環境E32で何回細胞分裂を繰り返しても変わらないで子孫に継承されました．）ですから，発生早期には持っていた可塑性が発生晩期には失われてしまうのです．発生中期から早期への移植実験では中間の結果が得られたことから，早期には存在する神経管細胞の多能性は発生が進むに従って徐々に制限されていく（progressive restriction）ように遺伝的にプログラムされていると考えられます．この考えは，前述のウイルスを使ってラベルした1個の細胞の細胞系譜を調べる実験においても，早期では各種の層に移動できる子孫を産生できて多能性であるのに，晩期では子孫は全て晩期に定められた表層の第2／3層にしか移動できず可塑性が制限されているという結果からも支持されています．

　最終細胞周期S期の終り頃に存在する感受期において移動する層を確定する環境因子は同定されていませんが，細胞間の相互作用や短距離作動性のシグナルが関わっていると考えられています（図25d）．たとえば，上述のように，晩期P1（P0と同じ層を選択する）に移植された早期E29のニューロンは，感受期をE29で過ごせば第6層に移動しますが（図25b，白丸参照），感受期を培養系で過ごしても（図25d，黒丸），塊で培養された場合には元の環境E29に従った第6層に移動するのに（図25d-①），バラバラにして培養された場合には新しい環境P1に従っ

た第2／3層に移動するからです（図25d-②）．その上，たとえ感受期をE29胚内で過ごしても（図25d，白丸），直ちに移植すれば第6層に移動するのに（図25d-③，25bの白丸と同じ），その後バラバラにして6時間培養すると一度なされたと考えられる決定が消却されて第2／3層に移動します（図25d-④）．この事実は，菱脳ロンボメアの神経管または神経冠細胞が，塊のまま移植された場合には元のHox遺伝子の発現を保つのに，バラバラにした場合は新しい環境の影響でHox遺伝子の変換が起こった（図19）ことを考えると興味深いです．

3.2.2　大脳皮質の領域の決定

　成熟した動物の大脳皮質の特徴は，大脳皮質の表面に平行な領域毎に機能的にも構造的にも異なることですが，この機能的・構造的局在は主に各層におけるニューロンの領域特異的な神経接続の違いを反映しています．これに対して，胎児の大脳皮質には，成熟した個体に見られるような明瞭な領域特異的な神経接続は見られません．では，このユニークな領域の決定に内在性遺伝要因と外在性環境要因はそれぞれどの程度関わっているのでしょう？　この問題は，大脳皮質の領域化（パターン形成）はどのようになされるかという課題の一環として扱われてきました．2つの仮説があります．1つは，大脳皮質の領域化は発生初期に脳室層の前駆細胞のレベルで内在性遺伝要因により確定され，そのまま各領域に誕生する皮質ニューロンに受け継がれて成熟脳に見られる皮質領域につながるというもの（protomap仮説）で，もう1つは，脳室層で誕生する未熟な大脳皮質ニューロンは全て多能性で，どの領域のニューロンに分化するかは発生後期に視床からの入力や標的との相互作用などの外在性環境要因により確定されるというもの（protocortex仮説）です．ニューロンの運命は，protomap仮説ではニューロンの誕生する領域で，protocortex仮説ではニューロンの育つ領域で確定されるのです．読者は，以前，神経冠細胞の運命の決定に関して同様の問題を扱ったことに気づかれたことでしょう（図16など）．その時扱かったのと同様の異所性の移植実験が行われました．すなわち，ニューロンが誕生する前後の時期の背側終脳（大脳皮質に分化する部位）の一部を異なった領域に移植して，領域特異性を規定する神経接続が新しい環境下でも元の領域に従って行われるのか，それとも新しい領域に従った接続に変わるのかが調べられました．（ただし，ラットの系で行われたので，技術的な理由から宿主はP0のラットです．）もし，ニューロンの領域特異的神経接続がニューロンの誕生した時点で脳室層において既に確定しているなら，新しい環境下でも元の領域に従った神経接続が行われるでしょう．しかし，もし確定していないなら，新しい領域に従った接続に変わるはずです．

　まず，大脳皮質からの主な出力層である第5層ニューロンの神経接続を見てみましょう（図26）．皮質下の様々な構造を標的として神経接続する第5層ニューロンは，たとえば，一次運動野のニューロン（白のニューロン）は脊髄と，一次視覚野のニューロン（灰色のニューロン）は上丘（眼球運動の中枢の1つ）というように，領域特異的に特定の標的とだけ接続しています（図26a）．そこで，ラットの第5層を含む全大脳皮質ニューロンが誕生する以前のE12期（マウス〜E10.5に相当する，図24b参照）から第5層ニューロン誕生のほぼ完了するE16期（マウスE15に相当する，図24b参照）までの期間で，大脳皮質に分化する背側終脳の壁の一部をP0ラットの大脳皮質に異所性に移植して成熟後に移植片由来の第5層ニューロンの接続

を調べてみると（図26b），一次運動野予定域から一次視覚野予定域への移植においても（白のニューロン），逆方向の一次視覚野予定域から一次運動野予定域への移植においても（灰色のニューロン），E12胚からの移植の場合には新しい領域に従った接続に変換していました．すなわち，運動野から視覚野への移植では上丘と，視覚野から運動野への移植では脊髄と接続していました．この結果は，大脳皮質ニューロンの誕生以前の時期では脳室層のニューロン前駆細胞には可塑性があることを示しています．これに対して，誕生の完了したE16胚からの移植の場合には（図26c），両方向の移植で，新しい環境下においてもほとんど元の領域に従った接続が見られ，その間のE13，E14胚からの移植の場合には次第に元の領域に従った接続が増えるという中間の結果が得られました．この結果は，発生が進むに従って脳室層の前駆細胞の可塑性は次第に制限されていき第5層ニューロン誕生の完了するE16までに消失すること，それゆえ第5層ニューロンの標的の選択は誕生前に脳室層で確定することを示しています．

次に，大脳皮質への情報の主な入力層である第4層ニューロンの接続を見てみましょう（図27）．第4層ニューロン（大きいニューロン）は，視床の特定の部位（小さいニューロン）から入力を受け，領域特異的な構造を形成します（図27a-①）．たとえば，一次体性知覚野の第4層ニューロンは体性知覚を中継する視床の特定な部位からの入力を受け，体表の各部分に1：1に対応した連続した構造を形成します．げっ歯類（ラットやマウス）では顔のヒゲからの知覚を伝達する視床から一次体性知覚野の第4層への入力線維は同じヒゲ毎に集合し，ヒゲの配置に対応するバレルと呼ばれる組織学的方法で観察できる構造が生後1週間をかけて形成されます（図27a-②）．では，体性知覚野の第4層ニューロンの視床との特異的接続は，第4層ニューロン誕生前に脳室層で確定されているのでしょうか？　また，バレルを形成する能力は体性知覚野にのみ存在するのでしょうか，それとも，バレルを形成したことのない領域でも体性知覚野の環境下ではバレルを形成できるのでしょうか？　そこで，第5層ニューロンの場合と同じE12期とE16期からの移植結果を見てみましょう（図27b）．E12の一次視覚野予定域をP0の一次体性知覚野予定域に移植し，成熟後に移植片由来の第4層ニューロン（灰色の大きいニューロン）の視床との接続およびバレル形成能を調べてみると，移植片のニューロンは，元の領域である視覚野に位置していれば視覚情報を中継する視床の部位と接続したのに，体性知覚野の新しい環境下では視覚野に特異的な部位との接続は消失して体性知覚野に特異的な部位（白の小さいニューロン）との接続に変換したばかりか，バレル構造も形成されていました．この結果は，E12期においては，第4層ニューロンの視床との接続およびバレル形成能には可塑性があることを示しています．これに対して，E16胚（マウスE15に担当する時期で，第4層ニューロン誕生の後半期；図24b参照）からの移植の場合には，移植片由来のニューロンは，新しい皮質領域に特異的な視床の部位より元の皮質領域に特異的な視床（灰色の小さいニューロン）の部位とずっと多く接続し，バレル形成も見られませんでした．この結果は，第4層ニューロンの視床との領域特異的な神経接続及びバレル形成能も，第5層ニューロンの場合と同様，誕生前の発生早期に脳室層で確定することを示しています．ですから，これらの移植実験はprotomap仮説を支持すると結論されました．

しかし，同様の移植実験が別のグループにより1980年代の終わりから1990年代の始め頃最初

に行われた時には，全く逆の結論が導かれました．それらの実験ではE17胚からP0ラットへの移植のみでしたが，一次運動野と一次視覚野間の移植での第5層ニューロンの標的との神経接続は第5層ニューロンの誕生が完了していると考えられるE17胚からでも新しい皮質領域に従った接続に変更することが報告されました．同様に，一次視覚野から一次体性知覚野へ移植された第4層ニューロンの視床との接続も新しい領域である体性知覚野に従った接続に変わっただけでなく，宿主のものと連続したバレルの形成が見られたことが報告され，これらの結果から，protocortex仮説が提唱されたのです．この外在性要因により大脳皮質の領域化がなされるというprotocortex仮説は，進化的に新しく高次機能を扱う大脳皮質の発生分化には，他の体の部分や他の中枢神経系部位の発生分化とは異なるメカニズムが働いているという可能性を示唆するものでしたが，その後に行われた移植後2-4ヶ月の動物の成熟した脳における接続や構造を調べた幅広い発生時期（E12-E19胚）からの定量的な上述の移植実験では，全く逆のprotomap仮説を支持する結果が得られました．その上，遺伝子工学的手法を使った実験で，領域特異性の決定に最も重要な役割を果たすと考えられていた視床からの入力の欠損したマウスでも領域特異的な遺伝子の発現が正常のマウスと同様に起こることが示され，protocortex仮説は再検討されることになりました．また，領域特異的な分子マーカーの発現に関する数々の実験結果も，領域特異性は視床からの入力以前の発生早期に確定するというprotomap仮説を支持するものでした．たとえば，大脳皮質の第4層において体性知覚野に特異的に発現される分子マーカーが導入されたマウスの体性知覚野予定域の一部を，視床からの入力がある以前のE13.5（ラットE14.5〜15に相当）に切り出し正常なP0マウスの視覚野に移植して2—3週後に調べると（図27c：図では最も発現の強いP7），新しい環境の視覚野においても元の領域である体性知覚野に特異的な分子マーカーが発現されることが示されました．これらの結果から，大脳皮質の領域化は，視床からの外在性要因の働く以前の発生初期に大まかに確定されているという考えが広く受け入れられるようになってきました．このことは，しかし，視床からの入力（神経活動）が重要でないという意味ではありません．たとえば，この発生早期に確定されることが示された体性知覚野に特異的に発現する分子マーカー（図27c）を実際に動物で発現される出生後にも維持するには視床からの外在性要因が必須であることや，完全なバレルの形成には適切な視床からの入力が必要である事実など，領域特異性の形成における視床の役割の重要性を示す多くの例が知られています．ですから，現在では，内在性要因により大まかに基本的な領域化がなされて，その後，視床などからの外在性要因により領域特異性の精密化や調整が行われると考えられています．

では，視床からの神経活動等が最初の基本的な領域化に関わるのでなければ，何が最初の領域化を行うのでしょう？　その領域化には，内在性遺伝因子のみが関わっているのでしょうか？これらの質問の答えは未解決ですが，現在は，大脳皮質の領域化（パターン形成）も，脊髄の背腹軸のパターン形成で見られたのと同様に，また体の他の部分のパターン形成に見られるように，大脳皮質や基底核に分化する終脳に存在する複数の部位から分泌されるFGF, Shh, BMP, Wnt等の誘導因子の濃度勾配により（前述のWolpertのフランス国旗モデルで説明されるようなメカニズムで），内在性遺伝プログラムによる転写因子の発現がコントロールされて大まかな領域化がなされると考えられています．

第3章・図

図16　ウズラ−ニワトリ間の移植実験

a　**自律神経系の交感・副交感神経節の細胞は，前後軸に沿った特定の部位の神経冠細胞に由来する**

　　頭部の中脳及び体節1から4（S1−S4）レベルの神経冠細胞は副交感神経節の細胞にのみ，体節8から28（S8−S28）レベルの神経冠細胞は交感神経節の細胞にのみ，そして，灰色の部分（S5−S7とS28より尾部）の神経冠細胞は交感・副交感神経節両方のタイプの細胞に分化します．

b & c　**移動前の神経冠細胞の運命は未定で，育つ局所的環境因子により決定されることを示す移植実験**

　b　副交感神経節に分化する部位の神経冠を交感神経節に分化する部位に移植した場合

　　正常なら副交感神経節に分化するウズラ胚中脳の神経冠（移動前の神経冠を含む神経管）を，正常なら交感神経節に分化するニワトリ胚 S18−S24 レベルに移植すると，移植されたウズラ由来の神経冠細胞は，正常胚のS18−S24レベルの神経冠と同じ移動経路を経て最終定着地に到達し交感神経節の細胞に分化します．

　c　交感神経節に分化する部位の神経冠を副交感神経節に分化する部位に移植した場合

　　逆に，正常なら交感神経節に分化するウズラ胚 S18−S24 レベルの神経冠（移動前の神経冠を含む神経管）を，正常なら副交感神経節に分化するニワトリ胚 S1−S7 レベルに移植すると，移植されたウズラ由来の神経冠細胞は，正常胚のS1−S7レベルの神経冠と同じ移動経路を経て最終定着地に到達し副交感神経節の細胞に分化します．

　　bとcでは，移植間の動物胚の大きさが異なりますが，これは，発生は頭部から尾部へ進行するため，移植を行う動物間の発生時期が異なるからです．すなわち，前方の副交感神経節への分化が後方の交感神経節への分化より早く起こります．

（Le Douarin 1980 より改変，Le Douarin ら 2004 参照）

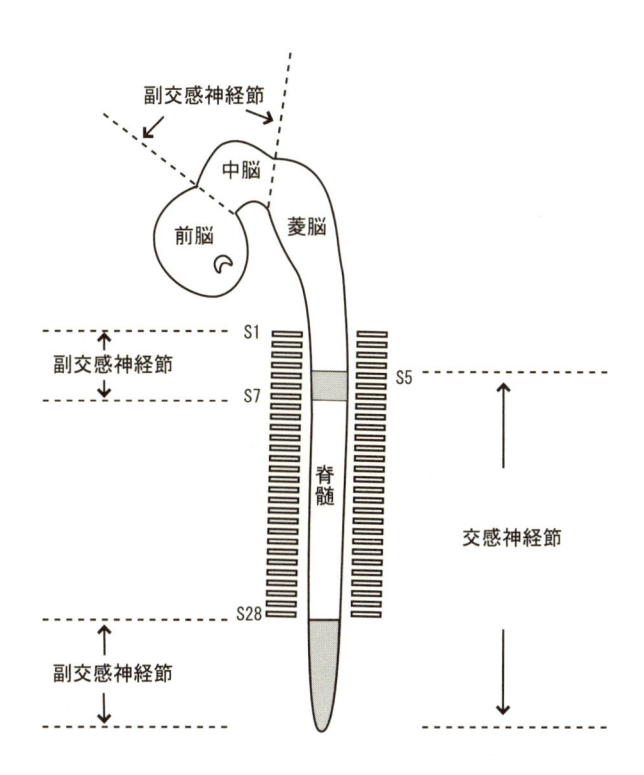

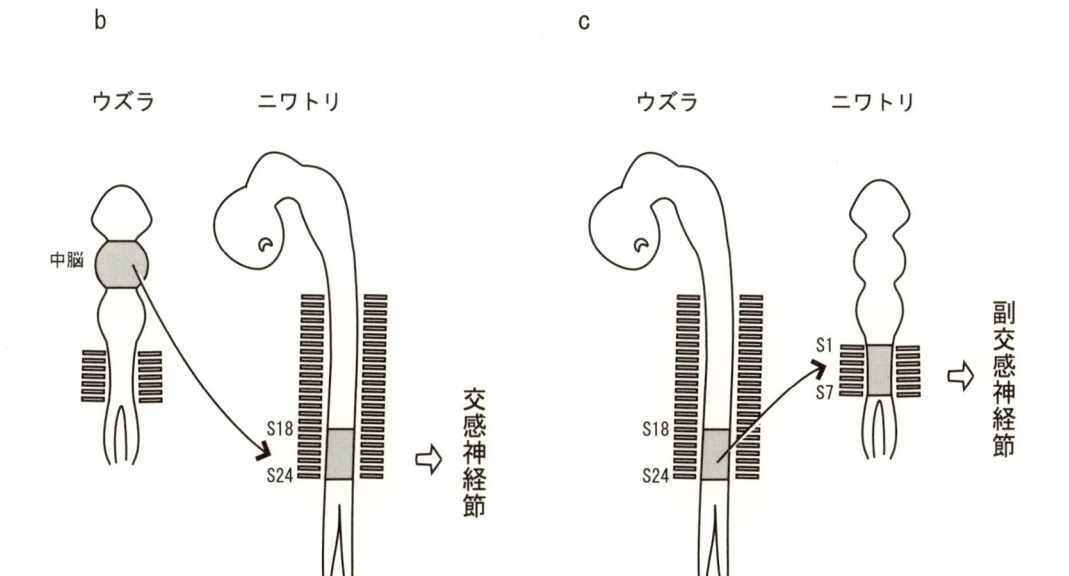

第 3 章　細胞系譜と可塑性　73

a

副交感神経節

中脳
前脳　菱脳

S1
副交感神経節
S7　S5
脊髄
交感神経節
S28
副交感神経節

b
ウズラ　ニワトリ
中脳
S18
S24
⇒ 交感神経節

c
ウズラ　ニワトリ
S1
S7
⇒ 副交感神経節
S18
S24

図 17　ニワトリ-ウズラ間の移植実験による神経冠細胞の分化予定域と分化潜在能力

　左側の分化予定域（fate map）には，正常の発生過程で見られる末梢神経系の細胞および頭部の骨格に分化する神経冠細胞が間脳から脊髄に至る前後軸のどの部位に由来するかを示しています．末梢の自律神経系においては，中脳および菱脳（1部）の神経冠からは頭部の副交感神経節（菱脳での正確な部位の不明な部分は点線と☆で示してあります）が，体節 1-7（S1-S7）および体節 28（S28）より尾部レベルの神経冠からは腸などの体幹の副交感神経節が形成されます．一方，交感神経節は全て体節 5（S5）以降のレベルの神経冠から形成されます．感覚神経節は，頭部は中脳および菱脳の全ロンボメア由来の神経冠から，体幹は体節 5（S5）以降のレベルの脊髄神経冠から形成されます．しかし，全ての細胞が神経冠由来の自律神経系とは異なり，感覚神経系では，頭部の感覚ニューロンの一部は頭部感覚受容器の原基であるプラコードからも分化します．聴覚ニューロンは全て，また，平衡感覚を司るニューロンはほとんど全てがプラコード由来なので（グリア細胞は全て神経冠由来です），その部分を，頭部の感覚神経節を形成する神経冠の一部に点線（＊で示した部分）で示してあります．

　このように，正常の発生では，末梢神経系の細胞は前後軸に沿った特定の領域の神経冠から分化しますが，右側の分化潜在能力（developmental potential）に示すように，移動前の神経冠細胞はどのレベルのどのタイプの末梢神経系細胞にも分化できる潜在能力を持っていることが，移植実験から示されています．この事実は，逆に，神経冠細胞がどのタイプの細胞に分化するかを決定するのは，神経冠細胞が移動する経路や育つ環境といった局所的環境因子であることを示唆します．

　神経冠細胞の骨を形成する分化能（頭部の骨格）に関しては，従来は頭部神経冠に限られていると考えられてきましたが，最近，この考えが再検討されるようになってきました（本文参照）．

（Le Douarin 1986, Le Douarin ら 2004 より改変）

第 3 章 細胞系譜と可塑性　75

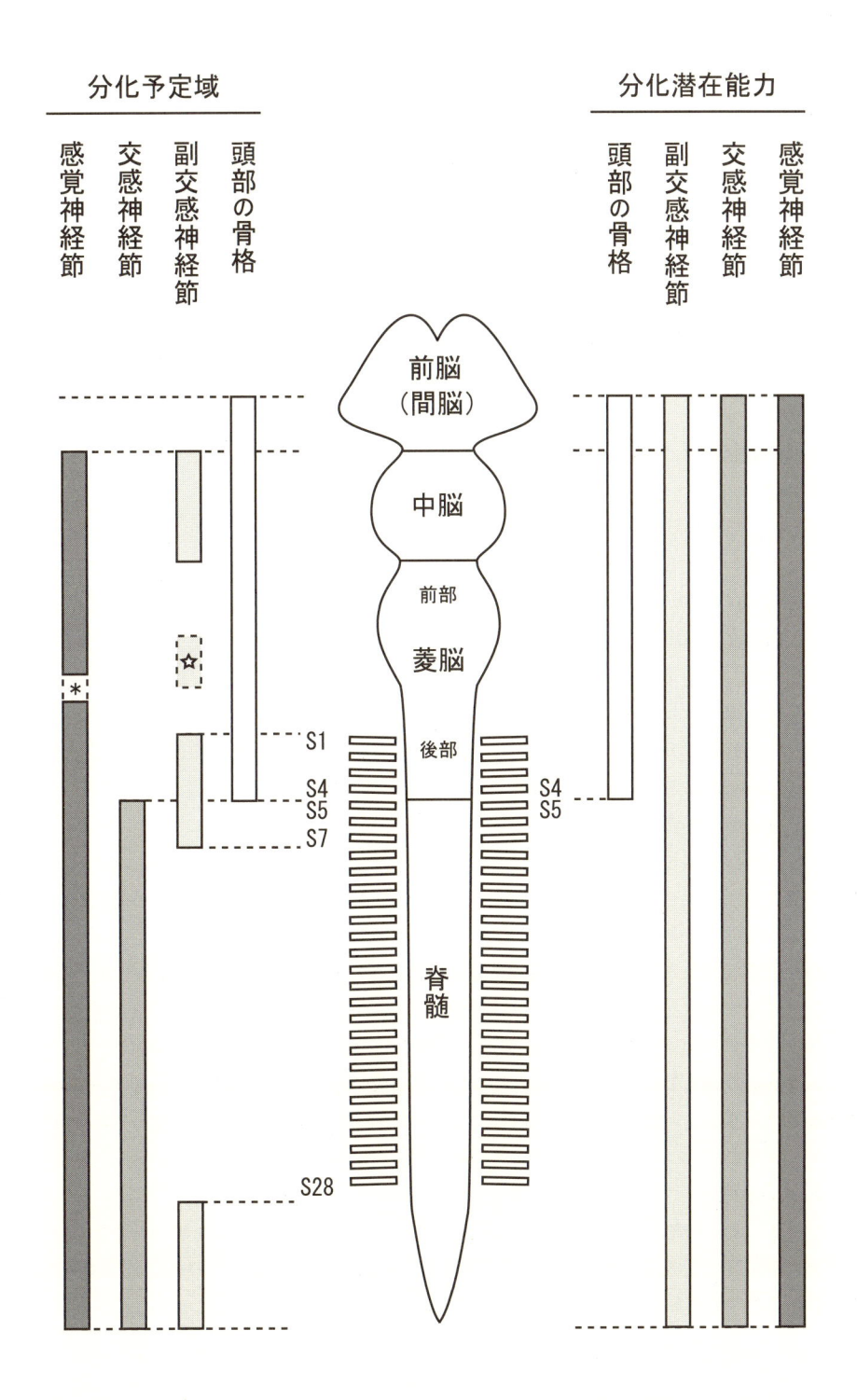

分化予定域						分化潜在能力			
感覚神経節	副交感神経節	交感神経節	頭部の骨格			頭部の骨格	副交感神経節	交感神経節	感覚神経節

前脳
（間脳）

中脳

前部
菱脳
後部

S1
S4
S5
S7

S4
S5

脊髄

S28

図18 頭部神経冠細胞の運命は移動前に決定されているという概念の再評価 (1)

a 正常なニワトリ胚における菱脳ロンボメアr1–r5由来の神経冠のHox遺伝子発現パターンと移動する鰓弓

　　Hox遺伝子を発現しない（Hox⁻）r1–r3由来の神経冠細胞は鰓弓1（B1）に，Hox遺伝子を発現する（Hox⁺）r3–r5由来の神経冠細胞は鰓弓2（B2）に移動し（図9b），それぞれ異なった特定の顔面の骨格に分化します．頭部神経冠の運命の決定に関わっていることが知られているHox遺伝子のうち，欠損マウスや異所性発現の研究からHoxa2が鰓弓2由来の骨格への分化を決定する主要な遺伝子であることが明らかになっているので，図にはHoxa2だけを示してあります．

b–d 頭部神経冠細胞の運命は移動前には未定で，育つ局所的環境因子により決定されることを示す移植実験

b 峡部を含んだ移植片の場合

　　菱脳と中脳の境界部に位置する部分は，峡部（isthmus）と呼ばれます．この峡部を含んだロンボメアr1（Hox⁻）領域をロンボメアr4（Hox⁺）領域に移植すると，神経冠細胞は鰓弓2へ移動しますが，Hoxa2の発現はみられません．鰓弓2へ移動する神経冠細胞は移植片r1由来のみならず，Hoxa2を発現している宿主のr3およびr5由来のものを含んでいますが（図9b），鰓弓2へ移動したどの神経冠細胞にもHoxa2の発現は見られません．鰓弓2由来の骨格への分化を決定する主要な遺伝子であるHoxa2が発現されないので，鰓弓2へ移動した神経冠細胞の運命は鰓弓1のものと同様となり，Hoxa2の欠損マウスのように重複した鰓弓1由来の骨格が形成されるのです．

c 峡部を含まない移植片の場合

　　しかし，峡部を含まないr1領域をr4領域に移植すると，正常胚のようにHoxa2の発現と共に鰓弓2由来の骨格が形成されて，鰓弓1由来の骨格の重複は見られません．この結果は，bでは峡部がHoxa2発現を抑制したため鰓弓2由来の骨格が形成されなかったことを示します．図19から，r4レベルへ移植された移植片r1由来の神経冠細胞（＊）はHoxa2を発現しないと考えられますが，Hoxa2を発現する宿主のr3およびr5由来の神経冠から正常の鰓弓2由来の骨格が形成されたのだと考えられます．（また，一般にHox⁺領域に移植されたHox⁻領域の神経冠細胞は，Hox⁺の環境ではHox遺伝子の発現なしにHox⁺領域由来の骨格を形成できることが示されています．）重要なのは，神経冠細胞の運命は，峡部の存在の有無により，すなわち，育つ環境により変わることが示されたということです．

d FGFによる抑制

　　この峡部による抑制が峡部から分泌されるFGF8によるものかどうかを調べるため，胚の1側のr4領域にFGF8をしみ込ませたビーズ玉を置くと，神経冠細胞のHoxa2の発現が抑制されるのが見られます．この結果から，峡部のHoxa2発現の抑制は主にFGF8によることがわかります．

（a は Gendron-Maguire ら 1993, Rijli ら 1993, Grammatopoulos ら 2000 参照；b-d は Trainor ら 2002 より作図；Noden 1983 参照）

a　正常胚

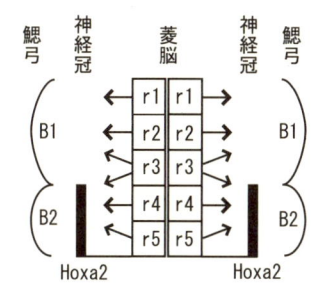

鰓弓1および鰓弓2由来の骨格

b　峡部／r1をr4へ移植

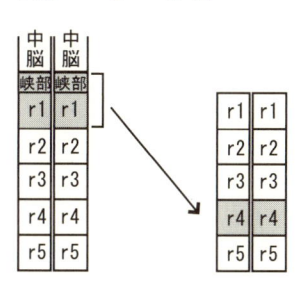

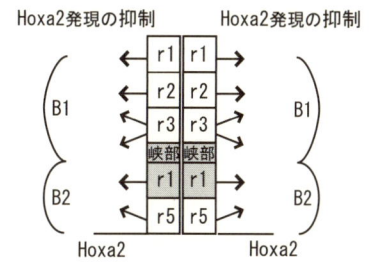

鰓弓1由来の骨格の重複
Hoxa2発現の抑制　　Hoxa2発現の抑制

c　r1をr4へ移植　（コントロール）

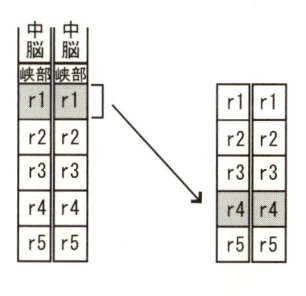

鰓弓1および鰓弓2由来の骨格
Hoxa2発現　　Hoxa2発現

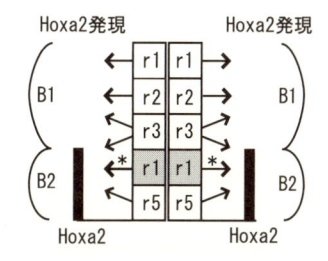

d　FGF8による抑制

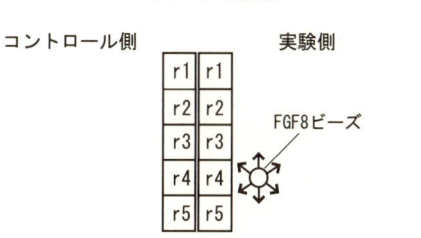

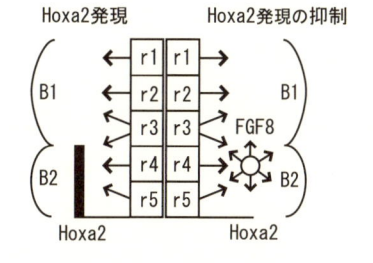

コントロール側　　実験側
FGF8ビーズ

Hoxa2発現　　Hoxa2発現の抑制

図19　頭部神経冠細胞の運命は移動前に決定されているという概念の再評価 (2)

A　大きな塊のまま移植した場合

鰓弓1（B1）に移動するr2由来の神経冠は，Hox遺伝子を発現しません（Hox⁻）が，鰓弓2（B2）に移動するr4由来の神経冠はHox遺伝子を発現する（Hox⁺）という特徴（図9b）を使った従来の移植実験での結果：

a　後方から前方への移植実験

　後方のHox⁺領域のr4（移動前の神経冠を含む）を，大きな塊のまま，異所性に前方のr2に移植すると（②），移植されたr4由来の神経冠細胞はr2由来の神経冠細胞のようにグループで鰓弓1に移動します．しかし，Hox⁻のr2由来の神経冠細胞とは異なり，鰓弓2に移動するr4由来の神経冠細胞のようにHox⁺を維持します．この結果は，後方から前方への移植では，必ず後方のHox遺伝子の発現パターンが維持されるという一般ルールを示しています．

b　前方から後方への移植実験

　前方のr2領域の神経冠（Hox⁻）のみ（神経管の峡部を含まないように）を，大きな塊のまま，異所性に後方のr4領域または体節3-4レベルのr8領域（Hox⁺）に移植しても（②），移植されたr2由来の神経冠細胞は，それぞれ鰓弓2，鰓弓4-6に移動しますが，Hox遺伝子の発現はHox⁻のままで変わりません．

双方向の移植でHox遺伝子の発現パターンが変わらないことを示すこれらの結果（aとb）は，頭部神経冠細胞の運命は移動前に決定されているという概念の主要な根拠の1つとなりました．

B　1個または少数の細胞を移植した場合

特定のHox遺伝子の発現を検出できる標識が遺伝的に組み込まれたマウス胚から少数（10-15）の移動前神経冠を含む菱脳ロンボメアの細胞を取り出し，移植細胞の存在を確認できるようにラベルした後，同じ時期の正常マウス胚に移植を行った結果：

a　後方から前方への移植実験

　r4（Hox⁺）からr2（Hox⁻）への移植で，r4由来の少数の神経冠細胞はバラバラの状態で鰓弓1に移動し，Hox⁻に変換します．塊のままのr4がr2に移植された場合ではHox⁺が維持される（A-a）のに，少数の細胞の場合ではHox遺伝子の発現が消失します．この結果は，Hox遺伝子発現の維持には細胞間相互作用が必要であることを示唆し，個々の頭部神経冠細胞の運命は移動前に決定されているという概念を否定するものです．

b　前方から後方への移植実験

　逆方向のr2（Hox⁻）からr4（Hox⁺）への移植では，r2由来の神経冠細胞はバラバラに鰓弓2に移動するにもかかわらずHox⁻のままです．後方から前方への移植（a）ではHox遺伝子の変換が起こるのに，前方から後方への移植では起こらないのは，頭部神経冠細胞の運命が移動前に決定されているからではなく，ニワトリやマウスの頭部中胚葉にHox誘導因子が存在しないからだと考えられます．最も良く研究されているニワトリの系で，鰓弓や体節5より前方の頭部中胚葉には十分

なHox誘導因子が存在しないことが示されています．

　＊　頭部中胚葉にはHox遺伝子を維持する能力はあります（図20参照）

(AはKuratani & Eichele 1993, Prince & Lumsden 1994, Coulyら1998参照；B-a, bはTrainor & Krumlauf 2000aより作図，B-bはItasakiら1996, Grapin-Bottonら1997参照)

A　大きな塊のまま移植

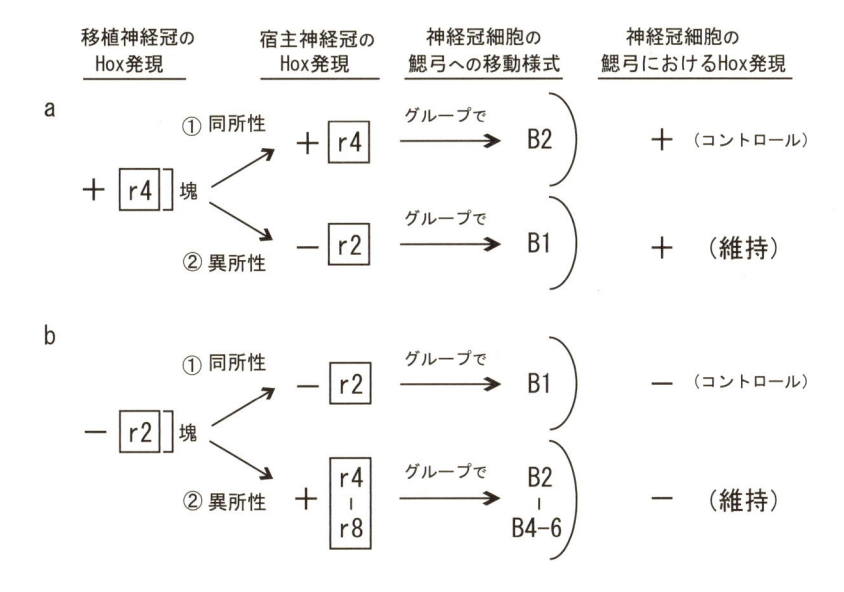

	移植神経冠の Hox発現		宿主神経冠の Hox発現	神経冠細胞の 鰓弓への移動様式		神経冠細胞の 鰓弓におけるHox発現
a	+[r4]塊	①同所性	+[r4]	グループで → B2		＋（コントロール）
		②異所性	−[r2]	グループで → B1		＋（維持）
b	−[r2]塊	①同所性	−[r2]	グループで → B1		－（コントロール）
		②異所性	+[r4-r8]	グループで → B2-B4-6		－（維持）

B　1個または少数(10-15)の細胞を移植

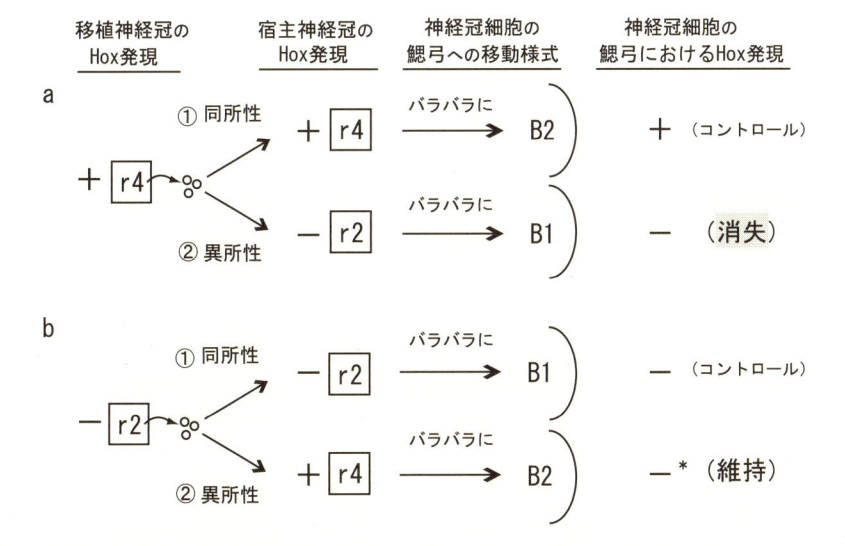

	移植神経冠の Hox発現		宿主神経冠の Hox発現	神経冠細胞の 鰓弓への移動様式		神経冠細胞の 鰓弓におけるHox発現
a	+[r4]	①同所性	+[r4]	バラバラに → B2		＋（コントロール）
		②異所性	−[r2]	バラバラに → B1		－（消失）
b	−[r2]	①同所性	−[r2]	バラバラに → B1		－（コントロール）
		②異所性	+[r4]	バラバラに → B2		－＊（維持）

図20 バラバラにした神経冠細胞の Hox 遺伝子発現の維持には同じレベルの中胚葉性細胞の存在が必要

　Hox 遺伝子の発現を検出するための標識を組み込んだマウス胚（図19Bで使用したもの）の鰓弓2（B2）から，移動中の神経冠細胞（丸）と中胚葉性細胞（三角）を各々分離し，神経冠細胞のみを単独に（①）または両方を共に（②），正常マウス胚の鰓弓1（B1）と2（B2）に移植し，鰓弓における神経冠細胞の Hox 遺伝子発現の有無を調べると，Hox 遺伝子を発現する（Hox$^+$）神経冠細胞のみを単独に鰓弓1に移植した場合には（①），図19B-aと同様に Hox 遺伝子の発現は消失（Hox$^-$）しますが，鰓弓2由来の中胚葉性細胞と共に移植した場合には（②）Hox 遺伝子の発現は維持（Hox$^+$）されます．すなわち，神経冠細胞の Hox 遺伝子の発現は，バラバラの状態でも同じレベルの中胚葉性細胞の存在下では維持されます．しかし，将来鰓弓2になる予定の部位から分離した中胚葉性細胞のみを単独で鰓弓1に移植しても（③），鰓弓1に移動する Hox$^-$ の神経冠細胞は Hox$^+$ に変わりません（技術的理由から，③の実験は正常胚から標識を組み込んだ胚への移植）．この結果は，鰓弓の中胚葉には Hox 遺伝子を誘導する能力はないけれど（図19B-b），Hox 遺伝子を維持する能力があることを示唆しています．同時に，頭部神経冠細胞の Hox 遺伝子の発現は，細胞間相互作用のみならず（図19），頭部中胚葉によりコントロールされていることを示しています．

(Trainor & Krumlauf 2000a より作図)

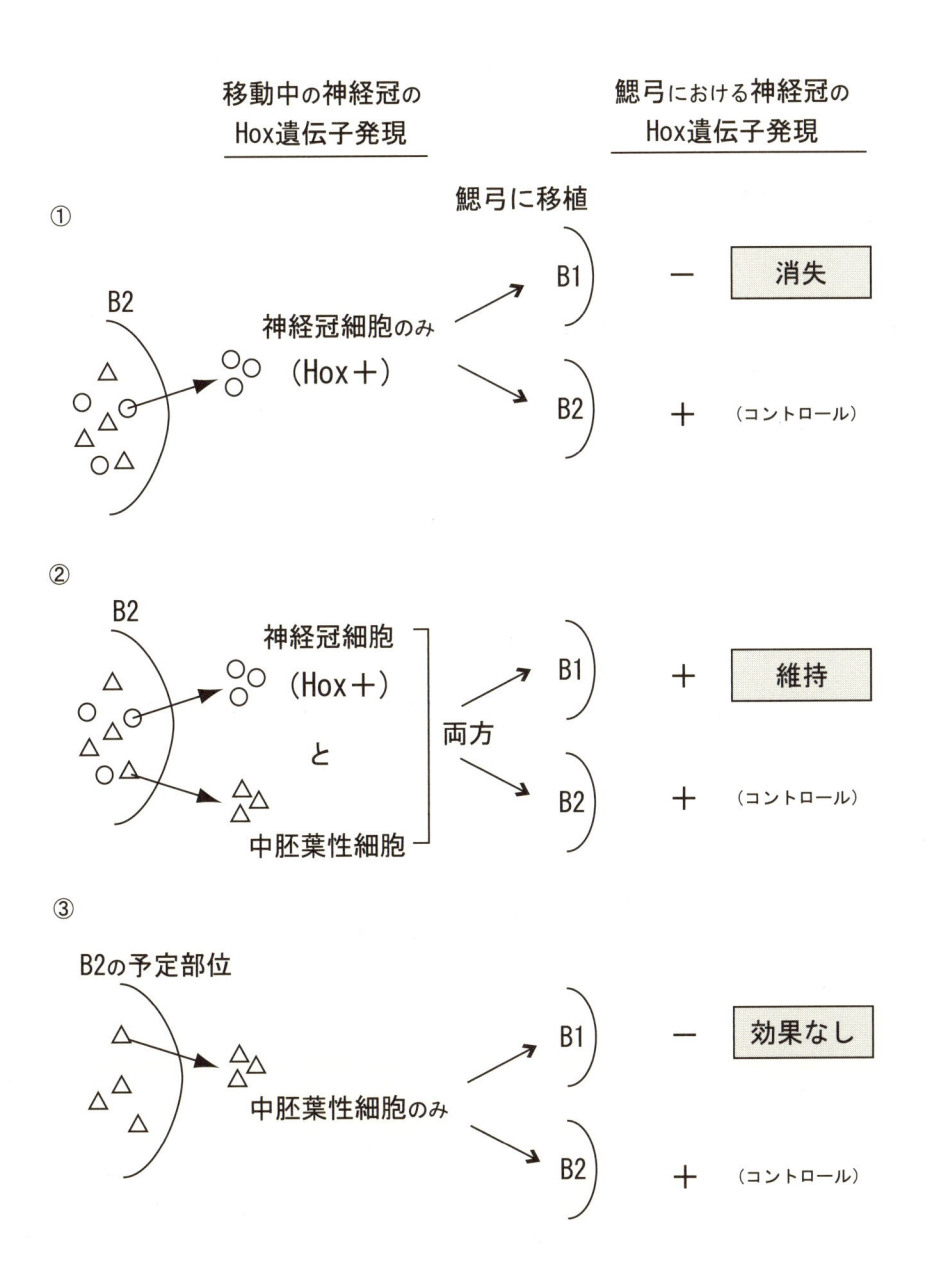

①
B2 → 神経冠細胞のみ (Hox＋) → 鰓弓に移植 → B1) − 消失
                                        → B2) ＋ （コントロール）

移動中の神経冠の Hox遺伝子発現 ／ 鰓弓における神経冠の Hox遺伝子発現

②
B2 → 神経冠細胞 (Hox＋) と 中胚葉性細胞 → 両方 → B1) ＋ 維持
                                              → B2) ＋ （コントロール）

③
B2の予定部位 → 中胚葉性細胞のみ → B1) − 効果なし
                               → B2) ＋ （コントロール）

図 21　移動経路が神経冠細胞の運命を決定する

　ニワトリやウズラ胚では時期により移動経路が異なり，頭部神経冠細胞は，早期には腹側・背側の両移動経路をとり顎の骨格にも分化しますが，晩期には背側経路のみをとり腹側経路に特異的な顎の骨格には分化しません．

a　移動し始めたばかりの晩期（12体節期）のウズラ神経冠を早期（8体節期）のニワトリ胚に移植して（早期ニワトリ胚のものと）置き換えると（②），ウズラ由来の顎の骨格が見られました．逆に，移動し始めたばかりの早期のウズラ神経冠を晩期のニワトリ胚に移植して（晩期ニワトリ胚のものと）置き換えると（④），ウズラ由来の顎の骨格は見られませんでした．神経冠細胞の運命が移植後の時期に選ばれる移動経路に従って変化するこの結果は，神経冠細胞の運命は移動前には未定であり移動経路により決定されることを示しています．

b　晩期（12体節期）のウズラ神経冠を，晩期（12体節期）ニワトリ胚で早期の神経冠（頭部神経冠の移動は6体節期に始まるので6-9体節期の神経冠）を取り除いた側に移植すると（②），ウズラ神経冠細胞は，移植後の時期は晩期であるのに，早期に見られる腹側経路を選び顎の骨格に分化しました．ウズラ神経冠細胞の顎の骨格への分化は早期神経冠が取り除かれていない側（①コントロール側）では見られませんでした．早期神経冠が存在しない場合には，晩期神経冠でも顎の骨格に分化することを示すこの結果は，移動前の神経冠細胞は，どの時期においても各種の細胞に分化できる潜在能力を持っていることを示しています．

（Baker ら 1997 参照）

a

	移植片（ウズラ胚）の時期 （移動経路）		宿主（ニワトリ胚）の時期 （移動経路）	移植片（ウズラ神経冠細胞）の 顎の骨格への寄与
①	晩期 （背側経路）	→	晩期　（コントロール） （背側経路）	−
②	晩期 （背側経路）	→	早期 （腹側経路）	＋
③	早期 （腹側経路）	→	早期　（コントロール） （腹側経路）	＋
④	早期 （腹側経路）	→	晩期 （背側経路）	−

b

	移植片（ウズラ胚）の時期 （移動経路）		宿主（ニワトリ胚）の時期 （移動経路）	移植片（ウズラ神経冠細胞）の 顎の骨格への寄与
①	晩期 （背側経路）	→	晩期　（コントロール側） （背側経路）	−
②	晩期 （背側経路）	→	晩期　（早期：6-9体節期の （腹側経路）　神経冠切除側）	＋

84　第Ⅰ部　ニューロンの誕生とタイプの決定

| 図 22 | 個々の自律神経系ニューロンの神経伝達物質の表現型はニューロンの育つ局所的環境因子により決定される：アドレナリン作動性からコリン作動性への変換 |

a　未熟な交感神経節ニューロンの神経伝達物質の表現型は育つ環境により決定される

　新生ラットから単離培養された未熟な交感神経節ニューロンは，正常胚におけるのと同様に3週間ほどで成熟しますが，ニューロンの神経伝達物質の表現型は，培養条件により変えることが可能です．
　ニューロン単独では（①），カテコラミン（CA）を合成してアドレナリン作動性になりますが，心筋細胞のような特定の非ニューロン細胞と共培養するか（②），共培養細胞の分泌する因子（たとえばLIF）の存在下で培養すると（③），カテコラミンの合成が減少しアセチルコリン（ACh）の合成が誘導されてコリン作動性に変換します．しかし，この誘導因子によるアセチルコリン合成の誘導は，同時に，持続的な直接の電気刺激や高濃度のカリウムイオンの存在など，ニューロンに脱分極を起こさせる条件下で培養すると（④）抑制されます．アセチルコリン合成の誘導は，ニューロンの生存や成長に影響することなく起こり，誘導因子の量が多いほど，誘導因子に接している期間が長いほど大きくなりますが，ニューロンが誘導因子に接する時期にも大きく影響されます．すなわち，生後約3週間，特に2週間目に最も高い反応性が見られます．

　＊　コリン作動性への変換は，アセチルコリン合成の誘導のみならず必ずカテコラミン合成の減少が伴うので，神経伝達物質の表現型の変換の程度を示すのに，ACh／CA比が良い指標となるため，図にはACh／CA比の増減を矢印で示してあります．

b　単一のニューロンにおける，アドレナリン作動性から，両方を発現する時期を経てコリン作動性へ変換する過程

　1個の未熟な交感神経節ニューロンを標的である心筋細胞の小さな集りの上に共培養し，ニューロンから心筋細胞へ分泌される神経伝達物質の種類を電気生理学的方法により特定することが可能です．心筋細胞はお互いに電気的にカップリングしているため心筋細胞の集りのどこからもほとんど同じ反応が得られますし，1個のニューロンの作る多数のシナプスでの小さな（心筋細胞の）膜電位変化が加算して大きな反応が得られます．心筋は培養系でも自動能があり，低い頻度で活動電位を出し収縮・弛緩を繰り返していますが，アドレナリン作動性ニューロンの神経伝達物質であるカテコラミンにより心筋は興奮し（脱分極または活動電位の頻度の増加），逆に，コリン作動性ニューロンの神経伝達物質であるアセチルコリンにより抑制されます（過分極または活動電位の頻度の低下や消失）．ですから，電位の変化や活動電位の頻度，及び特異的な神経伝達阻害薬の使用により神経伝達物質を特定できるのです．しかも，この系では，同じニューロンを長期間何回も繰り返して調べることが可能なので，1個のニューロンの神経伝達物質の表現型が変換する全過程を経時的に見ることができます．
図では，まず，アドレナリン作動性ニューロンへの培養条件である高濃度のカリウム存在下に（脱分極を起こす）培養された17日目の未熟な交感神経節ニューロンは，電気刺激されると心筋細胞を興奮させ（活動電位の頻度の増加），この興奮はアドレナリン作動性伝達阻害薬で完全に抑制できるので純アドレナリン作動性であることを示しています．次に，ニューロンの培養条件を変えて，コリン作動

性誘導因子の存在下（心筋細胞自体も誘導因子を分泌しますが，より強い条件にするために追加）で培養し，28日目に調べると，始めの抑制（過分極）に続いて興奮（活動電位の頻度の増加）が見られます．抑制が先行するのは，心筋細胞の反応時間はコリン作動性伝達の方がアドレナリン作動性伝達より速いためで，伝達物質のアセチルコリンとノルアドレナリン両者を同時にニューロンに与えても同様の反応が見られます．そして，抑制はコリン作動性伝達阻害薬で，興奮はアドレナリン作動性伝達阻害薬で消失することから，両方の機能が共存していると結論できます．更に，同じ培養条件下で培養された62日目のニューロンでは，大きな抑制（過分極）のみが見られます．この抑制はコリン作動性伝達阻害薬で消失しますが，この抑制を取り除いても興奮（活動電位の頻度の増加）は観察されないので，ニューロンは純コリン作動性に変換したことを示しています．ニューロンの誘導因子への反応は生後3週間ほどが最も高い（上述 a の説明）にもかかわらず，2-3週目のニューロンから始めた理由は，10日より若いニューロンに電極を挿入することは難しい上にニューロンを障害してしまうという技術的制約があるためで，結果として変換にはより時間がかかることになります．

　この系のもう1つの特徴は，電気生理学的方法で機能的な神経伝達の型を調べた同じニューロンのシナプスの型を形態学的にも調べることができることです．電子顕微鏡によるシナプスの型も，機能的に決定された神経伝達の型と平行して，アドレナリン作動性から両者共存の時期を経てコリン作動性に変換していく様子が観察されます．特に重要なことは，両者の共存している時期に，コリン作動性シナプスとアドレナリン作動性シナプスが別々に存在するのではなく，どのシナプスにもアセチルコリンを貯蔵するシナプス小胞とノルアドレナリンを貯蔵するシナプス小胞とが同じ割合で共存し，しかもその両者のシナプス小胞の割合は機能を反映するものだということです．

c　神経伝達物質の表現型の変換は実際の発生段階でも見られる

　成熟したラットの足底の汗腺をコントロールする交感神経節ニューロンはコリン作動性ですが，生まれた時はアドレナリン作動性で，生後約3週間かけてコリン作動性に変換します．7日目の交感神経節ニューロンは，アドレナリン作動性ニューロンであることを示すカテコラミン（CA）の産生や（組織でカテコラミンの存在を示す蛍光を観察）シナプス構造が見られますが，コリン作動性ニューロンの特性は見られません．しかし，14日目には，カテコラミンの産生は減少し始め，代わってアセチルコリン（ACh）の産生および ACh 合成酵素（CAT）や分解酵素 AChエステラーゼ（acetylcholinesterase，AChE）などのコリン作動性ニューロンの特性が現れ始め，21日目にはほとんど成熟ラットと同じレベルにまで増加します．同時に，シナプス構造も14日目の両者共存の時期を経て21日目には完全にコリン作動性のものに変換します．この動物系においても，培養系での1個のニューロンの場合と同様（b），14日目のニューロンには，アドレナリン作動性とコリン作動性との2種類のタイプのシナプスが存在するのではなく，どのシナプスにも両者のタイプを示すシナプス小胞が混在する事実は，動物系の発生過程に見られるアドレナリン作動性からコリン作動性への変換において，後から到達する別のコリン作動性ニューロンがアドレナリン作動性ニューロンに置き換わるのではなく，同じニューロンがアドレナリン作動性からコリン作動性に変換したことを支持します．更に，これらの形態学的・生化学的実験結果を反映して機能的にも，コリン作動性阻害薬で特異的に抑制されるコリン作動性の汗の分泌が，交感神経刺激で14日目頃から始まり21日目までには全

てのラットに見られるようになります．最後に，交感神経節ニューロンにコリン作動性が現れるのは
ニューロンが生後4日目頃に汗腺に到達してから少なくとも5-6日かかることや，別の実験結果，特
に汗腺の欠損マウスでは交感神経節ニューロンはコリン作動性に変わらないことから，この神経伝達
物質の表現型の変換は，汗腺由来の因子により誘導されることが明らかになっていて，培養系で見ら
れるようなニューロンの育つ環境因子による神経伝達物質の変換が発生段階でも起こっていることが
示されています．

　カテコラミンの取り込み，貯蔵，産生能などのアドレナリン作動性の性質は，一生，完全には消失
しませんが，この事実も神経伝達物質の型の変換が同一のニューロンにおいて起こることを支持しま
す．

(a は Walicke ら 1977, Patterson 1978, Fukada 1985, Yamamori ら 1989 より作図；b は Furshpan ら 1986, Potter ら 1986 より作図；c は Landis & Keefe 1983, Leblanc & Landis 1986, Stevens & Landis 1987 より作表)

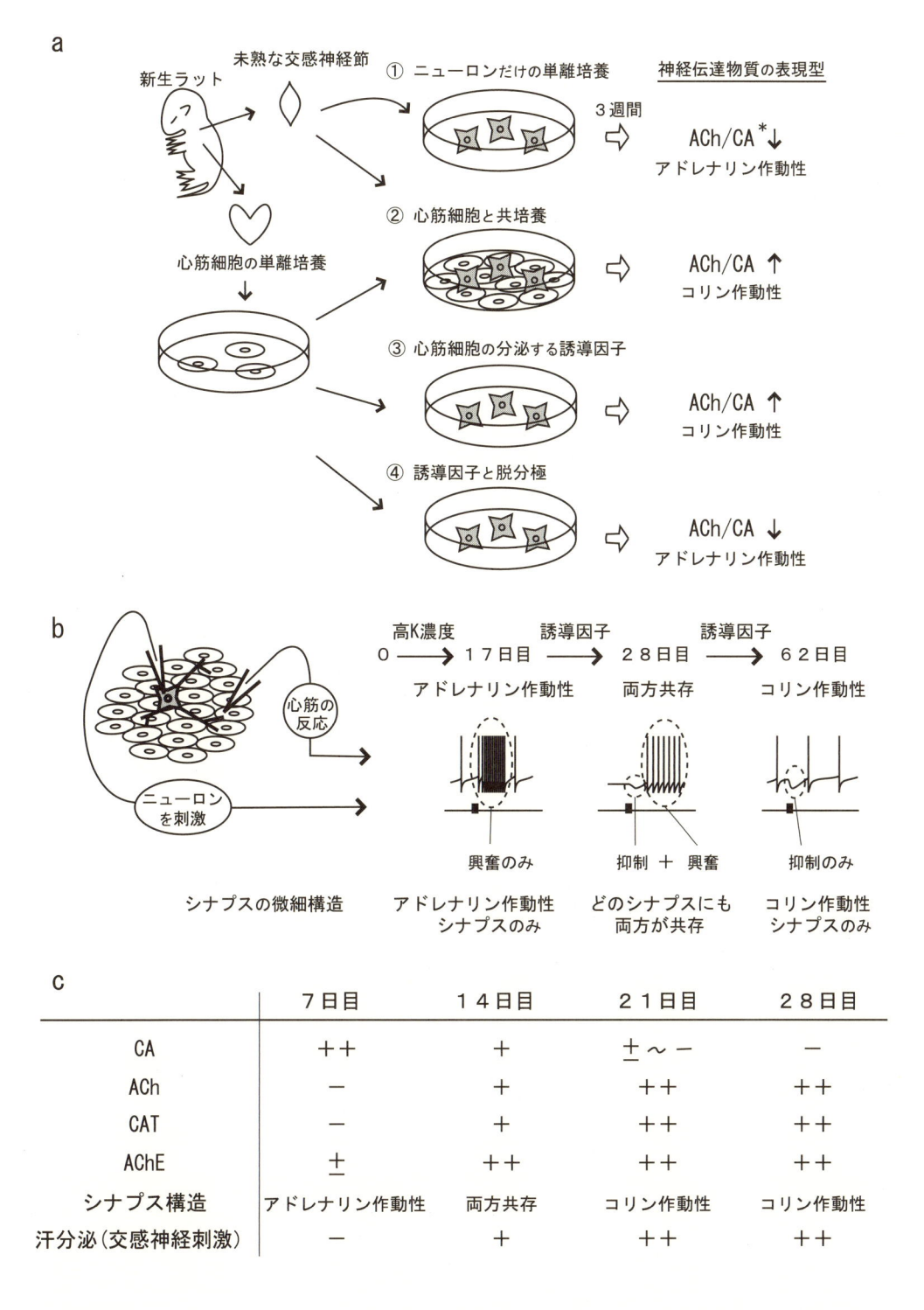

a

新生ラット → 未熟な交感神経節 → ① ニューロンだけの単離培養 → 3週間 → **神経伝達物質の表現型** ACh/CA*↓ アドレナリン作動性

心筋細胞の単離培養 → ② 心筋細胞と共培養 → ACh/CA ↑ コリン作動性

③ 心筋細胞の分泌する誘導因子 → ACh/CA ↑ コリン作動性

④ 誘導因子と脱分極 → ACh/CA ↓ アドレナリン作動性

b

高K濃度 → 誘導因子 → 誘導因子
0 → 17日目 → 28日目 → 62日目
アドレナリン作動性　両方共存　コリン作動性

興奮のみ　抑制＋興奮　抑制のみ

シナプスの微細構造　アドレナリン作動性シナプスのみ　どのシナプスにも両方が共存　コリン作動性シナプスのみ

心筋の反応
ニューロンを刺激

c

	7日目	14日目	21日目	28日目
CA	++	+	±〜−	−
ACh	−	+	++	++
CAT	−	+	++	++
AChE	±	++	++	++
シナプス構造	アドレナリン作動性	両方共存	コリン作動性	コリン作動性
汗分泌（交感神経刺激）	−	+	++	++

図23	個々の自律神経系ニューロンの神経伝達物質の表現型はニューロンの育つ局所的環境因子により決定される：コリン作動性からアドレナリン作動性への変換

　未熟なコリン作動性ニューロンがアドレナリン作動性に変換可能なことを示すためには，2つの点を考慮しなければなりません．1つは，ニューロンが最初コリン作動性であることで，もう1つは，対象となる細胞が最終分裂を終えたニューロンであることです．なぜなら，最終定着地でコリン作動性に分化を始めている4-6日目の副交感神経節を早期の胚の交感神経節に分化する環境に移植すると神経節に存在する非ニューロン細胞が交感神経節ニューロンに分化できることが明らかになっているからです．

　4日目のウズラ胚の頭部副交感神経節ニューロンは，アセチルコリン合成酵素（CAT）を持ち，培養系でコリン作動性シナプスを形成することができることからコリン作動性ニューロンに分化し始めたと考えられます．そこで，まず，6.5日目のウズラ胚から頭部副交感神経節と眼（標的となる筋が存在する）を共に取り出し，標的に到達したニューロンのみを，標的に注入した小さな蛍光玉を取り込ませて選択的にラベルします（①）．この方法では神経終末から周囲の物質を取り込んで細胞体に逆行性に運ぶというニューロン特有の特徴を利用しているので，非ニューロン細胞はラベルされません．また，ラベルされた全てのニューロンにはアセチルコリン合成酵素が存在することが確認できるので，移植される細胞は全てコリン作動性ニューロンであるという条件を満たします．次に，このコリン作動性のウズラニューロンを，早期ニワトリ胚のアドレナリン作動性ニューロンに分化する胴部神経冠細胞の腹側移動経路に移植して（②），最終定着地でのウズラニューロンの神経伝達物質の表現型を調べます．頭部副交感神経節ニューロンは，正常では決してアドレナリン作動性ニューロンには分化しないはずです．しかし，交感神経節細胞に分化する移動経路に移植されたウズラニューロンの一部は，宿主ニワトリ由来の神経冠細胞と共に腹側移動経路をたどって大動脈近辺に集まり（図28参照），交感神経節ニューロンなどのアドレナリン作動性ニューロンに分化しました．すなわち，交感神経節で，ニワトリ由来のニューロンに混じって，ラベルされたウズラニューロンにカテコラミン（CA）の存在が観察されたのです（③）．この結果は，未熟なコリン作動性副交感神経節ニューロンも，育つ環境によりアドレナリン作動性ニューロンに変換可能であることを示しています．

（Coulombe & Bronner-Fraser 1986より作図；Smithら1979参照）

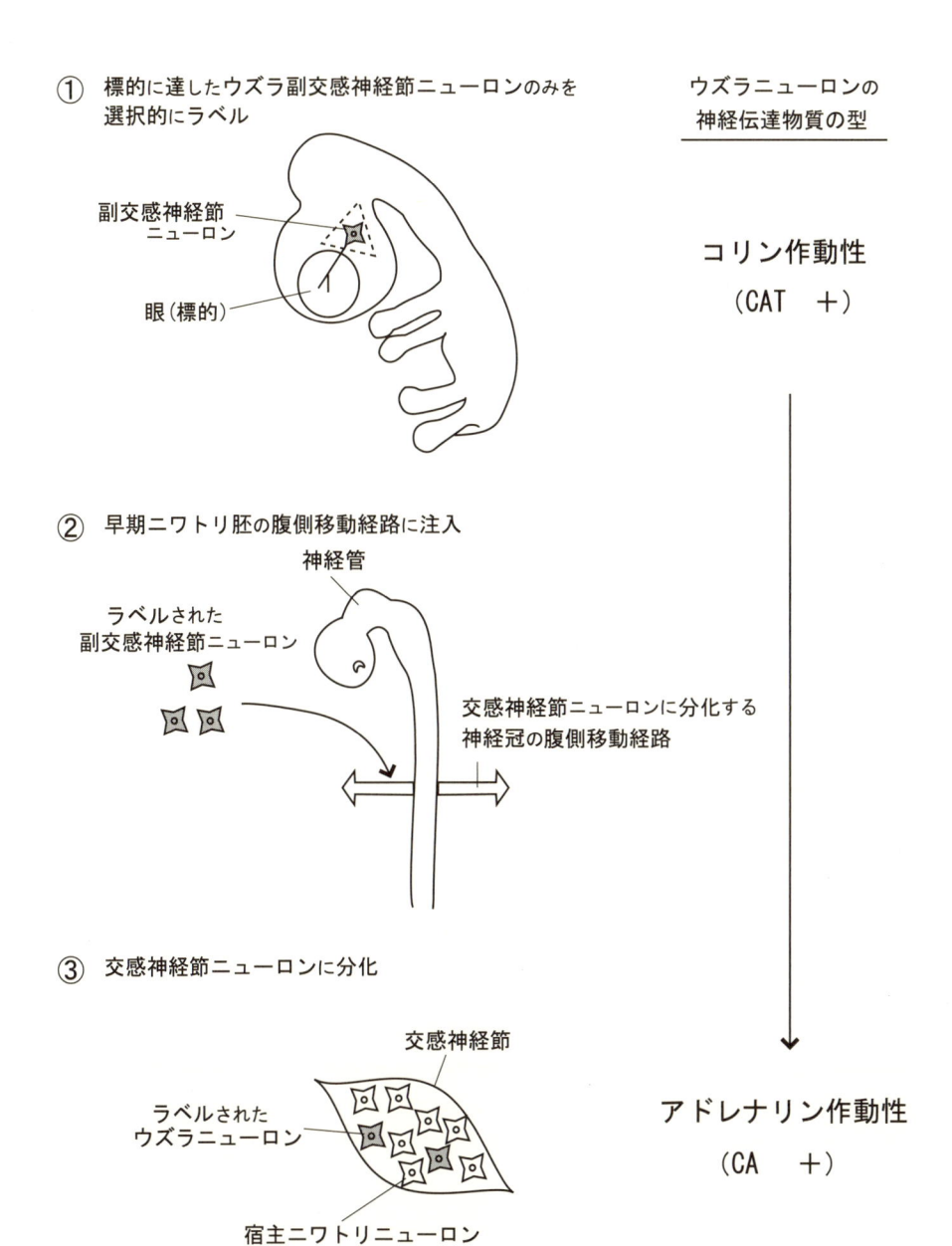

① 標的に達したウズラ副交感神経節ニューロンのみを選択的にラベル

副交感神経節ニューロン
眼（標的）

ウズラニューロンの神経伝達物質の型

コリン作動性
（CAT ＋）

② 早期ニワトリ胚の腹側移動経路に注入

神経管
ラベルされた副交感神経節ニューロン
交感神経節ニューロンに分化する神経冠の腹側移動経路

③ 交感神経節ニューロンに分化

交感神経節
ラベルされたウズラニューロン
宿主ニワトリニューロン

アドレナリン作動性
（CA ＋）

図24　哺乳類における大脳皮質の層形成

a　新皮質の層形成

　最終分裂を終えた時をニューロンの誕生日としますが，成熟した大脳新皮質のニューロンの多くは，発生の限られた時期に，終脳の背側で脳室に面した脳室層（内側）を構成する神経上皮細胞から誕生し，放射状に脳表面（外側）に移動して脳表面に平行な6層をなす層構造を作って配置したものです．まず，適切な層構造や神経接続の形成に重要な役割を果たすと考えられているニューロンが最初に誕生し，脳室層の外側に移動しプレプレート層（PP）を形成します．その後に生まれたニューロンは，このプレプレートに分け入って，成熟脳での第2-6層に分化する皮質板（CP）を形成します．プレプレートは脳表面の辺縁層（第1層）と深部のサブプレート（SP）に分割されますが，これらプレプレートに由来する細胞は発生の一時期にのみ存在し，役目を果たした後はほとんどが消滅します．第2-6層はインサイド・アウト（b参照）の方法で深部の第6層から順に表層へ向かって形成されます．第2層は薄く1つの層としての区別がつかない領域があるため，第3層とまとめて扱ってあります．中間層はニューロンの軸索（神経線維）のみの存在する部位で，後に白質となり，脳室層（神経上皮細胞）は後に脳表面のグリア細胞に分化します．I：第1層，II：第2層，III：第3層，IV：第4層，V：第5層，VI：第6層．

b　インサイド・アウト方式による層形成

　大脳新皮質の第II-VI層は，深層のニューロンほど早期に誕生し，浅層のニューロンほど遅く誕生することを示す"インサイド・アウト"と呼ばれる独特の方法で形成されます．すなわち，後に生まれたニューロンが先に生まれたニューロンの層を通過してより表層（外側）へ移動するのです．

　通常胎生19日（E19）で生まれるマウスにおいては，第II-VI層のニューロンのほとんどは，E11-E17頃にかけて脳室層での計11回の細胞分裂を繰り返す間に誕生します．どの層を形成するかは，脳の部位にかかわらず，移動開始前までの分裂回数によって大まかに決定されていることが示されています．分裂回数の下に示したのは，同じ回数の分裂を行う部位1と部位2で胎生期に1日も差がある例です．分裂回数1-6回ではほとんどが第VI層を，最も寄与の多い7-10回では複数の層を，11回のほとんどは第II／III層を形成します．同時に生まれたニューロンでも2つ以上の層に寄与するので，分布にはかなりの重複がありますが，図では，各層に寄与の多い分裂回数を横線（—）で，最も寄与する層への移動を矢印と白丸（ニューロン）で示してあります．全体として見ると，分裂回数のより多い，後に生まれたニューロンは，先に生まれたニューロンの層を追い越してより浅層に配置することが明らかです．

　第2-6層の各層の右側には，層特異性を反映する主な神経接続を示してあります．

(aはLuskin & Shatz 1985, O'Leary & Koester 1993より改変；bはTakahashiら1999より作図；Angevine & Sidman 1961, Rakic 1974参照)

a

脳室層　PP脳室層　CP▷PP脳室層　I(辺縁層)/CP VI/SP/中間層/脳室層　I(辺縁層)/CP V/VI/SP/中間層/脳室層　I(辺縁層)/CP IV/V/VI/SP/中間層/脳室層　I/II/III/IV/V/VI/白質/グリア

発生段階 ─────────────▶ 成熟脳

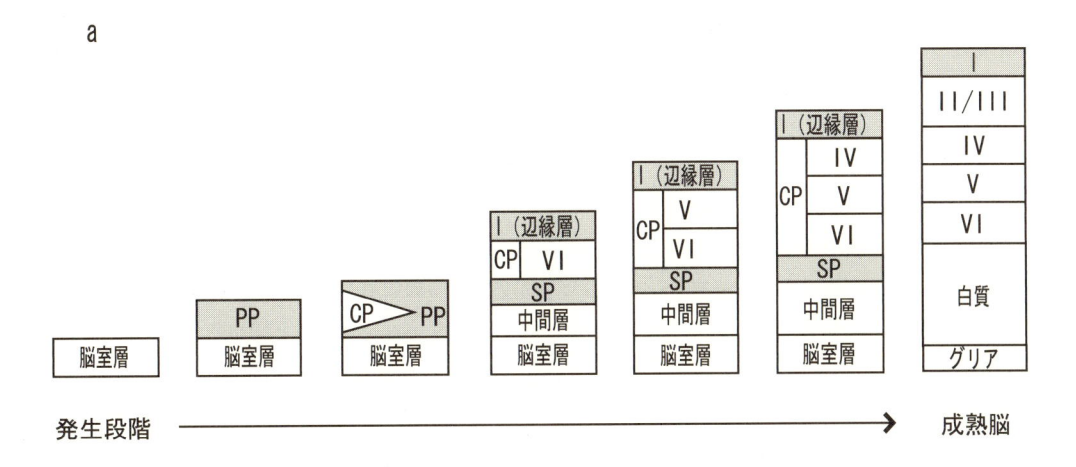

b

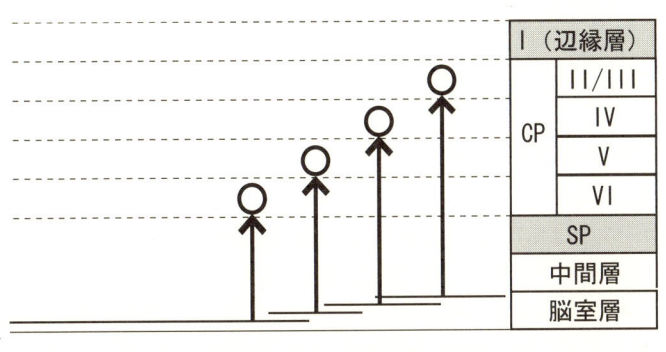

各層の神経接続

I(辺縁層)		
CP	II/III	大脳皮質内相互
	IV	視床より入力
	V	皮質下へ出力
	VI	視床と双方向
SP		
中間層		
脳室層		

分裂回数　1　2　3　4　5　6　7　8　9　10　11

胎生期　部位1　　E12　　E13　E14　E15　E16　E17
　　　　部位2　E11　　E12　E13　E14　E15　E16

図 25	大脳皮質の層特異的なニューロンタイプの決定に外在性環境因子が影響する

a 正常なフェレット大脳新皮質ニューロンの層の選択と誕生日との関係

フェレットの大脳皮質ニューロンは，E29 では第 6 層（VI）に，E32 では第 5 層（V）に，P0／P1 では第 2／3 層（II／III）に移動します．

b E29（早期）から P0（晩期）への移植

E29 胚の大脳皮質の細胞を P0 大脳皮質へ移植し，E29 に誕生するニューロンが宿主 P0 大脳皮質のどの層に移動するかを調べます．移植される E29 細胞が最終細胞周期の DNA 合成準備期（G1）から早期 DNA 合成期（S）の場合には（G1／S 期：黒丸），P0 に誕生するニューロンと同じ第 2／3 層に移動し層の選択の変換がおこります．しかし，分裂準備期（G2）から分裂期（M）の場合には（G2／M 期：白丸），元の E29 に見られる第 6 層に移動し層の選択の変換は起こりません．この結果は，層の選択は，移植される E29 細胞が最終細胞周期のどの時点であったかにより異なり，最終細胞周期の S 期の終り頃（感受期）に接する環境因子により決定されることを示しています．

c P0（晩期）から E32（早期）への移植

これに対して，逆の方向（P0 から E32 へ）の移植では，最終細胞周期のどの時点の前駆細胞の移植でも層の選択の変換は見られません．すなわち，G2／M 期の細胞の移植のみならず，層の選択が確定される感受期を宿主 E32 の新しい環境で過ごす G1／S 期の細胞の移植においても，新しい環境 E32 に見られる第 5 層ではなく元の P0 に見られる第 2／3 層へ移動し変換は見られません．この結果は，早期には存在していた細胞の可塑性は晩期には失われたことを示唆しています．

d 層の選択を確定する環境因子は細胞間相互作用または短距離作動性のシグナルである

上述 b で判明した層の選択に関わる環境因子の性質を調べるために b と同様の E29（早期）から P1（晩期）への移植実験が行われました．結果は次のように，移動する層の決定には細胞間相互作用または短距離作動性シグナルが重要であることを示しています．

① E29 の G1／S 期の細胞（黒丸）を，全層を含んだ大脳皮質の 1 部を生体での 3 次元構造を保ったまま取り出して，塊のまま 6 時間（感受期を含む）培養してから P1 に移植すると，元の E29 に見られる第 6 層に移動します．この結果は，塊の状態が保たれれば，培養系においても感受期を生体内で過ごした場合（図 25b，白丸）と同様の結果となることを示しています．

② しかし，E29 の G1／S 期の細胞（黒丸）を取り出した後，バラバラにした状態で 6 時間培養してから P1 に移植すると，第 2／3 層に移動します．①と②の結果は，感受期になされる移動する層の決定には，細胞間相互作用または短距離作動性シグナルが関わっていることを示唆しています．（また，感受期を P1 で過ごさないのに E29 細胞は第 2／3 層に移動するという結果は，P1 での第 2／3 層への移動は，P1 環境因子による誘導というより第 6 層への移動を決定する元の E29 の環境因子に反応する能力が失われたことによることを示唆します．）

③ G2／M期の細胞を取り出して直ぐにP1に移植すると，感受期を元のE29で過ごしているのでE29で生まれたニューロンと同じ第6層へ移動します．この結果はbと同様で，この一連の実験のコントロールです．

④ G2／M期の細胞を取り出した後，②と同様に，バラバラにした状態で長時間（6時間）培養してからP1に移植すると，第2／3層に移動します．この結果は，感受期をE29で過ごして一度移動する層が決定されても（すなわち，E29の環境因子に反応する能力を獲得しても），その決定（能力）は細胞間相互作用または短距離作動性シグナルの作用しない状態に長く保たれると消滅することを示唆しています．

(a, bはMcConnell & Kaznowski 1991より作図；cはFrantz & McConnell 1996より作図，Desai & McConnell 2000参照；dはBohnerら1997より作図)

94 第I部 ニューロンの誕生とタイプの決定

a 正常フェレットでの大脳新皮質ニューロンの層の選択と誕生日の関係

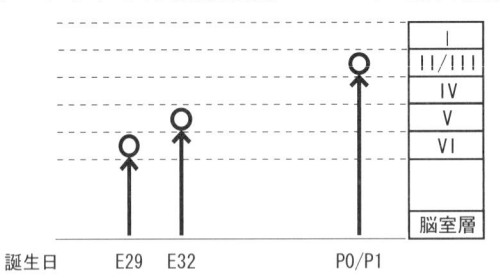

b E29（早期）から P0（晩期）への移植

G1/S期の細胞を移植
宿主P0で感受期を終了

変換

G2/M期の細胞を移植
元のE29胚で感受期を終了

移植されるE29細胞の細胞周期

c P0（晩期）から E32（早期）への移植

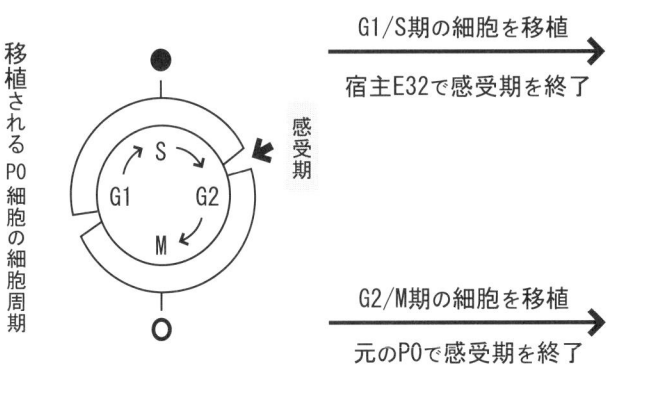

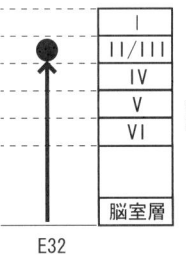

G1/S期の細胞を移植
宿主E32で感受期を終了

変換なし

G2/M期の細胞を移植
元のP0で感受期を終了

移植されるP0細胞の細胞周期

第3章 細胞系譜と可塑性　95

d　層の選択に関わる環境因子の性質を調べるためのE29(早期)からP1(晩期)への移植実験

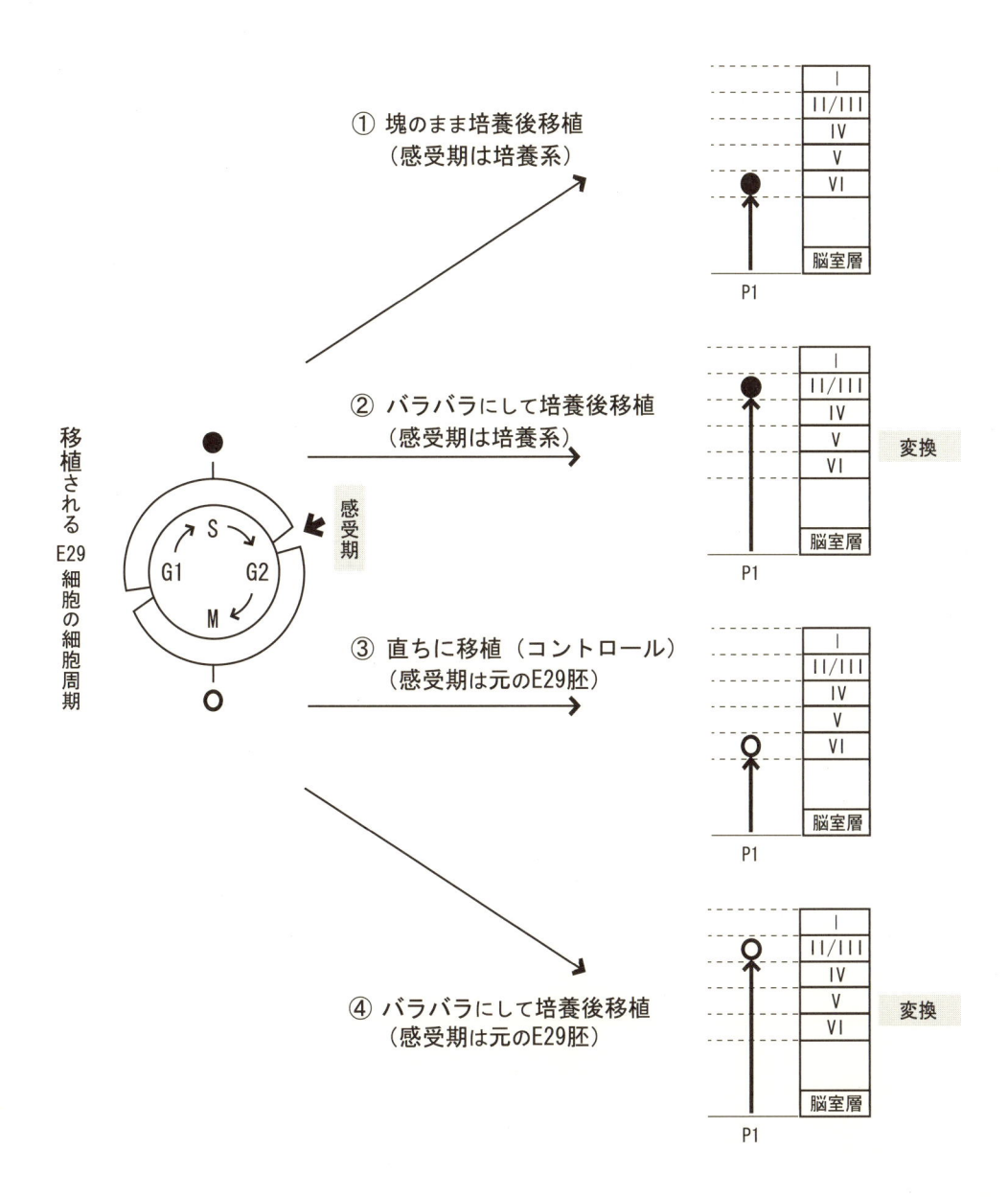

移植されるE29細胞の細胞周期

① 塊のまま培養後移植
（感受期は培養系）

② バラバラにして培養後移植
（感受期は培養系）　変換

③ 直ちに移植（コントロール）
（感受期は元のE29胚）

④ バラバラにして培養後移植
（感受期は元のE29胚）　変換

感受期

I / II/III / IV / V / VI / 脳室層
P1

図 26 大脳皮質第5層ニューロンの領域特異性は発生早期に脳室層で確定する

a 正常での第5層ニューロンの神経接続

　成熟したラットの大脳皮質においては，一次運動野の第5層ニューロン（白い三角）は脊髄と，一次視覚野の第5層ニューロン（灰色の三角）は上丘と領域特異的な神経接続をしています．

b & c 第5層ニューロンの各標的との領域特異的な神経接続が確定される時期を調べるための異所性移植実験

　b 全皮質ニューロンが誕生する以前のE12期からP0への移植：一次運動野から一次視覚野への移植では上丘と，逆方向の一次視覚野から一次運動野への移植では脊髄と接続しました．この結果は，E12期においては，第5層ニューロンの標的との領域特異的接続は，新しい領域に従った接続に変更したことを示しています．

　c 第5層ニューロンの誕生が完了するE16期からP0への移植：一次運動野から一次視覚野への移植では脊髄と，逆方向の一次視覚野から一次運動野への移植では上丘と接続しました．この結果は，第5層ニューロンの標的との領域特異的接続は，元の領域に従った接続で標的は変わらないことを示しています．

　これらの結果から，第5層ニューロンの標的との領域特異的な神経接続は全皮質ニューロン誕生前には可塑性がありますが，誕生が完了するE16期までに脳室層で確定すると考えられます．

（Ebrahimi-Gaillardら 1994, Ebrahimi-Gaillard & Roger 1996, Pinaudeauら 2000 より作図）

a 正常での第5層ニューロンの神経接続

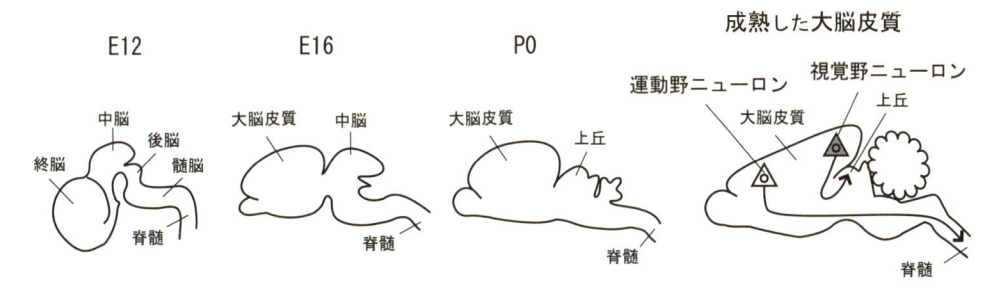

E12 / E16 / P0 / 成熟した大脳皮質

b E12胚からの移植

運動野から視覚野への移植   視覚野から運動野への移植

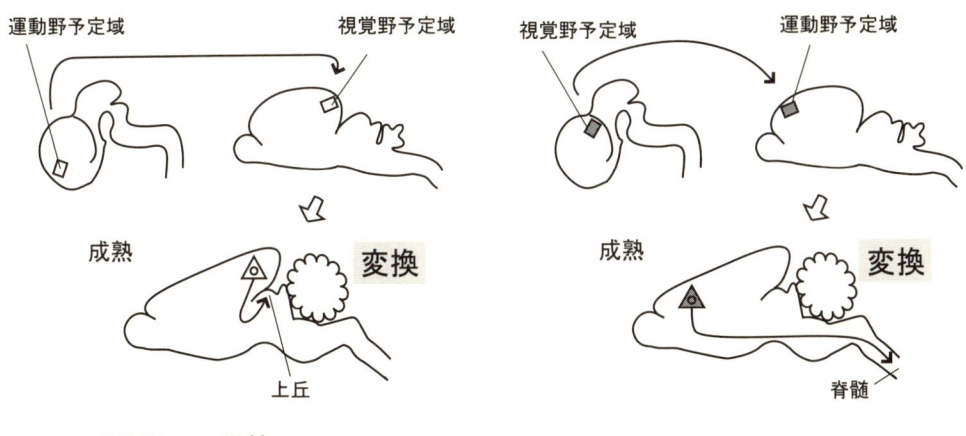

成熟 → 変換   成熟 → 変換

c E16胚からの移植

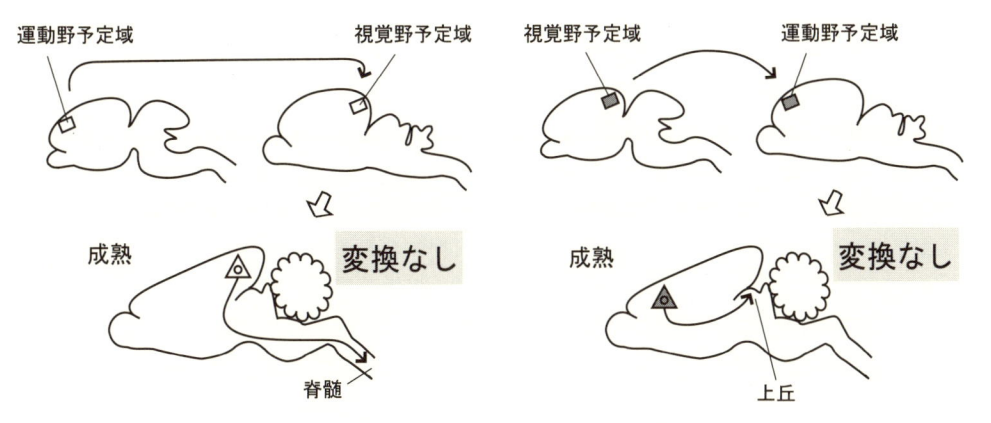

運動野から視覚野への移植   視覚野から運動野への移植

成熟 → 変換なし   成熟 → 変換なし

図27　大脳皮質第4層ニューロンの領域特異性は発生の早期に脳室層で確定する

a　正常での第4層ニューロンの領域特異的神経接続と細胞構築

① 大脳皮質の一次体性知覚野第4層ニューロン（大きな白の星形）は体性知覚を中継する特定の視床ニューロン（小さい白の星形）と，一次視覚野第4層ニューロン（大きな灰色の星形）は視覚を中継する特定の視床ニューロン（小さい灰色の星形）と，領域特異的な神経接続をします．

② げっ歯類（マウスやラット）の顔のヒゲの体性知覚情報は，三叉神経節ニューロンから脳幹の三叉神経核ニューロン，および反対側の視床ニューロンに中継されて反対側の大脳皮質一次知覚野の第4層ニューロンに到達しますが，視床からの第4層への入力線維はヒゲ毎にグループを形成してヒゲの配置に1：1で対応する一次知覚野に特異的なバレル（黒点の集り）と呼ばれる構造を形成します．しかし，この構造は一次視覚野の第4層には形成されません．

b　大脳皮質第4層ニューロンの視床との領域特異的な神経接続および構造が確定される時期を調べるための異所性移植実験

視覚野予定域の一部（灰色の四角）を体性知覚野予定域に移植して成熟した第4層ニューロンの視床との接続領域およびバレル形成の有無を調べると，

（左側）全皮質ニューロンが誕生する以前のE12期からP0への移植：
　　　新しい環境である体性知覚野に適切な視床ニューロンと接続をし（①），宿主のものと連続したバレル構造を形成しました（②）．

（右側）第4層ニューロンの誕生中であるE16期からP0への移植：
　　　元の領域である視覚野に適切な視床ニューロンとの接続の方がずっと多く（①），バレルの形成も見られませんでした（②）．

この結果は，大脳皮質の第4層ニューロンの視床との領域特異的神経接続およびバレル形成能は誕生前の発生早期に脳室層で確定することを示唆しています．

c　領域特異的分子マーカー発現の早期決定

大脳皮質第4層において体性知覚野に特異的に発現される分子マーカー（＊）を組み込んだマウスの体性知覚野予定域の一部（白い四角）を，視床から入力がある以前のE13.5（ラットのE14.5～15に相当）に切り出してP0の正常マウスの視覚野予定域に移植し，P7に移植片での分子マーカーの発現の有無を調べると，視覚野第4層においても体性知覚野特異的マーカーの発現が観察されました．

この結果は，大脳皮質の領域化は，視床からの入力に関係なく，発生早期に確定することを示唆しています．

（bはGaillard & Roger 2000, Gaillardら2003より作図；cはCohen-Tannoudjiら1994より作図；Gittonら1999a参照）

a 第4層ニューロンの領域特異的神経接続と細胞構築

① 視床との領域特異的神経接続

体性知覚野ニューロン　視覚野ニューロン
大脳皮質
視床

② 一次体性知覚野特異的バレル形成

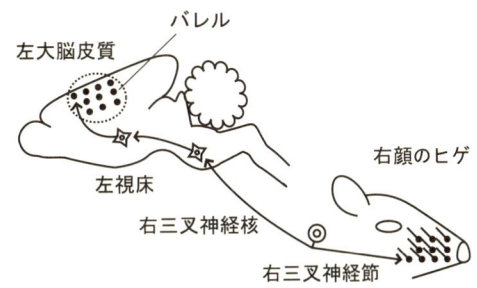

左大脳皮質　バレル
左視床
右三叉神経核
右三叉神経節
右顔のヒゲ

b 視覚野から知覚野への移植

E12胚からの移植

視覚野予定域　知覚野予定域

成熟
① 変換　　② バレル形成あり
知覚野と接続する領域

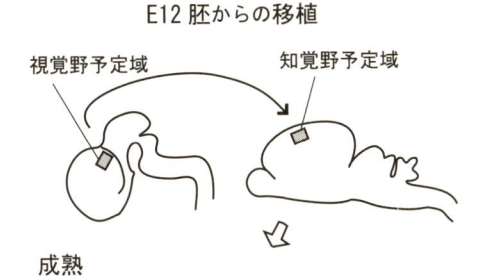

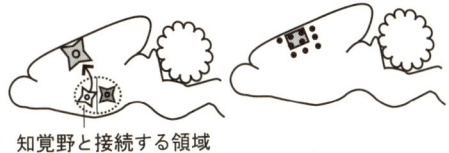

E16胚からの移植

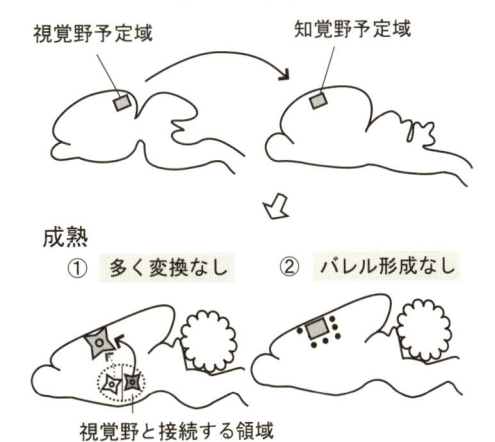

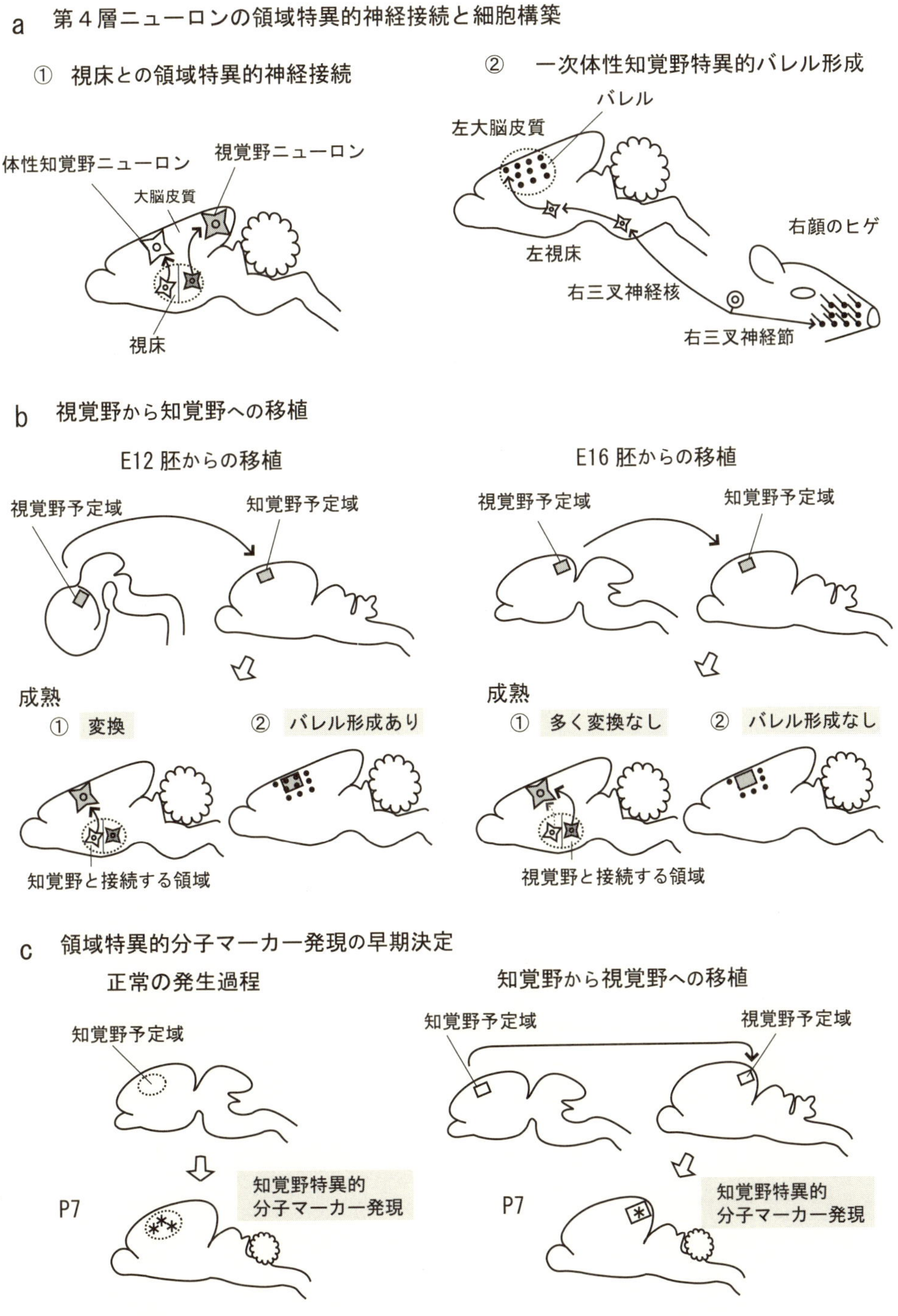

視覚野予定域　知覚野予定域

成熟
① 多く変換なし　② バレル形成なし
視覚野と接続する領域

c 領域特異的分子マーカー発現の早期決定

正常の発生過程

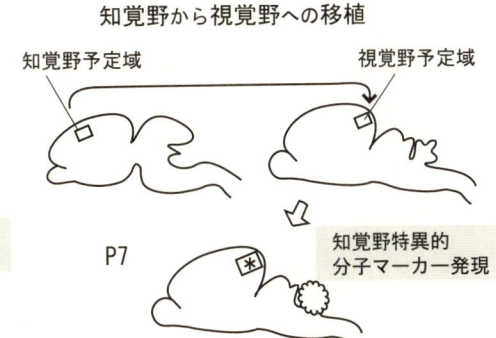

知覚野予定域

P7　知覚野特異的分子マーカー発現

知覚野から視覚野への移植

知覚野予定域　視覚野予定域

P7　知覚野特異的分子マーカー発現

第4章

細胞の移動

　ニューロンおよびニューロン前駆細胞の移動には主に2つの意味があります．1つは，移動経路／最終定着地に存在する誘導因子が細胞の運命決定に重要な役割を果たすことです（4.1）．もう1つは，限られた場所でしか産生されないニューロンが成熟した神経系の機能に必要な構造を形成するために適切な位置に移動することです（4.2）．適切な部位に位置することは，ニューロンにユニークな特徴である神経回路網形成にも重要です．ですから，ニューロンまたは前駆細胞の移動パターンは，神経系の基本的プランを確立するといえます．

4.1 移動経路による細胞の運命決定への影響

4.1.1 神経冠由来の細胞の場合

　神経冠細胞の運命決定に移動経路／最終定着地が重要なことは既に述べましたが（図16, 21など），移動経路／最終定着地に存在する誘導因子が同定されているものにはアドレナリン作動性交感神経節ニューロンへの分化があります．神経冠細胞のアドレナリン作動性の交感神経節ニューロンへの分化は，神経冠の移動経路を変える移植実験などから，移動方向に関係なく移動経路に位置する大動脈周辺に限定されることが長い間知られていました（図28）．最近この理由は，大動脈壁がアドレナリン作動性交感神経系細胞への誘導因子の1つであるBMPを分泌するからであることが示されました．BMPが大動脈由来の誘導因子であるという結論は，BMP mRNAが大動脈壁に神経冠細胞の到達時期に大量に存在することだけでなく，BMPの異所性発現で神経冠細胞にアドレナリン作動性交感神経節ニューロンへの分化に必要な一連の転写因子の発現を誘導でき，逆に大動脈近辺へのBMP拮抗因子ノギンの導入でアドレナリン作動性交感神経節ニューロンへの分化を阻害できること等の実験結果に基づいています．

4.1.2 神経管由来の細胞の場合

　最終分裂を終えてから移動する神経管細胞においても移動経路／最終定着地が細胞の運命決定に重要です．たとえば，脊髄の運動ニューロンは標的筋の位置に対応して脊髄内で特定の部位にグループを作って配置しているので（後述図33），四肢の背側筋と腹側筋に接続する運動ニューロン群は，異なった部位に位置していますが，背側筋に接続する運動ニューロン群の分化に移動経路が重要な役割を果たすことが知られています（図29）．発生過程で，背側筋に接続する予定

の運動ニューロン群（L）は，腹側筋に接続する予定の運動ニューロン群（M）より後に生まれるので，大脳皮質に見られるようなインサイド・アウトの移動様式（図24参照）で，先に生まれたMニューロンを追い越して外側へ移動してLニューロンに分化しますが，Lニューロンへの変換に必要な誘導因子であるレチノイン酸（RA）が，移動経路で追い越すMニューロンから供給されるのです（図29b）．この時期に四肢の筋に接続する運動ニューロンは特異的にRA合成酵素を発現し（図29c－①），RA受容体の拮抗剤の存在でLニューロンの産生が阻害されるので（図29c－④）RAが必要であることは明らかですが，Lニューロン誘導に必要なRAはLニューロン自身が産生するのではなくMニューロンから供給されるのです．なぜなら，LニューロンでのRA合成酵素の発現はMニューロンに近接または追い越してLニューロンへの誘導が開始された後に限られるし（図29bの＊，29c－①），RA合成酵素の異所性発現でLニューロンへの誘導が起こるのはRA合成酵素を発現した運動ニューロンではなく近接する運動ニューロンだからです．（図29c－③）．移動経路の誘導因子が神経管由来のニューロンの運命決定に重要であることを示すこの例は，最終分裂を終えた神経管由来のニューロンにおいても外的環境因子がニューロンのサブタイプを変えうることを示す実例ともなっています．更に，神経誘導での後方化因子として（図5）やHox遺伝子発現のコントロール（図11, 12）を介して前後軸のパターン形成に関わったRAがここでは脊髄運動ニューロンのサブタイプを決定する因子として作用することは，アドレナリン作動性交感神経節ニューロンの誘導因子としても作用するBMPと同様に，"同じ誘導因子が発生段階で何回も使われる"という一般的ルールの例として興味深いものです．

4.2 神経系の機能に適切な位置への移動

4.2.1 神経冠由来の細胞の場合

　神経冠細胞は長い距離を非常に定型的な道筋に沿って移動します．たとえば，胴部の神経冠細胞の移動経路は，主に2つに分けられます（図28a）．1つは，色素細胞に分化する神経冠細胞の辿る，表皮となる外胚葉と体節の間を外側方向に移動するものです（図28aの移動経路①）．もう1つは，腹側方向に体節毎に規則正しく体節の前半分に限局して移動し，一部大動脈周辺へ到達するもので（図28aの移動経路②，図30a），神経管の近傍では感覚神経節細胞に，大動脈周辺では交感神経節や副腎髄質の細胞に分化します（図28aの左側）．では，何が神経冠細胞に定型的で正確に決められた道筋を辿るようにコントロールしているのでしょう？

　この疑問に答えるため，まず，神経冠細胞の出発点である神経管を背腹方向に180度回転して神経冠細胞の出発点と移動経路との相対的位置を変えてみると（図28b－①），神経冠細胞は，腹側部（元の背側部）から出発しますが，正常胚で見られるように腹側へ向かって大動脈周辺へ移動するものと，正常胚では見られない背側へ向かって体節の前半分を通って移動するものが観察されました．また，神経管の腹部正中部に位置する脊索と周辺組織を取り除くと（図28b－②），正常では見られない正中部を越えて逆の方向へも移動しました．次に，神経冠細胞の移動経路である体節を切り出し前後に180度回転して戻し，この前後逆になった体節内のどの部分

を移動するかを調べると（図30b），神経冠細胞は，体節の後半分（元の前半分）を移動しました．この結果は，移動経路は体節との相互作用により決定されることを示唆しますが，実際，その後の研究で体節の後半分に抑制分子が存在するため，体節の前半分に限局して移動することが明らかになっています．これらの結果は，神経冠細胞の移動の方向は前もって決定されているのではなく，どの方向へも可能で，経路に存在する細胞との相互作用などによる外的環境因子によって決定されることを示しています．この結論はまた，前に学んだ（図21など），（全ての細胞ではないにせよ）移動経路が神経冠細胞の運命を決定するという考えを支持するものです．

4.2.2 神経管由来の細胞の場合

神経管由来の中枢神経系に一般に見られる移動では細胞全体が移動しますが，細胞の突起内を核および周辺の構造のみが移動することにより細胞体の位置が変化する細胞体トランスロケーション（somal translocation）と呼ばれるものもあります（図31a）．移動方向には，脳室層で最終分裂を終えて誕生した幼若ニューロンが放射状に神経管の表層へ向かって移動する放射状移動（radial migration）と脳表面に平行に移動する接線方向の移動（tangential migration）がありますが（図31a），放射状移動が最も多くの場合に見られる移動です（図24など）．

大脳皮質を例にとると（図31b），発生初期の神経管の壁が薄い時期には，脳室層を構成する脳室神経上皮細胞から誕生した幼若なニューロンの放射状移動には近距離の移動である細胞体トランスロケーションが行われます．すなわち，脳室面から表層の髄膜面まで伸びている突起の一端が脳室面から離れて表層の他端に向かって短縮するのに伴って細胞体が移動するのです（図31b-①）．しかしその後発生が進み神経管の壁が厚くなると，細胞全体が移動する様式（ロコモーション）に変わります．すなわち，脳室層で誕生した幼若なニューロンは，脳室面から表層の髄膜面まで神経管の壁全域に渡って突起を伸ばしている放射状グリアと呼ばれる細胞の突起に沿って脳表面に移動するのです（図31b-①）．以前には，この放射状グリアは幼若なニューロンを導く移動経路としての役目を果たす特殊なグリア細胞であると考えられていましたが，最近，ニューロンやグリアの前駆細胞である脳室神経上皮細胞と同じものであることが明らかになりました．ですから，新しく誕生する皮質板を形成するニューロンは親（同じクローン由来）の細胞の突起に導かれて移動するわけで，この方法により，前駆細胞レベルで確定された領域化がそのまま確実に大脳皮質の領域化に移行されるのです．

一方，大脳皮質のγ-アミノ酪酸（γ-aminobutyric acid, GABA）作動性介在ニューロンは腹側の基底核原基から遠距離を接線方向に移動します（図31b-②）．接線方向への移動は，放射状移動と同様，前述のウイルスを使った細胞系譜を調べる実験で1個の細胞に由来する子孫の分布を調べることにより実証されましたが，当初は，大脳皮質の機能的領域の範囲を越えて遠くへ接線方向に移動する子孫の存在は，大脳皮質ニューロンの領域特異性は誕生前の発生早期に脳室層の前駆細胞レベルで決定されるという考え（前述のprotomap仮説）に反するものと解釈されました．しかしその後，これらの接線方向に遠くへ移動するものは，腹側の基底核原基から移動してきて大脳皮質のGABA作動性介在ニューロンに分化する細胞で，異なった系統（細胞系譜）の前駆細胞に由来することが明らかになり，protomap仮説に対する反論の根拠は無くなりまし

た．これらの結果は，大脳皮質ニューロンに代表される神経管由来のニューロンが放射状移動か接線方向の移動いずれの移動経路を選ぶかは，神経冠細胞とは異なり，移動前に内在性遺伝プログラムにより決定されていることを示唆します．

　しかし，移動経路の局所的環境因子が神経管由来のニューロンの移動行動に影響する例も報告されています．たとえば，哺乳類の顔面神経運動ニューロンの細胞体が鳥類には見られない特徴的な尾部への移動（細胞体トランスロケーション）を行うことを利用して，マウス－ニワトリ間の移植実験により，この特徴的なマウス顔面神経運動ニューロンの尾部方向への細胞体トランスロケーションが移動経路の局所的環境により決定されるのかどうかを調べることができます（図32）．まず，ロンボメアr4で誕生したマウス顔面神経運動ニューロンの細胞体は（点線の丸）ロンボメアr5を通過してr6まで尾部方向に移動するので（黒丸），移動経路のマウスr5-r6をニワトリ胚に同所性に移植して（図32b-①），宿主ニワトリ顔面神経運動ニューロンの細胞体（白丸）の移動を調べてみます．もし，移動経路の局所的環境がこの移動を決定しているなら，正常では特徴的な尾部への移動を示さないニワトリ顔面神経運動ニューロンの細胞体もマウスの適切な環境下（r5-r6）では移動を示すはずです．次に，マウスr4の顔面神経運動ニューロンを産生する領域をニワトリ胚に同所性に移植して（図32c），産生されたマウス顔面神経運動ニューロンの細胞体（黒丸）がニワトリ胚の環境下で特徴的な尾部への移動を行うかどうかを調べます．もし，マウス顔面神経運動ニューロンの細胞体の移動が内在的遺伝プログラムで決まっているのなら，ニワトリ胚の異なった環境下においても尾部への特徴的な移動を示すはずです．図32に示すように，実験結果は，マウス顔面神経運動ニューロン細胞体の尾部への移動は局所的環境によって決定されることを支持するものでした．

　では，細胞はどんなメカニズムを使って移動するのでしょう？　細胞の移動には，最終目的地に定着したニューロンの神経回路網形成において軸索が適切な標的に到達するのと同様のメカニズムが働いていると考えられていますので，次の神経回路網形成と一括します．

第4章・図

| 図 28 | 細胞の移動の意味（1・A）—移動経路／最終定着地は神経冠細胞の運命の決定に影響する |

a　胴部神経冠細胞の移動経路

　胴部神経冠細胞は，最終定着地への長い道のりを主に2つの定型的な経路に沿って移動します．図は鳥類の胴部の断面で，右半分には2つの主な移動経路①と②を，左半分には分化する細胞の種類を示してあります．

　経路①は，外側方向に体節と表皮に分化する外胚葉との間を移動する経路で，この外側経路をとる神経冠細胞は色素細胞に分化します．経路②は，腹側方向に体節毎に体節の前半分に限局して（図 30a 参照）移動するもので，一部は更に大動脈周辺まで到達します．この腹側経路をとる神経冠細胞のうち，神経管近くで体節に留まるものは感覚神経節細胞に，大動脈近辺まで移動するものは交感神経節や副腎髄質の細胞に分化します．

　＊　このレベルの胴部神経冠細胞からは腸管の副交感神経節細胞には分化しません（図 16, 17 参照）．

b　移動経路に位置する大動脈はアドレナリン作動性交感神経節ニューロンへの分化を誘導する

　正常胚では，アドレナリン作動性交感神経節ニューロンに分化する神経冠細胞は，腹側経路（aの②）で大動脈近辺に到達したものです．

　アドレナリン作動性交感神経節ニューロンへの分化に与える移動経路の影響を調べるため，神経管（神経冠を含む）を背腹方向に180度回転して移植すると（①），神経冠細胞は，神経管の腹側（元の背側）の位置から大動脈へ向かう腹側方向だけでなく，正常の場合とは逆方向に背側へも（ただし体節の前半分に限局して）移動し全ての空間を満たします．しかし，交感神経節ニューロンへの分化は正常胚の場合と同様に，大動脈近辺にのみ見られます．また，神経管の位置は正常のままで脊索と周辺の中胚葉組織を取り除いた場合には（②），神経冠細胞は正常胚の場合とは異なって正中線を越えて反対側へも移動します．しかしこの場合にも，交感神経節ニューロンへの分化は大動脈近辺にのみ見られます．

　この結果は，まず，神経冠細胞は正常では厳格に決まった道筋に沿って移動するけれど，環境に応じてあらゆる方向に移動できることを示唆しています．そして，交感神経節ニューロンに分化するのは移動経路に関わらず大動脈近辺に到達したものだけであり，移動経路に位置する大動脈がアドレナリン作動性交感神経節ニューロンへの分化の誘導に必要であることを示唆しています．

（Weston 1963, Stern ら 1991, Bronner-Fraser 1993 参照）

a 胴部神経冠の移動経路（断面）

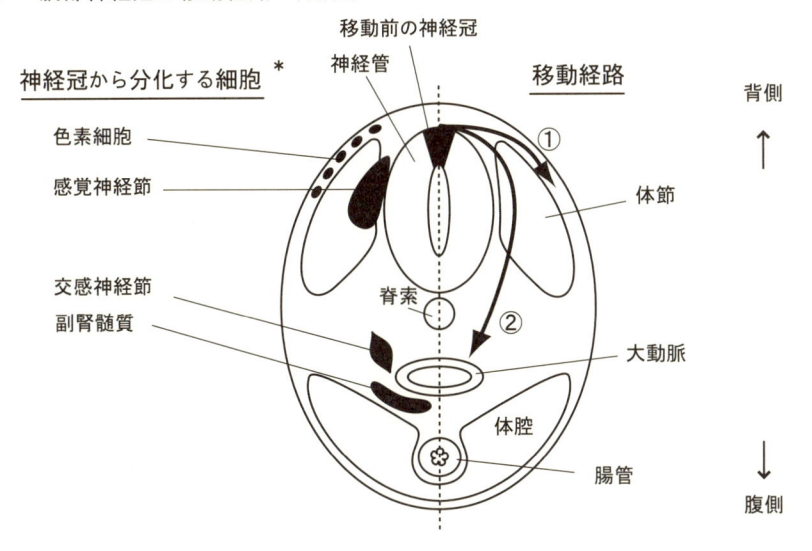

神経冠から分化する細胞 *
- 色素細胞
- 感覚神経節
- 交感神経節
- 副腎髄質

移動前の神経冠
神経管

移動経路
① 体節
② 大動脈
脊索
体腔
腸管

背側 ↑
↓ 腹側

b 大動脈による交感神経節ニューロンの誘導

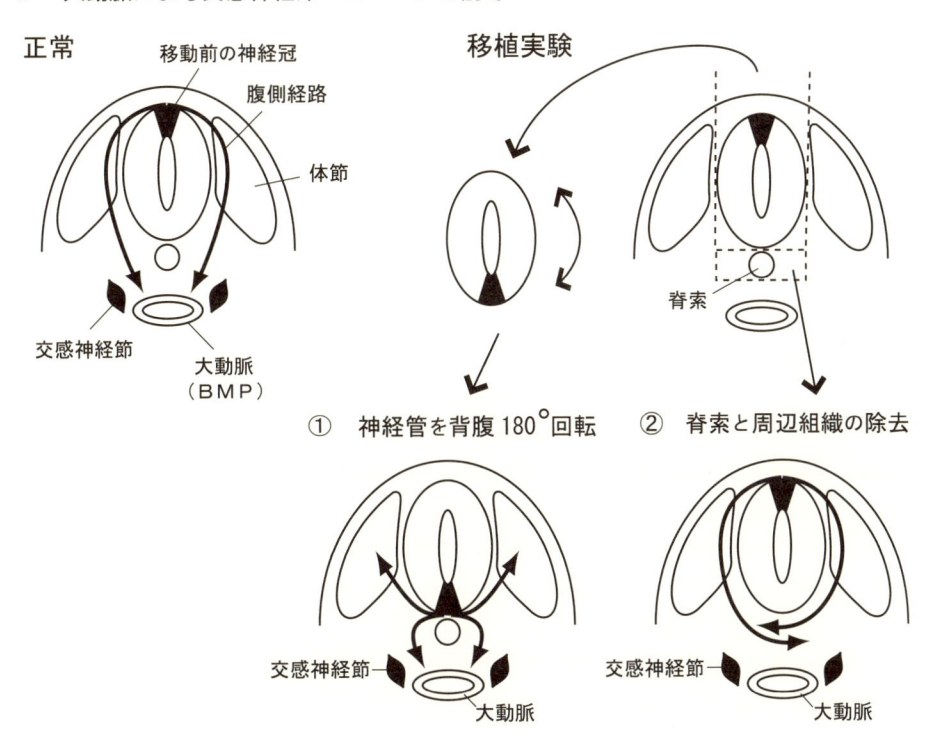

正常
- 移動前の神経冠
- 腹側経路
- 体節
- 交感神経節
- 大動脈（BMP）

移植実験
脊索

① 神経管を背腹180°回転
- 交感神経節
- 大動脈

② 脊索と周辺組織の除去
- 交感神経節
- 大動脈

図29 細胞の移動の意味（1・B）—移動経路／最終定着地は神経管細胞の運命の決定に影響する

a 四肢の筋に接続する脊髄の運動ニューロンの配置

　脊髄の運動ニューロンは標的筋の位置に対応して脊髄内の特定の部位にグループ（群）を作って配列しているので，体幹の筋に接続する運動ニューロン群（三角）は頸部から腰部にかけて存在しますが，四肢の筋に接続する運動ニューロン群（丸）は胸部などには存在しません．更に，四肢の筋に接続する運動ニューロン群は標的筋の位置に従って配置していて，四肢の背側筋に接続する運動ニューロン群（L）は腹側筋に接続するもの（M）より外側に位置しています．図は脊髄横断面でのLおよびMニューロン群と，それぞれが接続する1側の肢の背側筋および腹側筋との位置関係を示しています．

b Lニューロンへの分化を誘導するRAは移動経路に存在するMニューロンから供給される

　図は，どのように移動経路がLニューロンへの分化の誘導に関わるのかを示しています．まず，先に生まれた運動ニューロンは，外側へ移動しMニューロンとなり，レチノイン酸（RA）合成酵素を発現します（＊）．次に，後で生まれた運動ニューロンは，インサイド・アウト様式（図24参照）により，先に生まれたMニューロンを追い越して外側へ移動を始めますが，移動経路に存在するMニューロンに近接すると，RA合成酵素を発現しているMニューロンにより産生されたRAにより誘導されてLニューロンへの分化が始まります．Mニューロンを追い越して外側へ移動しLニューロンとなるとLニューロンもRA産生酵素を発現し（＊），RAへの反応性は失われます．〔煩雑になるので，図からは体幹の筋に接続する運動ニューロン群（三角）は除いてあります．〕

c Lニューロンへの誘導因子は外在性RAである

① 正常胚では，RA合成酵素は胸部の運動ニューロン群（aで示した三角の運動ニューロン群に相当する）には発現されませんが，四肢の筋に接続する運動ニューロン群（丸）に特異的に発現されます．ただし，重要なことは，Lニューロンへの誘導が始まる以前にはLニューロン自身のRA合成酵素の発現が見られないことです．

② 正常胚では，Lニューロンへの誘導は，RA合成酵素を発現する四肢の筋の運動ニューロン群には見られますが，RA合成酵素を発現しない胸部の筋の運動ニューロン群には見られません．

③ しかし，Lニューロンへの誘導が見られない胸部の運動ニューロン群に，ウイルス感染で異所性にRA合成酵素を発現させるとLニューロンの誘導を起こさせることができます．ですがこの場合，Lニューロンへの誘導が見られるのは，RA合成酵素を発現している運動ニューロンではなく近傍の運動ニューロンなのです．また，胸部運動ニューロン群を含む神経管の一部をRAの存在下で培養しても，Lニューロンの誘導が見られます．

④ 逆に，四肢の筋の運動ニューロン群を含む神経管の一部をRA受容体阻害剤の存在下で培養すると，通常では見られるLニューロンの誘導が抑制されます．

　これらの結果は，移動経路に位置するMニューロンにより産生される外在性のRAによりLニューロンの誘導が起こることを示しています．

(Sockanathan & Jessell 1998 より作図)

a 四肢の筋に接続する運動ニューロンの配置

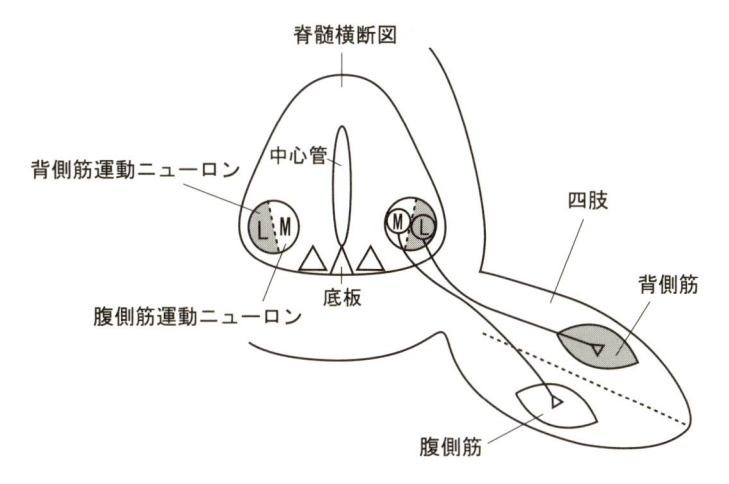

b 移動経路によるLニューロンの誘導

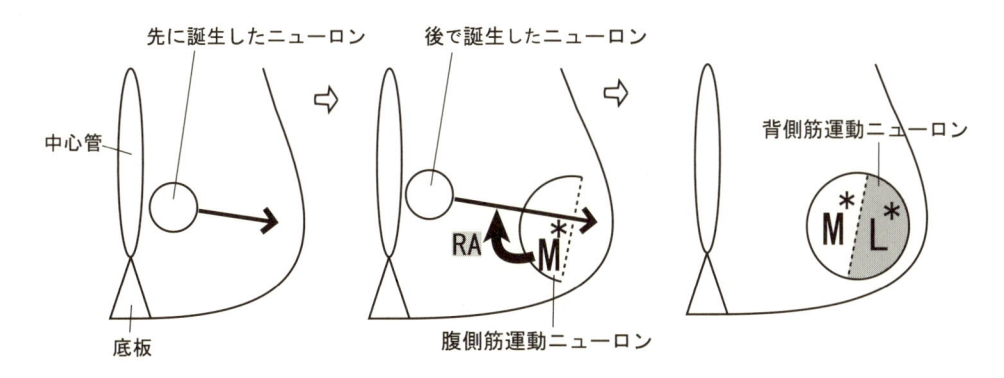

c Lニューロン誘導因子は外在性RA

	胸部の筋の運動ニューロン	四肢の筋の運動ニューロン
① RA合成酵素の有無	−	＋ （Lニューロンでは誘導後）
② Lニューロンの誘導	−	＋
③ RA合成酵素の異所性発現 　（またはRA存在下）	Lニューロンの誘導　＋ （RA合成酵素発現との共存まれ）	
④ RA受容体阻害剤の投与		Lニューロンの誘導　−

110　第Ⅰ部　ニューロンの誕生とタイプの決定

| 図 30 | 細胞の移動の意味（2・A）―移動経路の環境が神経冠細胞の移動経路を決定する |

a　腹側経路をとる胴部神経冠細胞は体節の前半分に限局して移動する

　　体節内を移動する神経冠細胞は，後半分（灰色）を避けて，前半分に限って移動する（矢印）ことを，立体図（①）と縦断図（②）で示しています．立体図の体節内の移動経路は，体節の表面ではなく体節内であることを強調するため，点線で示してあります．

b　神経冠細胞の移動経路は体節の局所的環境によって決定される

　　神経冠細胞の体節の前半分に限局した移動経路を決定する要因を調べるため，1側の体節の一部を切り出し，前後軸方向に180度回転して戻し，この前後逆になった体節内のどの部分を移動するかを観察しました．コントロール側（左側）では体節の前半分に限局して移動しましたが，実験側（右側）では移動方向を変えて体節の後半分（元の前半分）を移動しました．この結果は体節との相互作用により移動経路が決定されることを示し，図28と共に，移動経路の局所的環境が神経冠細胞の移動方向の決定に関わっていることを示す例となっています．

（Bronner-Fraser & Stern 1991, Stern ら 1991 より作図, Rickmann ら 1985 参照）

a 神経冠細胞は体節前半分に限局して移動

① 立体図

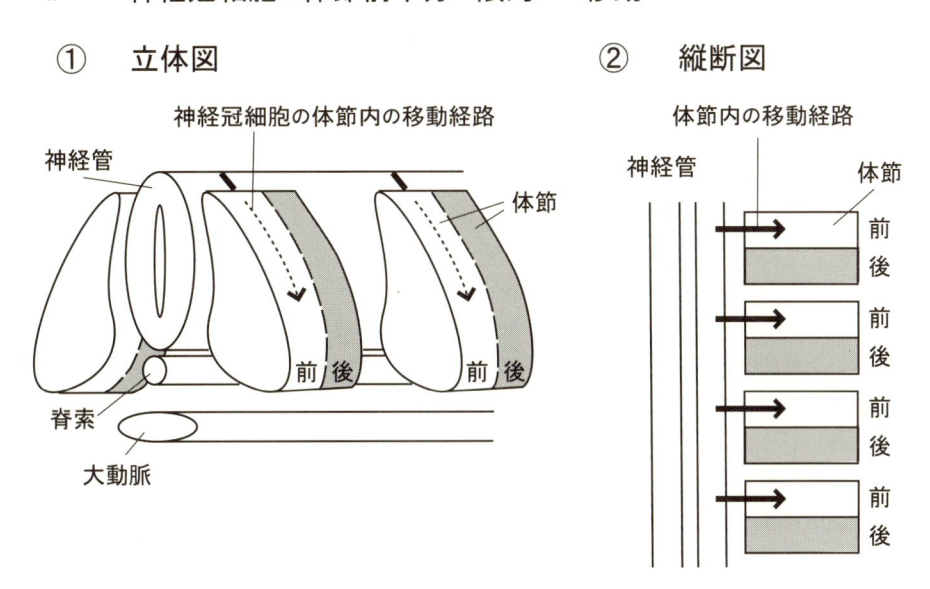

神経管
神経冠細胞の体節内の移動経路
体節
脊索
大動脈
前 後

② 縦断図

体節内の移動経路
神経管
体節
前 後

b 体節による神経冠細胞の移動経路の決定

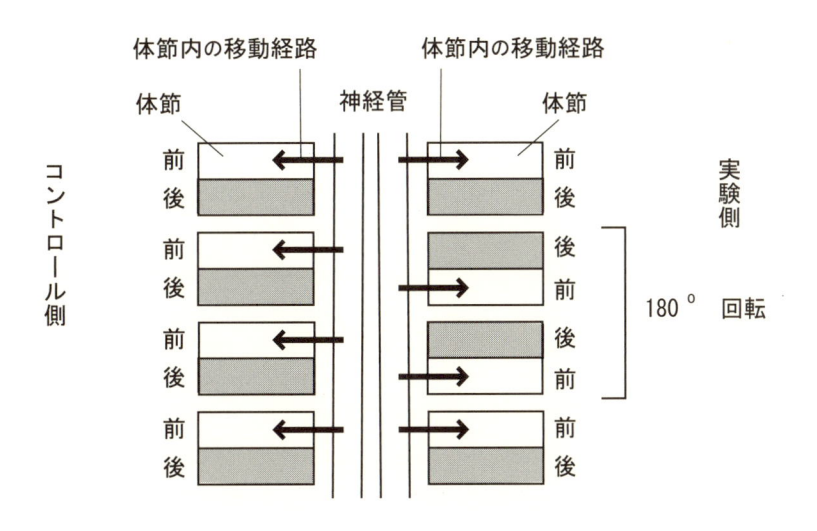

体節内の移動経路
体節
神経管
体節内の移動経路
体節

コントロール側

前後
前後
前後
前後

実験側

前後
後前
後前
前後

180°回転

112　第Ⅰ部　ニューロンの誕生とタイプの決定

| **図 31** | 細胞の移動の意味（2・B）— protomap 仮説を支持する根拠 |

a　中枢神経系ニューロンの移動様式および移動方向

b　大脳皮質の例
① 放射状移動—上部の矢状断図には，脳室層で誕生したニューロンが脳表面に向かって放射状に移動する様子を矢印で示し，下部に，その一部（点線部で囲まれた部分）を拡大してあります．前駆細胞である神経上皮細胞は細胞突起を脳室と脳表面間に伸ばしていて，脳表面に突起を伸ばしたまま細胞分裂を行います．細胞分裂により，多くの場合，ニューロンと前駆細胞の2種類の細胞が生まれます．発生初期には，誕生したニューロンは脳表面に達していた親の突起を受け継いで，脳表面に向かって細胞体を移動させます．（もう一方の新しく誕生した前駆細胞は，また突起を脳表面に伸ばすのだと考えられています．）この細胞体のみの移動様式を細胞体トランスロケーションと呼びます．しかし，発生が進むと，誕生したニューロンは，脳表面まで伸びている親（同じクローン由来）の突起に沿って放射状に移動します．この細胞全体の移動様式をロコモーションと呼びます．この移動経路を提供する細胞は，歴史的に放射状グリアと呼ばれてきました．
② 接線方向の移動—左外側から透視した立体図，および，下部の前頭断図（点線部位）に矢印で示したのは，大脳皮質の腹側に位置する基底核原基から接線方向に移動するニューロンの経路です．これら GABA 作動性介在ニューロンに分化する未熟なニューロンは，主に基底核原基の内側部から接線方向に大脳皮質へ移動します．

　一般に，放射状移動をするニューロンは，皮質を形成する終脳背側の神経上皮細胞から誕生し主に皮質の各層を代表するニューロンに分化するのに対して，皮質の機能的領域を越えて接線方向の移動をするニューロンは，基底核等を形成する終脳腹側の神経上皮細胞（異なった細胞系譜）から誕生し皮質の介在ニューロンの一部に分化します．

(b-①は Miyata ら 2001, Nadarajah ら 2001, Noctor ら 2001, Tamamaki ら 2001, Nadarajah & Parnavelas 2002 より作図；b-②は Corbin ら 2001 より改変)

a 中枢神経系ニューロンの移動

　　1 移動様式
　　　　細胞全体の移動
　　　　細胞体のみの移動
　　2 移動方向
　　　　放射状移動
　　　　接線方向の移動

b 例： 大脳皮質

① 放射状移動

矢状断図　　大脳皮質　脳室

点線部の拡大
⇩

脳表面　　トランスロケーション　　ロコモーション
　　　　　　　発生初期　　　　　発生中－後期
脳室

② 接線方向の移動

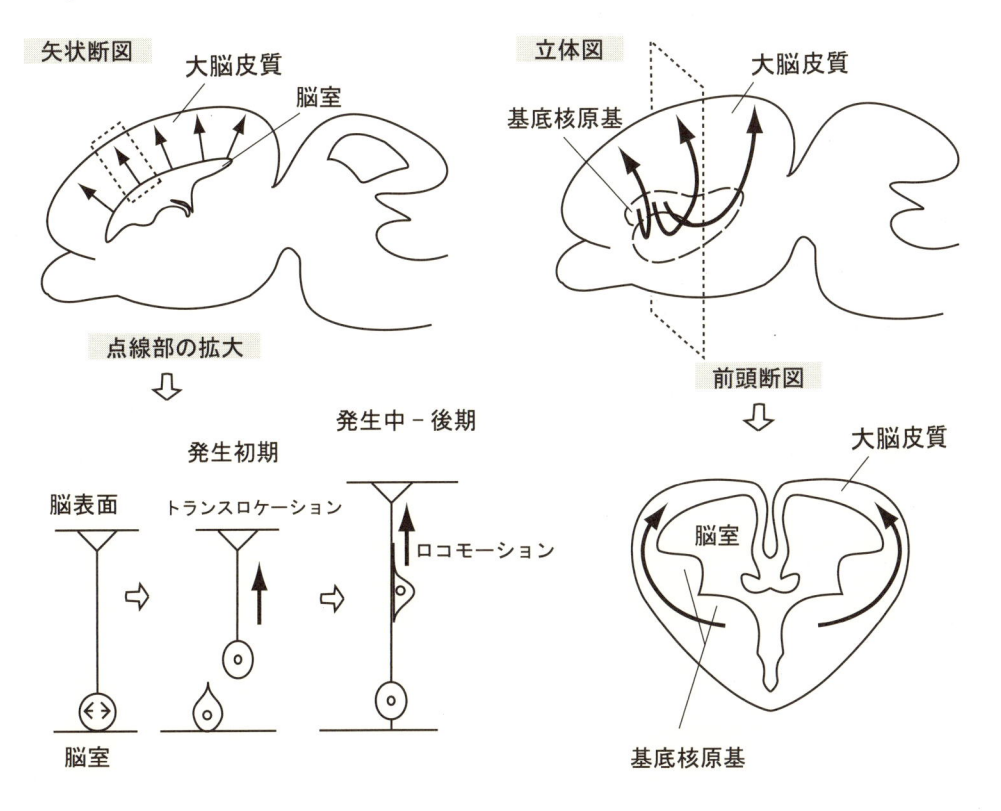

立体図　　基底核原基　大脳皮質

前頭断図
⇩

大脳皮質　脳室　基底核原基

図32 細胞の移動の意味（2・C）—移動経路の環境が運動ニューロン細胞体の移動を決定する

a 哺乳類と鳥類の正常胚での顔面神経運動ニューロン細胞体の移動経路の違い

マウス胚の菱脳ロンボメア r4 で生まれた顔面神経運動ニューロンの細胞体（黒丸）は，内側のまま尾部へ移動し，r5 を通り抜けて r6 に達すると外側へ方向を変えて移動し定着します．このような特徴的な顔面神経運動ニューロン細胞体の移動は，鳥類には見られません．ニワトリ胚では，r4 で誕生した顔面神経運動ニューロンの細胞体（白丸）は外側へ移動します（一部の細胞体は r5 までの尾部への移動はありますが，外側部で行われます）．

b ニワトリ r4 顔面神経運動ニューロンの細胞体はマウス胚の適切な環境下では尾部方向へ移動する

① マウス胚の r5／6 をニワトリ胚の1側の r5／6 部位へ同所性に移植し，宿主ニワトリ胚の r4 顔面神経運動ニューロン細胞体（白丸）の移動方向を調べると，細胞体は，コントロール側では，ニワトリ胚に見られるように外側へ移動したのに，実験側では，移植されたマウス r5／6 内を尾部へ移動しました．更に，r5 を単独に移植した場合や，r4 と接触していない r6 を単独に移植した場合でも同様の結果を得ました．

② しかし，r5／6 の代わりに，マウス r4 顔面神経運動ニューロンの細胞体の移動経路とはならない r2／3 を移植した場合には，この尾部への移動は見られませんでした（コントロール）．

c マウス r4 顔面神経運動ニューロンの細胞体はニワトリ胚の環境下では尾部方向へ移動しない

マウス r4 顔面神経運動ニューロンの生まれる腹側半分（灰色の部分）をニワトリ胚に同所性に移植し，マウス顔面神経運動ニューロン細胞体（黒丸）の移動方向を調べると，細胞体はニワトリ顔面神経運動ニューロンと混ざって外側へ移動し，尾部への移動は見られませんでした．

この結果は，マウス r4 の顔面神経運動ニューロン細胞体の尾部への移動は，ただ単に尾部へ移動するようにプログラムされたものではなく，環境の影響を受けることを示しています．

(Studer 2001 より作図)

a 顔面神経運動ニューロン細胞体の移動経路

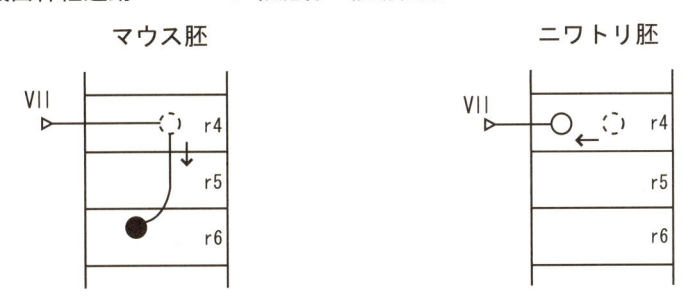

b マウス胚環境下におけるニワトリニューロン細胞体の移動

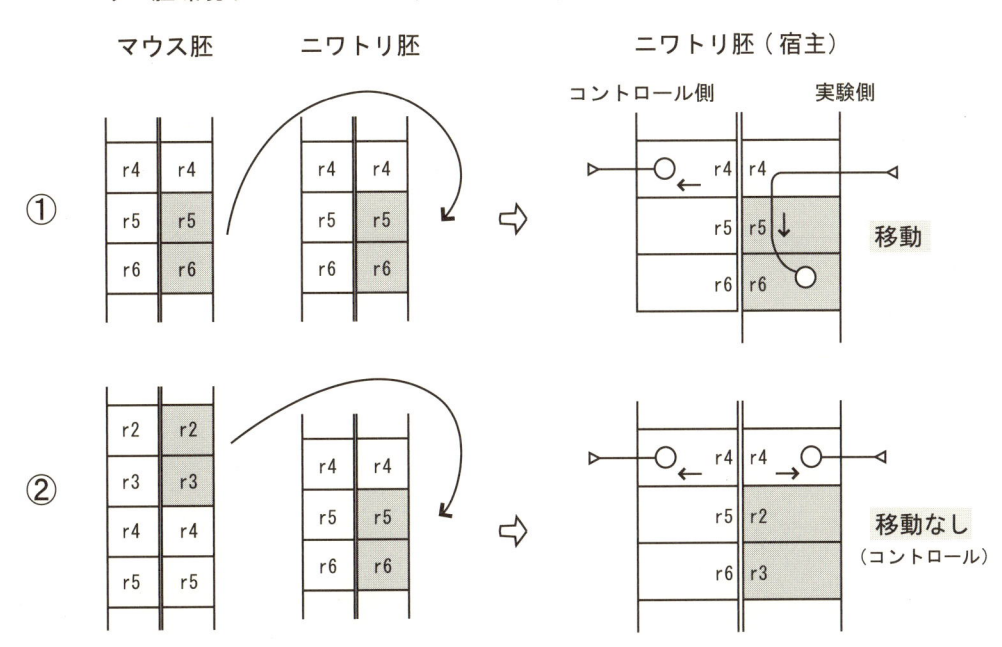

c ニワトリ胚環境下におけるマウスニューロン細胞体の移動

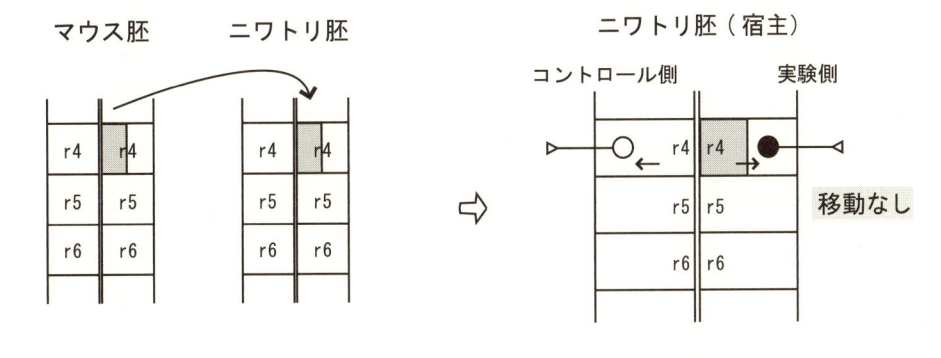

第Ⅱ部　神経回路網の形成

問題提起

　ニューロンは，最終的な位置に到着する以前に2つの突起，軸索（axon）と樹状突起を伸ばし始めます．一般に軸索が樹状突起より先に伸び始めます．軸索は無秩序に伸びるのではなく，その道筋は各々のニューロンと接続相手の標的細胞に固有で，伸ばし始めから非常に厳密に定められています．たとえば，ニワトリ胚の発生途上の肢では，将来脊髄になる部分の神経管に位置する運動ニューロンの軸索は常に正確に定められた道筋をたどって適切な筋と接続します．脊髄の異なる部位に位置する運動ニューロンから伸び出した軸索は肢のつけ根で集まって神経叢となり，再び背側と腹側に分かれて別々の固有の道筋をたどって標的筋と接続します．では，どのようにして運動ニューロンは適切な標的筋を見つけ出して接続するのでしょう？　もし，ニューロンまたは筋の一部を取り除いたり，両者の相対的位置を変えたりして状況を変えたら，軸索は自分に適切な筋を探し出すことができるでしょうか？

　個々の単一の筋に接続するニューロンは脊髄内で群を作って特定の場所に位置しています．図33A-aは正常胚の場合で，ニューロン群aは適切な筋Aと，ニューロン群bは適切な筋Bと接続しています．もし，ニューロンまたは筋を取り除いた場合，ニューロンと筋の接続はどうなるでしょう？　たとえば，軸索が伸び始める前の適切な時期に，将来脊髄になる神経管の一部であるニューロン群aの前駆細胞領域を取り除いたらどうなるでしょう（図33A-b）？　ニューロン群bは，筋Aが近くにあり空いているにもかかわらず，不適切な筋Aとは一時的にせよ接続することなく通り過ぎて，適切な筋Bとのみ接続します．筋Aは神経支配がないままとなります．では逆に筋Aを取り除いたらどうなるでしょう（図33A-c）？　やはりニューロン群bは筋Bとのみ接続し，ニューロン群aは筋Aが存在した場合と同じ道筋をとり，標的筋が無いので最終的には死んでしまいます（後述）．ここで重要なのは，標的筋の有無に関係なく運動ニューロンの軸索伸長路は常に同じパターンとなることです．

　では，軸索の伸長路は，軸索が伸長する前に運動ニューロンの神経管内の位置に従って決まっているのでしょうか？　これを調べるため，次は，ニューロンと筋の相対的位置を変えた場合ニューロンと筋の接続がどうなるかを見てみましょう．たとえば，神経管の小部分（<5分節）を切り出し，前後の向きを逆にして戻して，筋Aに接続するはずのニューロン群aの前駆細胞をニューロン群bの位置に，筋Bに接続するはずのニューロン群bの前駆細胞をニューロン群aの位置に置き換えてみます（図33B-b）．置き換えられたニューロン群aはやはり筋Aと，ニューロン群bは筋Bと接続します．すなわち，ニューロンは，通常は厳格に定められていた

道筋を変えてでも，本来接続するはずであった筋と接続します．しかも，元の神経管の位置にあるニューロンのとる道筋をとったなら接続するはずの不適切な筋とは一時的にも接続しません．しかし，もっと大きな部分を逆にして置き換えると（図33B-c），置き換えられたニューロン群，たとえばニューロン群 y は近くの空いている筋 A と接続します．

　逆に，標的である筋の位置を変えてみたらどうなるでしょう？　発生上別々に形成される四肢の腹側筋 C と背側筋 D は，それぞれ脊髄腹側部の内側と外側に位置する運動ニューロン群 c と d により支配されています（図33C-a；c と d はそれぞれ図29a の M と L に相当する）．もし，発生途上の四肢を背腹方向に180度逆にしたら，ニューロン群 c と d の軸索は適切な標的筋を探し出せるでしょうか？　置き換える位置が肢のつけ根の神経叢より中枢側（脊髄側）ならば（図33C-b），神経叢の部位で軸索は伸びる方向を変えて適切な標的に到達して，ニューロン群 c は筋 C とニューロン群 d は筋 D と接続します．しかし，置き換える位置が神経叢より末梢側（四肢側）ならば（図33C-c），ニューロン群 c は不適切な筋 D とニューロン群 d は不適切な筋 C と接続します．

　これらの観察から，ニューロンと筋との適切な接続の形成には相対的位置だけでなく，両者の持つ化学的性質の違いを区別する特異的認識機構が働いていることがわかります．その認識機構はつけ根から末梢部の四肢からの寄与がなくして決定されます．しかし一方，神経管を逆転した実験で神経管の前後方向に広範囲に逆にして相対的位置を極端に変えたり（図33B-c），四肢の背腹を逆転した実験でつけ根の神経叢より末梢部位で逆にして不適切な標的に置き換えた場合（図33C-c）には，もはやニューロンは，本来接続するはずの筋を見つけ出すことができず，近くの空いている筋ならどれとでも接続します．どの脊髄運動ニューロンも，与えられたどの筋とも，すなわち不適切な筋とも，機能的にも構造的にも同じシナプスを形成することができ，しかも，これらの不適切な筋との接続は一時的ではなく一生保持されます．ですから特異的認識機構は絶対的なものではないことがわかります．では，どのようにしてニューロンは，自分に適切な標的細胞を見つけるのでしょう？

　ニューロンと標的細胞間の適切な接続がどのようにして形成されるのかという問題は，他の組織の発生過程には見られない，神経発生に特有で最も基本的なもので，過去30年間の研究から，接続は一気になされるのでも，またランダムにできた接続のうち機能に有用なものが残るのでもなく，始めから適切な指令に従って段階的に形成されていくものだということが明らかになってきました．たとえば，もしあなたが，上肢の伸筋をコントロールする脊髄の運動ニューロンとすると，全体としての大きな体のなかで，まずあなたの軸索を下肢の方向にのばしていったのでは到底目的の筋には到達できません．ですから，このナビゲーションの段階が適切な接続形成に最も重要だといえます．次に，運良く上肢にまで到達できたとしても，あなたは上肢にある多くの筋の中から，自分に適切な接続相手の標的細胞を見つけださなければなりません．更に，運良く適切な標的細胞を選ぶことができたとしても，別々に育ってきた接続する双方のどちらかの数が多すぎても少なすぎても全体としてうまく機能しませんし，状況に応じて適切に働かねばなりませんので，あなたが代表する運動ニューロンと標的細胞の筋との間で，数と質両方の調整が必要です．この形成過程を考えるのに大きく2つの部分に分けると理解しやすいでしょう．すな

わち，1. 内在する遺伝的プログラムに従って神経回路網の大まかな枠組みを形成する初期の段階：① 標的領域へ到達するまでのナビゲーションの段階（axon guidance），② 標的領域の中で自分の標的細胞を選ぶ段階（selective recognition in the target area）と，2. 遺伝要因以外の神経活動など外的要因にも依存して調整・精密化する後期の段階：① 神経細胞死（cell death）によりニューロンと標的数を適切な数に調節する段階，② 大まかに組み立てられた神経回路網を再編成するシナプス除去（synapse elimination）と呼ばれる段階，③ シナプス形成（synapse formation）の段階とに分けます．

第Ⅱ部・図

図33　運動ニューロンと筋の接続の特異性

A　ニューロンまたは標的筋の一部を除去した場合

　a　正常ニワトリ胚の脊髄運動ニューロンと四肢の筋の神経接続

　　脊髄では個々の筋を構成する多数の筋細胞に接続するニューロンは筋毎に集まりグループ（群）で特定の部位に位置しています．ニューロン群 a は，適切な筋 A と，ニューロン群 b は適切な筋 B と特異的な接続をしています．

　b　特定のニューロン群を除去した場合

　　将来脊髄になる神経管に位置するニューロン群 a の部分を取り除いて，残ったニューロン群 b が筋 A，B どちらと神経接続するかを調べると，ニューロン群 b は近くに空いている筋 A が存在するにもかかわらず，不適切な筋 A ではなく適切な筋 B とのみ接続します．筋 A は，神経支配がないままとなります．

　c　特定の標的筋を除去した場合

　　逆に，筋 A を取り除いて，ニューロン群 a，b どちらが残った筋 B と接続するかを調べると，両方のニューロン群とも，正常胚で見られるのと同じ経路を伸長し，ニューロン群 b のみが適切な筋 B と接続します．ニューロン群 a は標的がないままとなります．一時的にもニューロン群 a の不適切な筋 B との接続は見られません．

B　前後方向にニューロン群を逆転し，ニューロンと標的筋との相対的位置を変えた場合

　a　正常胚での神経接続

　　前後軸方向に，ニューロン群 b の近くに位置するニューロン群 a は，ニューロン群 x, y とは離れて配列しています．ニューロン群 a, b とニューロン群 x, y は異なった神経叢を形成後，それぞれの神経叢から分かれ四肢の筋 A, B および筋 X, Y と特異的な神経接続をしています．図には，代表として，ニューロン群 a が筋 A と，ニューロン群 b が筋 B と接続をしている場合のみを示しています．

　b　小領域を逆転した場合

　　将来脊髄になる神経管のニューロン群 a, b を含む小部分を切り出し，前後逆にして戻し，ニューロン群 a, b が筋 A, B どちらと神経接続するかを調べると，両方のニューロン群とも，正常胚で見られる経路を変えて伸長し，各々に適切な筋と接続します．置き換わったニューロン群 a は筋 A と，ニューロン群 b は筋 B と接続します．

　c　広範囲に逆転した場合

　　しかし，ニューロン群 a, y を含む広範囲の逆転では，置き換わったニューロン群は近くの不適切な筋と接続します．図には，ニューロン群 y が近くの不適切な筋 A と接続する場合を示しています．

C 背腹方向に標的筋を逆転し，ニューロンと標的筋との相対的位置を変えた場合

a 正常胚での背側筋と腹側筋の神経接続

四肢の筋に接続する運動ニューロンのうち，外側に位置するニューロン群（d）は背側筋（D）と，内側に位置するニューロン群（c）は腹側筋（C）と特異的に接続します（図29a参照）．両方のニューロン群c，dからの軸索は肢のつけ根で集まって神経叢となった後，背側と腹側に分かれて伸長します．

b 神経叢より中枢側で逆転した場合

背腹方向に肢（標的筋）を神経叢より中枢側で逆にしてニューロン群c，dが筋C，Dどちらと接続するかを調べると，両方のニューロン群からの軸索とも，神経叢に集まった後で経路を変えて伸長し，ニューロン群cは筋Cとニューロン群dは筋Dと，各々に適切な筋と接続します．

c 神経叢より末梢側で逆転した場合

これに対して，肢（標的筋）を神経叢より末梢側で逆にした場合には，両方のニューロン群からの軸索とも，神経叢に集まった後も経路を変えずに伸長し，ニューロン群cは筋Dとニューロン群dは筋Cと，各々に不適切な筋と接続します．

（A-bはLance-Jones & Landmesser 1980aより，A-cはStirling & Summerbell 1977, Whitelaw & Hollyday 1983aより作図；B-bはLance-Jones & Landmesser 1980bより，B-cはLance-Jones & Landmesser 1981より作図；C-bはFerguson 1983, Ferns & Hollyday 1993より，C-cはSummerbell & Stirling 1981, Whitelaw & Hollyday 1983bより作図，CはHollyday 1981, Tosney & Landmesser 1984, Lance-Jones 1986参照）

A ニューロンまたは筋の除去

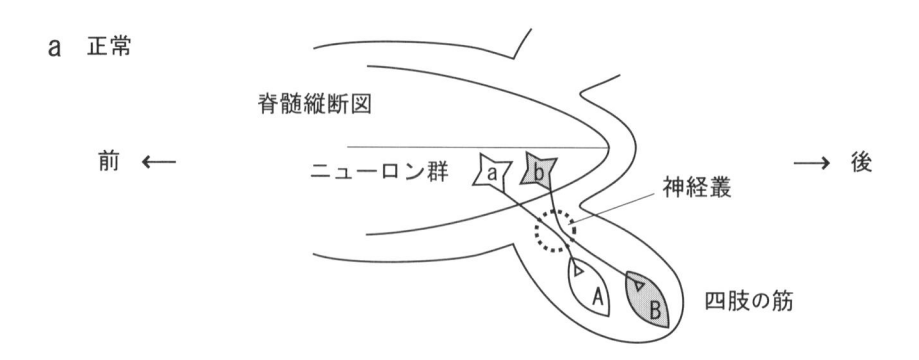

a 正常

脊髄縦断図

前 ← ニューロン群 a b 神経叢 → 後

A B 四肢の筋

b ニューロン群 a の除去

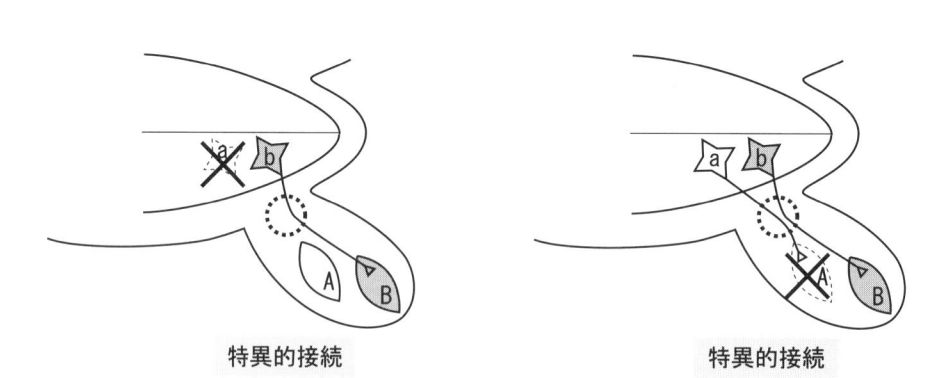

特異的接続

c 筋 A の除去

特異的接続

B 前後軸方向の相対的位置の変換

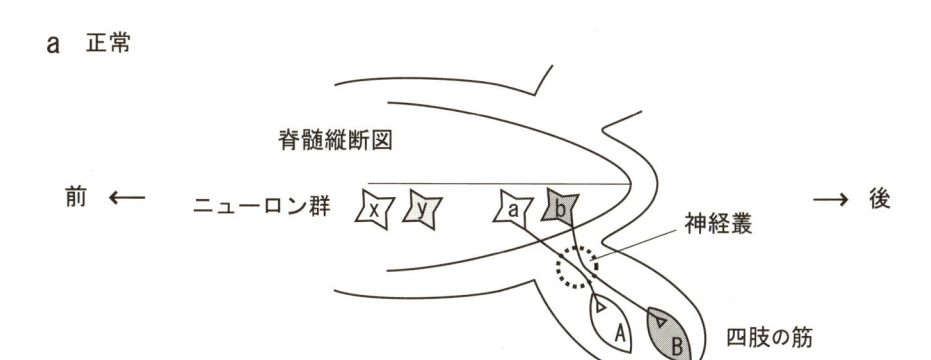

a 正常

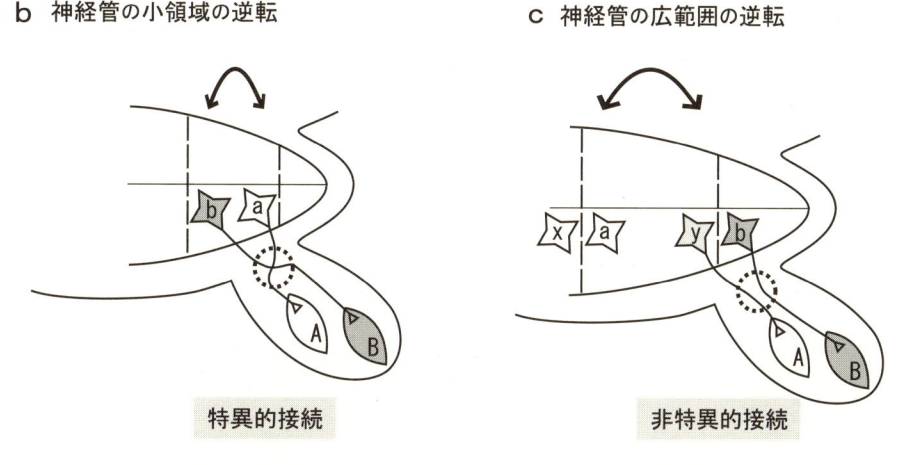

脊髄縦断図

前 ← ニューロン群 x y a b → 後

神経叢

四肢の筋 A B

b 神経管の小領域の逆転

特異的接続

c 神経管の広範囲の逆転

非特異的接続

126　第Ⅱ部　神経回路網の形成

C　背腹軸方向の相対的位置の変換

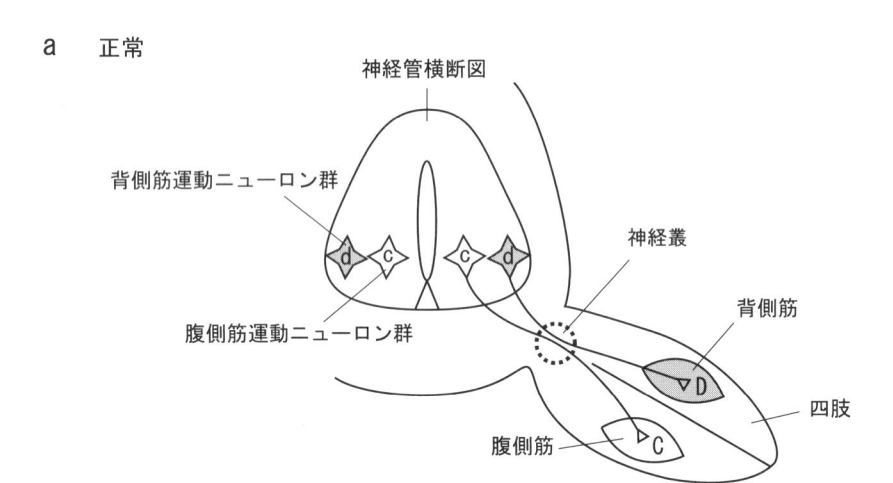

a　正常

- 神経管横断図
- 背側筋運動ニューロン群
- 腹側筋運動ニューロン群
- 神経叢
- 背側筋
- 四肢
- 腹側筋

b　神経叢より中枢側で逆転

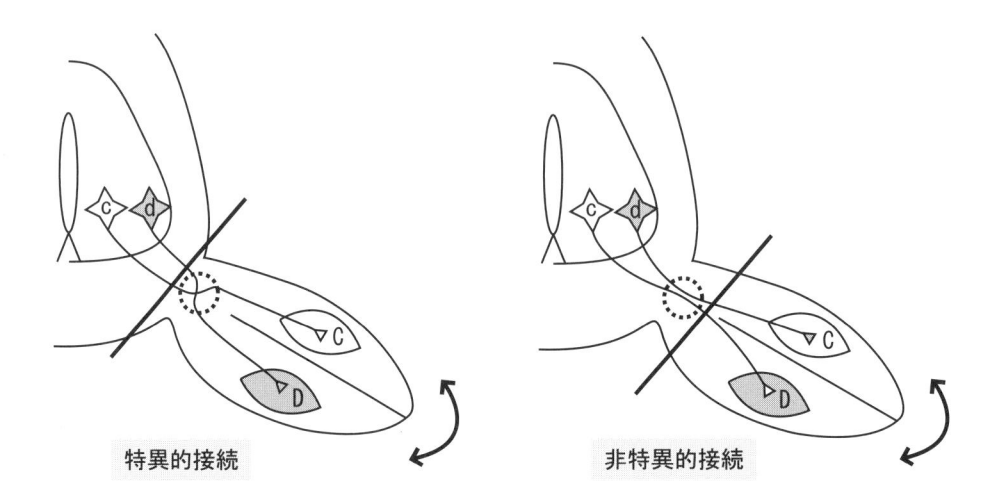

特異的接続

c　神経叢より末梢側で逆転

非特異的接続

第5章

遺伝的プログラムによる神経回路網の枠組みの形成（初期の段階）

5.1 軸索誘導

　軸索の先端の活発に動きまわって周囲の環境を探索する部分は成長円錐と呼ばれ，ここが神経の発生や再生時に，適切な標的細胞を探して接続するための特異的認識機構が働くところです．成長円錐は，いろいろな細胞小器官のある真中の膨らんだ厚い部分と，周りの活発に運動する薄い部分から構成され，手のひらのような形をしています．周りの部分は活発に伸び出したり引っ込んだりする長い突起状の糸状足（フィロポディア）とその間にあって波打つような動きをする薄い広い紙のような部分（ラメリポディア）とから成っています．では，特異的な神経接続の形成につながる成長円錐の伸びる方向はどのようにして決定されるのでしょう？

　軸索誘導メカニズムの最大の問題は距離の問題です．標的領域までの遠い道のりをどのようにしたら誘導できるのでしょう？　この距離の問題は，長い道のりをいくつもの短い部分にわけて，その短距離間における個々の誘導の積み重ねに帰することにより解決できるはずです．軸索は，標的までの道筋に存在する各々の種類のニューロンに固有の道標ともいうべき手がかりをたどって一歩一歩進むのです．軸索の誘導メカニズムとしては，前もって作られた細胞間のトンネル構造の中を伸長するステレオトロピズム（stereotropism）や，弱い電場の勾配が成長円錐の伸びる速さや方向に影響を与えるガルバノトロピズム（galvanotropism）も知られていますが，最も重要だと考えられている誘導メカニズムは接触誘導（contact guidance）と走化性誘導（chemotaxis）です．

5.1.1 接触誘導

　成長円錐が伸びていく時接触する細胞表面や細胞外マトリックスなどの基質の性質が伸びる方向に影響を与えるというのは当然のことのように考えられますが，実際に証明されたのはLetourneauによるin vitroの系で1975年になってからです．図34に示すように，彼はまず，培養皿を格子状のパターンに，格子の四角い部分を人工的基質のパラディウムで，枠をポリオルニチンで覆いました．その培養皿にニューロンを培養すると，負に荷電している細胞膜は正に荷電しているポリオルニチンに強く接着するので，成長円錐はポリオルニチンで覆われた枠の部分に沿って選択的に伸長しました．この結果から，成長円錐の接触する基質の接着性の違いが伸

びる方向を決定すること，すなわち基質の接着性の違いが軸索の誘導メカニズムとして働くという概念が生まれました．そして，実際の動物の発生途上での軸索間の相互接着を媒介する神経細胞接着分子（neural cell adhesion molecule, N-CAM）に代表される多くの接着分子が同定されました．しかし，更にその後の研究で，接触誘導において働いているのは，単なる接着性の違いではなく，基質の接着分子とニューロンが発現する接着分子とが互いにリガンドとレセプターとして働く特異的な認識機構であることが明らかになってきました．現在，この接触誘導に関わる分子群は，（もう1つの走化性誘導に関わる分子群と共に）大きく3種類に分けられており，それぞれの種類のリガンドとレセプターの一部を表1に挙げてあります．これら3種類は，結合にCaイオンを必要とするCa^{++}依存性細胞間接着因子族（カドヘリン族），免疫グロブリンドメインを共有する免疫グロブリン族（免疫グロブリンスーパーファミリー）と，細胞外マトリックスに発現するインテグリン族です．

表1 軸索の誘導因子

リガンド	レセプター
カドヘリン族	カドヘリン族
免疫グロブリン族（免疫グロブリンスーパーファミリー）	
N-CAM	N-CAM
TAG-1（axonin-1），L1，Ng-CAM，Nr-CAM，その他	TAG-1（axonin-1）
L1，Ng-CAM，TAG-1（axonin-1），その他	L1
ネトリン	DCC，Unc 5
ephrin	Eph
セマフォリン3A（コラプシン）	ニューロピリン／プレキシン／L1複合体
スリット	ロボ
細胞外マトリックス：ラミニン，フィブロネクチンなど	インテグリン族

　N-CAM：Neural cell adhesion molecule
　TAG-1：transiently expressed axonal surface glycoprotein-1, axonin-1（ニワトリ）のラット相同体
　L1：マウス小脳由来の細胞膜糖タンパクに対して作られたモノクロナール抗体L1の抗原（Rathjen & Schachner 1984 参照）
　Ng-CAM（neuron-glia cell adhesion molecule），Nr-CAM（Ng-CAM related）：L1（マウス）のニワトリ類縁分子（Grumet ら 1991 参照）
　DCC：Deleted in colorectal cancer
　unc：uncoordinated body movement
　ephrin：Eph receptor interacting protein
　Eph：erythropoietin-producing hepatocellular carcinoma cell line
　セマフォリン3A：コラプシンと同一分子

さて，読者のなかには，この実験で，成長円錐がポリオルニチンに覆われた部分を好んで伸長したのは，ポリオルニチンを好んで選んだのではなく，パラディウムを避けたからだと異論を唱える方がみえるでしょう．その異論も当然で，後述（第5章 5.2.1項）する動物胚で，網膜からの視神経が標的である視蓋（哺乳類では上丘）内で適切な標的細胞に到達するのに軸索の伸長反発分子が関わっていることが知られています．後（耳）側の網膜は視蓋の前部の標的細胞と接続しますが，図35のような培養系において，視蓋前部と後部からとった細胞膜分画を帯状に交互に配列した基質の上に培養してどちらを好んで（または避けて）伸長するかをみると，後（耳）側の網膜からの成長円錐は前部からの膜分画上を選択的に伸長する様子が観察されます（図35a）．この軸索の示す前部膜分画上の選択的伸長は，前部の膜分画を熱して分子を変性させても変わらないのに（図35b），後部の膜分画を熱すると失われることから（図35c），前部の膜分画成分に誘引されるのではなく，後部の膜分画成分からの反発を受ける結果だと結論できます．その他，反発性の接触誘導は，前述の神経冠細胞の移動（図30）や運動ニューロンの軸索の伸長が体節の後半部に存在する反発分子のため前半部に限られることなど，発生のいろいろな段階で重要な役割を果たしていることが明らかになっています．

　動物の系で，接触誘導による神経回路網の形成は最初昆虫の神経系で示されました．なぜなら，昆虫のニューロンは大きいうえに数が少なく，個々のニューロン細胞体や突起の体内での位置，標的との結合パターンがきわめて定型的なため，神経回路網の解析が細胞レベルで可能なためです．図36は発生途上のバッタの足で，感覚ニューロンA（灰色の丸）の軸索が定型的な経路をたどって中枢へ向かって伸びているところです．ニューロンAの軸索の成長円錐が出すフィロポディアの1つが経路にある親和性の強い特別な細胞（白丸）に接触すると強く接着して留まり，このフィロポディアが成長して新たな軸索の先端に変わるので急に方向を変え，また中枢へ向かって伸長します（図36a）．するとまた経路にある第2の特別な細胞に接触し方向を変えて伸長します．このように経路に"飛び石"的に置かれている特別な細胞を目印にして中枢に達します（図36bのコントロール側）．これらの特別な細胞を殺すとニューロンAの軸索は異常な走行をとって目的地に到達できなくなるので（図36bの実験側），これらの細胞は"道しるべ"の役目をしているということから"道標細胞"（guidepost cell）と呼ばれます．脊椎動物においても経路の途中の分岐点などに道標細胞の役割をする細胞の存在が知られています．たとえば，後述する脊髄交差線維の経路の途中にある底板がその例です（図38参照）．

　発生の後期になると到達すべき距離は長くなり動物体の構造も複雑になるので，上述の方法ではあまり効率的ではありません．そんな場合にみられる誘導メカニズムが図36cに示されています．発生初期の体が小さくて到達すべき距離が短く簡単な構造の時期にまずパイオニアと呼ばれるニューロンA（灰色の丸）の軸索を標的に到達させるのです．その後生まれた重要な感覚ニューロンa（大きい黒丸）の軸索は，このパイオニアの作ってくれた軸索に沿っていけばよいので，長く複雑な道のりでも適切な標的に到達できるわけです．多くの場合，パイオニア細胞は，誘導の役目が終わると消失します．図36c（コントロール側）では，重要な感覚ニューロンaが，自分を導くパイオニアニューロンAの軸索を特異的に認識して，その軸索に沿って標的に到達する様子を示しています．もし，このパイオニア細胞Aを選択的に殺すと（図36cの実

験側），感覚ニューロンaは目的地に達することができません．これはバッタの例ですが，同様の誘導メカニズムが哺乳類を含む高等脊椎動物でも働いていることが明らかになっています．たとえば，視床と大脳皮質間双方向の神経接続の形成にパイオニアの役割を果たすニューロンの存在が知られています．視床は，感覚系や運動系のみならず本能や情動など大脳皮質に入る情報のほとんどが中継される中枢なので，この神経接続が確実に行われることは非常に重要です．前述（図24）した，発生の一時期にのみ存在するサブプレートニューロンは，皮質ニューロンの誕生する以前に軸索を伸長し始め視床と最初に神経接続をし，後続の視床と大脳皮質ニューロン間の特異的な神経接続の形成にパイオニアニューロンとして重要な役割を果たします．このサブプレートニューロンを選択的に破壊すると，視床ニューロンの軸索は大脳皮質の適切な神経接続の相手を認識できずに通り過ぎてしまいます．また，逆方向の大脳皮質ニューロンも，標的である視床領域まで到達はしますが，実験した動物の半数において，視床に入って適切な相手と神経接続ができないことが報告されています．

5.1.2 走化性誘導

標的領域までの長い道のりを効率的に誘導する別の方法は，標的細胞などから分泌される遠距離にまで届く拡散性分子を使うものです．その濃度勾配に対する走化性を使えば，誘導の遠隔操作ができます．図37は，神経線維の伸長を促進する分子として最初に精製された代表的な神経栄養因子である神経成長因子（nerve growth factor, NGF）の濃度勾配が成長円錐を誘導することを示す代表的な実験です．培養系でNGFに反応する感覚ニューロンの成長円錐の付近に先の細いガラスピペットからNGFを注入すると，成長円錐はNGFの濃度の高いピペットの先端に向かって伸びてゆきます．ピペットの先端を上から下へ動かすことにより，始めは図の上方に向かっていた成長円錐の伸びる方向を逆転させて下方へ向かわせることができる様子が示されています．このようにin vitroの系ではNGFによる走化性誘導が示されていますが，実際の動物の発生において，NGFが走化性誘導分子として神経回路網形成に関与しているという実験結果は乏しいのです．逆に，動物の発生において様々な系で走化性誘導が働いていることが示唆されていますが，ほとんどの場合誘導分子は同定されていません．たとえば，三叉神経節感覚ニューロンの成長円錐は標的である上顎の原基から分泌される拡散性分子により誘導されて標的に到達することは長い間知られていますが，その拡散性分子は同定されていません．ですから，次に述べる，1994年に精製された交差性ニューロン（軸索が正中交叉するニューロン）の誘導に関わる拡散性分子ネトリンの同定は，実際に動物の神経回路網形成に拡散性の走化性誘導が有効であるという長い間の仮説を実証したという点で大きな意義があります．表1には，その後同定された2つの拡散性走化性誘導因子スリットとセマフォリン3Aも示してあります．スリットは最初ショウジョウバエのパターン形成にかかわる分子として同定されましたが，後に中枢神経系で軸索を正中から反発させる因子としての役割が確立されました．セマフォリン3Aは末梢の感覚ニューロンの成長円錐を退縮させる因子（コラプシン）として精製されましたが，後に，構造上の共通点からセマフォリン族に分類されました．

表1に示した軸索誘導分子の中には，同一の分子が，分泌されて走化性誘導因子として機能し

たり細胞膜にあって接触誘導因子として機能する例が知られています．また，同一の分子が誘因性にも反発性にもなる例も知られています．同じ種類のニューロンに作用する場合でも，レセプターの種類（複数のレセプターが存在する場合），レセプター間の相互作用，cAMP レベルなど刻々と変化する細胞の反応状況に対応して誘引性にも反発性にもなることが明らかになっています．更に，これらの分子は，軸索の誘導のみならず，神経回路網形成につながるパターン形成や細胞の移動（前述）および適切な標的の選択（後述）等にも関わっていることも明らかになっています．ですから，軸索誘導因子の場合にも，誘導因子の作用を決めるのは反応する細胞なので，細胞の運命の決定に関わる誘導分子の場合と同様，発生過程で繰り返し使うことで複雑な神経回路網の枠組みを比較的少数の分子で形成するという方法が取られているのです．

5.1.3 脊髄交差性ニューロンの正中交叉の誘導メカニズム

　では哺乳類の系で，ニューロンの軸索が標的に到達するのに接触誘導と走化性誘導がどのように働いているのかを見てみましょう（図38）．

　i　ラット胚の発生途上の脊髄（神経管）には，神経管の背外側に位置して情報を上位中枢へ中継するのに，反対側へ交叉して上位中枢の標的に向かって軸索を伸長する交差性感覚ニューロンｃ（黒丸）と同側で軸索を伸長する非交差性感覚ニューロンｄ（白丸）が存在します．交差性感覚ニューロンｃが正中交叉の過程（以下のii → v）で発現する分子は灰色で強調された部分に順に示してあります．

　ii　ニューロンｃの軸索が反対側へ交叉するには，まず，神経管の腹側正中部に位置する底板から分泌される分子の濃度勾配（細かい点線）を感知して，分泌源である底板の位置する腹側正中方向に伸長します（誘因性の走化性誘導）．この場合，より発生早期には（図13B）Shh を発現して細胞分化に重要な役目を果たした底板が，このように走化性誘導因子や iii に述べる接触誘導因子を発現して（底板の下には各々の段階で働く分子が囲って示してあります）伸長経路に存在する道標としての役割をしています（図36ab 参照）．この走化性誘導の主な誘引分子はネトリンです．ニューロンｃが分泌されたネトリンを特異的に認識しているという結論は，ネトリンやそのレセプター DCC（表1参照）の欠損マウスにおいてニューロンｃの軸索が反対側へ正中交叉しないという異常を示す実験結果に基づいています．同じ感覚ニューロンでも非交差性ニューロンｄの軸索が常に底板から離れて位置するのは，底板から分泌される未知の拡散性分子に反発性の走化性を示すからだと考えられています（反発性の走化性誘導）．

　iii　ニューロンｃの軸索が遂に底板に接触すると，今度は底板の表面にある別の分子を認識して底板を超えて反対側へ誘導されます（誘因性の接触誘導）．この接触誘導には，ニワトリ胚で示されたようにラット胚でも，軸索に発現される TAG-1（ニワトリの axonin-1 に相当する，表1参照）と底板に発現される Nr-CAM（表1）の結合が誘導を助けていると考えられています．

　iv　さて，反対側へ交叉し終えたニューロンｃの軸索が常に底板で発現されているネトリンや Nr-CAM を認識して再度正中交叉をしないのは，交叉後の軸索の誘導因子への反応性が誘引性から反発性のものに変わるからだと考えられています．交叉前の軸索は誘引性誘導因子 Nr-CAM のレセプター TAG-1 を強く発現しますが交叉後は急速に減じること，また，交叉後誘引

性のネトリンへの反応性を失うことが知られています（少なくともラット菱脳において）．同時に，交叉後の軸索には，底板に発現されている反発性誘導因子スリットやセマフォリン3Aのレセプター，ロボやニューロピリン（表1参照），の発現レベルが上がり，これらの反発性因子に対する反応が誘導されることを示す実験結果が報告されています．培養系でスリットやセマフォリン3Aが交叉後の軸索の伸長を選択的に抑制することや，スリットやニューロピリンの欠損マウスでニューロンcの軸索が底板内の正中交叉や交叉後の伸長等に異常を示すことが示されています（反発性の走化性誘導）．

　v　反対側へ交叉し終えたニューロンcの軸索は，レセプターの発現を正中部の交叉に必要であったTAG-1から神経束の形成に必要なL1（表1）へ変え，既に脊髄の前後軸に沿って上位中枢へ伸びている（前述のパイオニアのような役目をする）軸索にL1-L1間の結合を介して接着して神経束を形成し，直角に方向を変えて目的地へ伸長します（誘因性の接触誘導）．この神経束の形成には，トリの系で，多くの軸索の束A, B, C, 等のうち自分の標的へ行く軸索Cを選ぶ何らかの特異的認識機構が働いていることが報告されていますが，まだこのメカニズムは解明されていません．また最近，哺乳類においても昆虫の場合のように，ivのスリット-ロボ間の反発性走化性誘導が軸索の束を選択する過程でも使われていることが示唆されているので，同じ分子を繰り返し使うことや複数の誘導メカニズムを組み合わせることで少数の分子で足りるような方法がとられているのだと考えられます．

5.2　標的領域内での特異的接続

5.2.1　化学親和説

　神経接続に特異的認識機構が働いているという考えに関して，歴史的に最も決定的な実験は下等脊椎動物の網膜視蓋系を使って行われました．眼の網膜と下等脊椎動物の視中枢である視蓋（哺乳類では上丘）との間には，広く感覚系においてみられるように，それぞれの領域におけるニューロン間の規則正しい連続した位置関係を保つ形で接続する二次元的な投射地図が形成されています．1側の網膜に映った像は，反対側の視蓋に前後上下逆向きに映るように投射されます（図39A）．網膜前（鼻）側の像は視蓋の後側に投射し，後（耳）側の像は視蓋の前側に投射します．そして，網膜背側，腹側の像はそれぞれ視蓋の腹側，背側に投射します．このように，網膜での二次元的位置が視蓋での二次元的位置に厳密に一対一で対応した形で神経接続が形成されます．

　では，網膜からの個々の軸索は視蓋にある多くの同じような標的細胞からどうやって自分に適切な相手を見つけ出して特異的な神経接続を形成することができるのでしょう？　2つの極端な考えがあります．1つは，神経接続は環境が決定するというものです．神経接続は，初めはランダムに作られるが，学習によって，すなわち，経験を通して，たまたま正しく接続されていて生理機能に合うものを使う行動を繰り返すうち，使われる接続は残り使われない接続は消失するというように修正されて，最終的に特異的なものに形成されるというのです．もう1つは，神経接続はその生理機能とは関係なく遺伝的に決定されているというものです．これに答えるた

め，Sperryは，下等脊椎動物では哺乳類などの高等脊椎動物と違って中枢神経系においても再生が可能なことを利用して，網膜視蓋系を使った一連の移植実験を行いました．カエル（などの下等脊椎動物）の視神経を切断し，眼球を体軸に対してさまざまな角度に回転して戻した後再生させ，カエルが再生した眼で餌を見て飛びつく方向を測定して網膜と視蓋との接続関係を検討しました（図39）．たとえば，眼球を180度回転（前後・上下逆転）して移植した場合（図39B b-2），餌を後上方に提示すると，カエルはどの方向に飛びつくでしょう？　もし神経接続は環境（経験）が決定するという最初の考えが正しいとすると，反転した網膜と視蓋との神経接続は合目的な機能を果たすように修正されて，カエルは後上方に向かって飛びつき餌を得ることができるはずです．ところが，カエルは前下方に向かって飛びつき何回練習しても同じで餌を得ることができなかったのです．すなわち，カエルは神経が再生して眼が見えるようになった直後から，あたかも前後・上下を逆に認識しているかのような異常行動を一生とり続けました．これは，眼球を回転することにより反転した網膜と視蓋の再生神経接続は完全に元の通りに接続したことを示しています．（図39B b-1）．この実験結果から，Sperryは，網膜と視蓋ニューロンの接続の決定には，その神経接続の果たす生理機能とは関係なく，遺伝的にプログラムされた特異的認識機構が働いていると考えました．すなわち，網膜と視蓋の個々のニューロンはそれぞれの領域内での自分の位置を反映する化学的な性質の異なったラベルを持っていて，化学的親和性があるラベルを持つニューロン同士が選択的に接続するという"化学親和説（chemoaffinity hypothesis）"を提唱しました．更に彼は，上述の行動実験から結論された化学親和説を検証するため，図40B a-1のようなキンギョを使った実験を行い，網膜と視蓋の神経接続を組織学的に解析しました．網膜の後半分を取り除き視神経を切断し再生させると，残った前半分の網膜からの視神経は本来投射すべき後半分の視蓋に限局して接続しました．この時，視神経（交叉後は視索という）は視蓋の前側を通るのですが，仮の神経接続を形成することなくその部分を無視して空にしたまま後側へ進むのです．同様に，網膜の前半分，背腹のいずれか半分を取り除いた場合にも本来投射すべき半分に限局して接続し，視蓋には空の部分が残ったままとなりました．その後，逆に視蓋の後半分を取り除いた場合にも（図40B b-1），残った前半分には本来投射すべき網膜の後半分からの視神経だけが接続することが別のグループにより電気生理学的方法で示されました．そして，このような本来投射すべき網膜の部位からの視神経だけが接続するのは，視蓋の前半分，背腹いずれか半分を取り除いた場合も同様でした．これらの結果は化学親和説を強く支持するものです．ここで読者はこれと同じ様な状況が，運動ニューロンと筋間の特異的接続の行われた時（図33）に見られたことに気づかれたことでしょう．

Sperryの化学親和説をまとめると，
 1．個々の神経細胞は遺伝的に異なったラベルを持っていてユニークである．
 2．このラベルは発生段階の非常に初期において決定される．
 3．このラベルは化学分子で，軸索と標的ニューロン間の特異的認識機構を担う．
 4．このラベルがマッチするニューロン同士だけが排他的に接続をする．
 5．このラベルはそれぞれの領域内での自分の位置を反映する．

6. 少数のラベルとなる分子がそれぞれ網膜と視蓋に二次元の直交座標軸に沿って勾配状に分布していると考えれば，網膜と視蓋ニューロンのそれぞれの位置はその分子の濃度によって二次元の直交座標軸内に特定でき，その座標が対応するニューロン同士が接続すれば，網膜や視蓋領域におけるニューロンの規則正しい連続した二次元的位置関係を反映できる．
7. 網膜からの像は視蓋へ前後上下逆向きに投射されるので，網膜におけるラベル分子の勾配状分布は対応する視蓋のものと相補的（逆向き）である．

　最後の2つは，非常に多くの多様な神経細胞間の接続に見合う数のラベルの遺伝情報を持つことは不可能だという反論に対応したものです．また，Sperryの実験結果は再生過程におけるものであるという反論に対しても，他の研究者によって発生途上の網膜視蓋系においてもこの特異的認識機構が働いていることが示されました．この仮説のカギとなる勾配状に分布する分子は長い間同定されませんでしたが，50年以上経ってSperryの提唱したラベルの条件を満たす（唯一ではないにせよ主な）化学分子，レセプターEphとそのリガンドephrin（表1）が，網膜と視蓋の前後軸および背腹軸に沿って勾配状に分布していることが明らかになり，神経回路網形成には特異的認識機構が働いているというSperryの考えが正しいことが実証されたのです．現在では，Ephおよびephrin分子は，各々いくつかの種類が見つかっていますが，構造上AとBの2つのグループに分類されています．より詳しく解明されているものは，前後軸に沿って分布するEphA – ephrin-Aの系で，網膜のEphA濃度も視蓋のephrin-A濃度も後部になるほど高い勾配状分布（図41b）を示しています．両者とも後方に高い勾配なのに，網膜後部のEphA濃度の高い視神経ほど視蓋のephrin-A濃度のより低い前部の標的細胞と接続するので（図41a），接続に関する認識機構は反発性のものです．反発性であることは，前述の培養系での実験（図35）や動物系での異所性発現の実験などからも示されていますが，網膜と視蓋に存在する化学分子の勾配は相補的（逆向き）であるというラベルの条件を満たすものとなります（もし誘引性なら，網膜から視蓋への前後逆向きの投射に関わるEphA, ephrin-Aのうち，一方の勾配状分布は後部になるほど低くならねばなりません）．また，Ephもephrinも細胞膜に固定された分子なので，ここで働く誘導機構は，同じ勾配状の濃度差の違いを認識するものですが，走化性誘導ではなく接触誘導です．ラベルが細胞膜に固定された分子であることは，網膜・視蓋それぞれの領域内でのニューロンの位置情報を神経接続に反映することができるという意味で重要ですし，ラベルの条件です．

5.2.2　化学親和説の修正

　Sperryの考えは，神経回路網形成が軸索と標的細胞間の化学分子による特異的認識を基礎に置いている点で基本的には正しかったものの，いくつかの修正が必要なことが後の研究から明らかになってきました．すなわち，前述の神経筋間の接続でも見られたように，この特異的認識機構は絶対的なものではないということです．網膜視蓋系で網膜の半分を取り除いて再生させた実験（図40B a）で，残り半分の網膜からの視神経は，初めはSperryの実

験で示されたように本来接続すべき相手としか接続しません（図40B a-1）が，非常に長い期間後には視蓋全域に拡大します（図40B a-2）．同様に，視蓋半分を取り除いた実験で（図40B b），網膜からの視神経は初めは本来接続すべき相手としか接続しませんが（図40B b-1），十分長い時間をかけると網膜全域からの視神経が半分の視蓋に縮小して投射します（図40B b-2）．更に，発生途上では，視神経の終末の位置が成長と共に少しずつ移動することが知られています．このような現象は視神経と視蓋との接続が不変不朽ではないこと，すなわち，特異的認識機構はSperryの提唱したような絶対的なものではないといえます．この点で，特異的神経接続を決定するのは遺伝か環境かという選択において，彼が否定した環境による寄与も一部正しいことになりますが，これが次のトピックです．

第5章・図

図 34　接触誘導を実証した培養系の実験

図は，格子状のパターンに，格子の中をパラジウムで，格子の外の枠をポリオルニチンで覆った培養皿上をニワトリの末梢感覚ニューロンの成長円錐が伸長している様子を示しています．成長円錐はポリオルニチンで覆った枠の部分に沿って選択的に伸長しています．これは，負に荷電している細胞膜は正に荷電しているポリオルニチンにパラジウムより強く接着するからで，成長円錐の接触する基質の接着性の違いが軸索の伸長する方向を決定することを示しています．

後の実験で，このように異なる2つの基質が急に変化する境界部に到達した軸索は，両方の基質上に枝を出すものの，親和性の強い方の基質上に伸びた枝は留まり弱い方の枝が引っ込むことで軸索伸長の方向が決まることが示されました．

(Letourneau 1975 より作図)

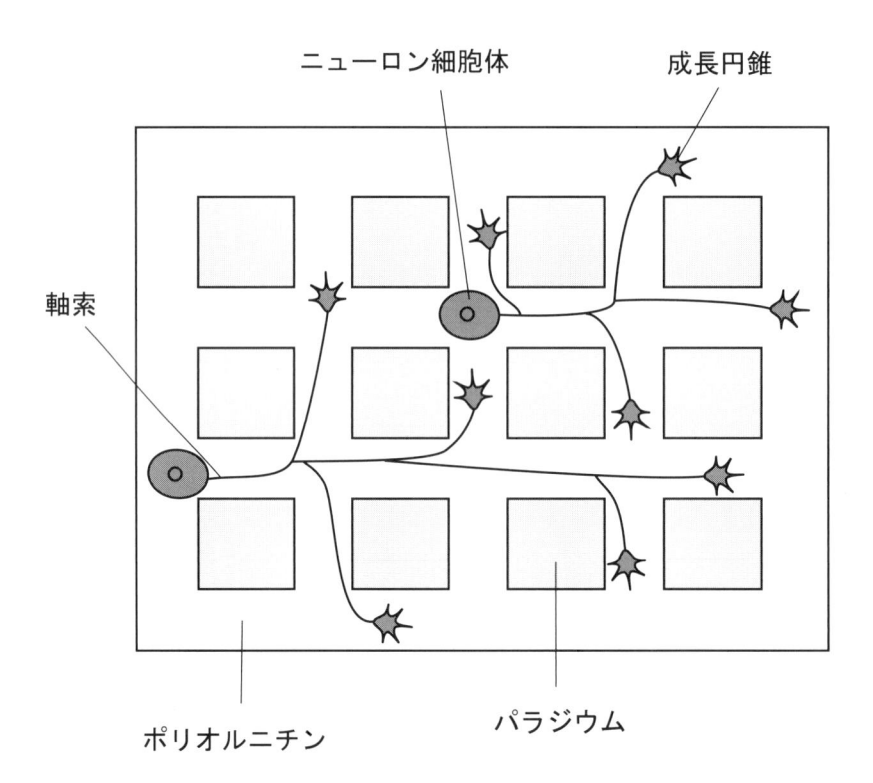

| 図 35 | 反発性の接触誘導 |

a 熱処理前

　網膜からの視神経は視蓋の適切な標的細胞と神経接続します．後（耳）側の網膜は視蓋の前部に位置する標的細胞と特異的に接続しますが，この特異的な接続は，視蓋前部と後部からの細胞膜分画を帯状に交互に覆った培養皿で，後（耳）側の網膜細胞の成長円錐が前部からの膜分画上を選択的に伸長することで示されます（＊）．この選択性が，前部の視蓋細胞の誘引因子によるのか，逆に後部の視蓋細胞の反発因子によるのかは，前部または後部視蓋からの細胞膜分画を熱処理して選択性に関わる分子を変性させた後，後（耳）側網膜細胞の成長円錐の伸長の選択性を調べることにより決定できます．もし，誘引因子によるなら，前部細胞膜の熱処理で選択性が失われるはずです．しかし，もし反発因子によるなら，後部細胞膜分画の熱処理で選択性が失われるはずです．

b 前部細胞膜の熱処理

　成長円錐は前部の膜分画上にのみ伸長し，選択性は維持されます．

c 後部細胞膜の熱処理

　成長円錐は前部および後部の膜分画上に均一に伸長し（＊＊），選択性は失われます．

＊ 　実験に使われた網膜片には神経細胞が幾層にも重なって存在していますが，図では，簡単のため，一層の神経細胞のみを示してあります．

＊＊ 　実際の実験では，均一に伸長するのは，両者を熱処理した場合で，後部の膜だけの熱処理では，前部の膜分画を避けて伸長する傾向が見られます．これは，後述するように，前部にも，量は少ないものの，反発性分子が後部から連続して勾配状に存在するためだと考えられています．

（Walter ら 1987a, 1987b より作図）

a 熱処理前

前 後 前 後 前 後

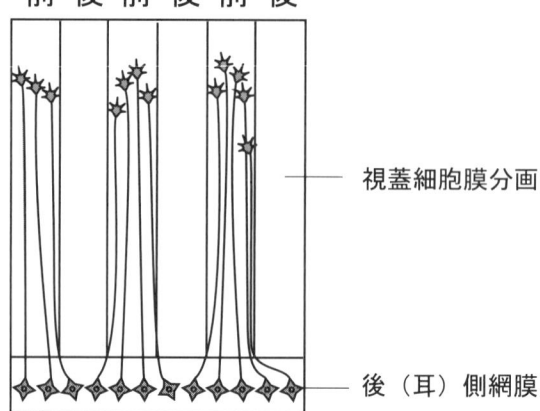

視蓋細胞膜分画

後（耳）側網膜

b 前部細胞膜熱処理後

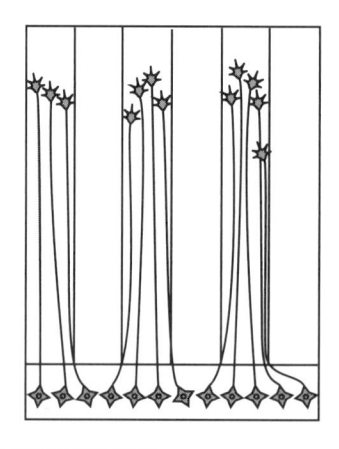

選択性維持

c 後部細胞膜熱処理後

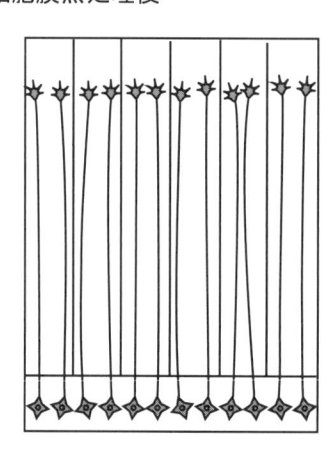

選択性消失

> **図 36**　発生途上の昆虫の脚に見られる末梢感覚ニューロンの軸索誘導

a & b　発生初期

a　動物胚がまだ小さく簡単な構造である発生初期に誕生したニューロン A（灰色の丸）の軸索が中枢に向かって軸索を伸長している様子を示しています．ニューロン A の軸索の先端にある成長円錐は周囲に多くのフィロポディアを出して伸張する方向の手がかりを探索しますが，そのフィロポディアの1つが，中枢へ向かう経路にある特別な細胞（白丸）に接触すると強く接着して留まり，フィロポディアの太さを増し，この拡大したフィロポディアの先端に元の軸索の成長円錐が移動して新たな軸索の先端部に変わる結果，元の軸索の伸長方向は新しく形成された軸索の伸長方向に変わります．このように経路に存在して軸索の伸長する方向の決定に重要な役割を果たす特別な細胞は"道標細胞"と呼ばれます．図には3つの"道標細胞"を経路に沿って示してあります．

b　この道標細胞を選択的に殺すと，ニューロン A の軸索は手がかりを失うため目的地である中枢に達することができません．図では，最も急な角度で伸長方向を変えさせる"道標細胞"を除いた場合を示しています．

c　発生後期

発生後期になると，脚も成長して近位部と遠位部が形成されます．遠位部で発生後期に誕生した末梢感覚ニューロン a（大きい黒丸）は，発生初期に中枢まで到達したニューロン A の軸索に沿って伸長することで，遠位部と近位部の境界を越えることができ長い道のりを経て目的地である中枢まで到達します（コントロール側）．もし，このニューロン A を取り除くと，ニューロン a は目的地へ到達することができません（実験側）．ニューロン A は，追従するニューロン a の適切な標的へ到達する経路を前もって開拓するのでパイオニアニューロンと呼ばれます．

（a は O'Connor ら 1990 より，b は Bentley & Caudy 1983 より，c は Klose & Bentley 1989 より作図）

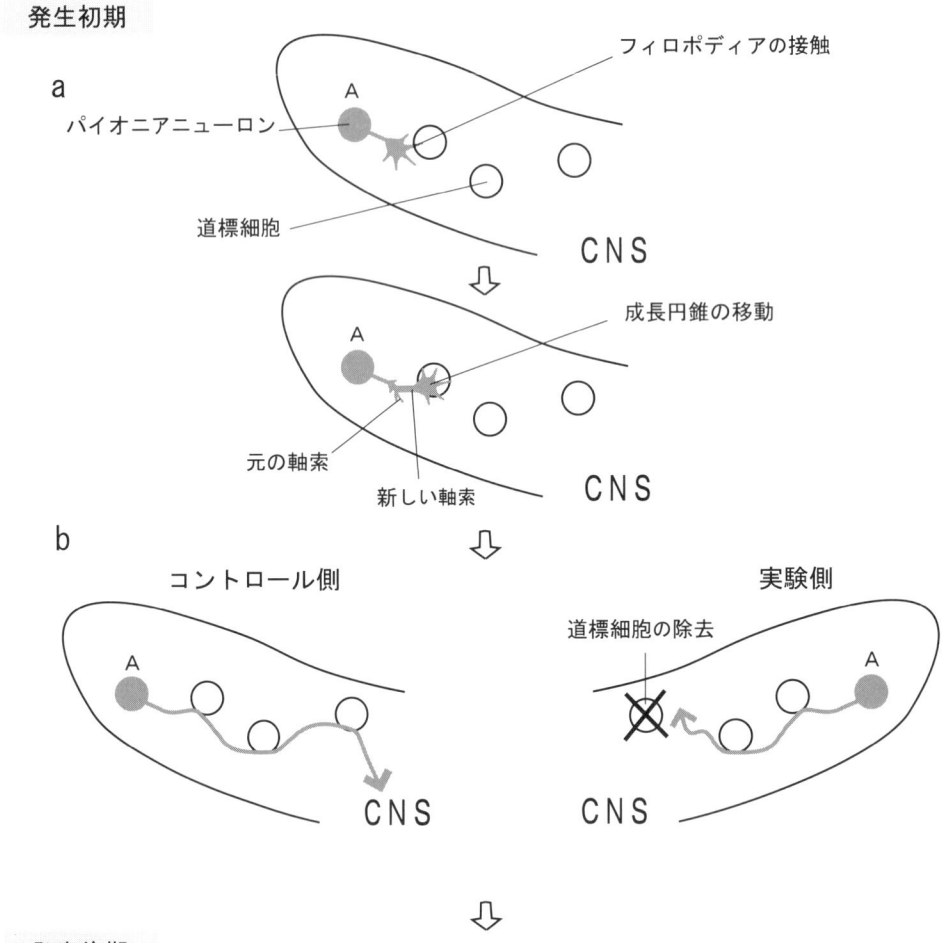

142　第Ⅱ部　神経回路網の形成

発生初期

a

パイオニアニューロン　A
フィロポディアの接触
道標細胞
CNS

成長円錐の移動
元の軸索　新しい軸索
CNS

b

コントロール側
A
CNS

実験側
道標細胞の除去
A
CNS

発生後期

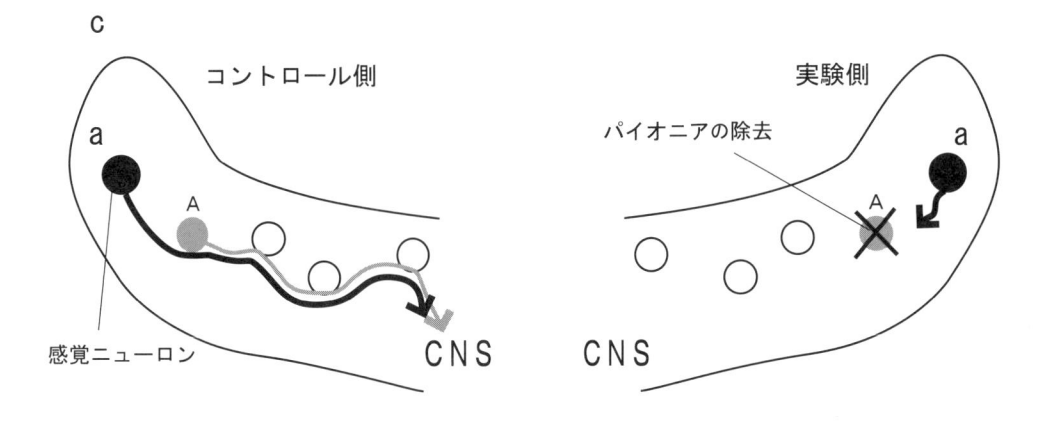

c

コントロール側
a　A
感覚ニューロン
CNS

実験側
パイオニアの除去
a　A
CNS

図37　NGFによる培養系での走化性誘導

　図は，培養系で，NGFに反応するニワトリ末梢感覚ニューロンの軸索の先端にある成長円錐が，微小ガラスピペットの先から注入されるNGFの濃度勾配に反応して伸長する方向を変える様子を示したものです．（説明のため，濃度勾配を点線で示しましたが，実際に濃度勾配がどのように形成されているかは明らかになっていません．）成長円錐の伸長方向に対して約45度の角度から培養液にNGFを注入すると，始め（0分）図の上の方に向かって伸びていた軸索（a）が，22分後にはNGFの注入源に向かって45度の方向に向きを変えて伸長し（b），その後，NGFの注入源の位置を移動すると，移動に伴って成長円錐の伸長する方向も変わり，60分後には90度の方向に（c），90分後には160度と（d），ほとんど逆方向にまで伸長方向を変えさせることができます．

　この結果は，遠距離からの拡散性分子の濃度勾配が軸索の伸長方向を決定することが可能であることを示唆しています．

(Gundersen & Barrett 1979より作図)

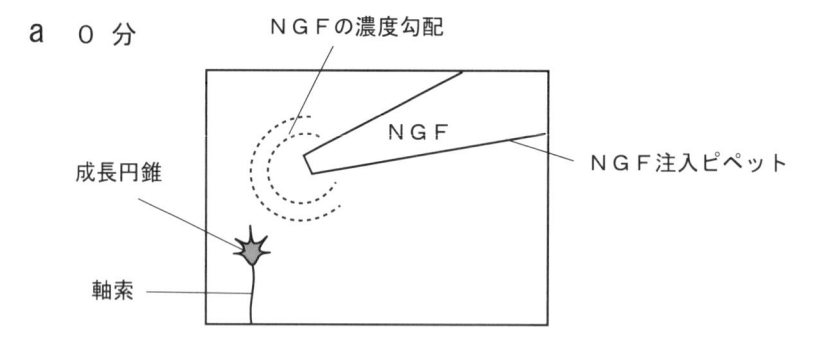

144　第Ⅱ部　神経回路網の形成

a　0分

NGFの濃度勾配
NGF
NGF注入ピペット
成長円錐
軸索

b　22分後

NGF

c　60分後

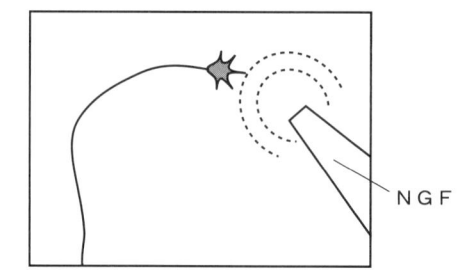

NGF

d　90分後

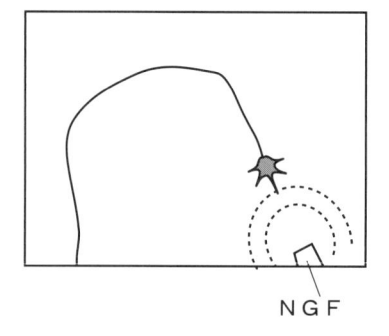

NGF

図38　哺乳類における軸索誘導の例

i　ラット脊髄の交差性感覚ニューロンの軸索誘導に関与する構造と分子群

　　ラット胚の発生途上における脊髄（神経管）の横断面と前後軸方向を示す立体図です．腹側正中部に位置する底板は，軸索誘導因子であるネトリン，Nr-CAM，スリット，セマフォリンを発現しています．ネトリン，スリット，セマフォリンは底板から分泌される拡散性因子で，その濃度勾配が点線で示されています（実際に図に示すように形成されているかは実証されていません）．Nr-CAM は，底板細胞の細胞膜に発現される接触誘導因子の1つです．A,B,C は横断面に垂直に前後方向に走る軸索の束です．それらは正中部の底板から背外側方向に異なった距離の領域に位置していて，神経束形成に関わる L1 を発現すると共に適切な軸索の選択に関わる誘導因子を発現していると考えられます．底板や神経束の発現している誘導因子は実線で囲って示してあります．

　　横断面には，交差性感覚ニューロン c（黒丸）と非交差性感覚ニューロン d（白丸）が示されていますが，ここでは，交差性感覚ニューロン c の軸索がどのようにして上位の中枢にある標的に到達するかを順番に見ていきます．交差性感覚ニューロン c の名称の下には，このニューロンの誘導に関与する誘導因子のレセプターが機能する順に示してあります．これらのレセプターは灰色で囲んで誘導因子と区別してあります．DCC はネトリンの，TAG-1 は Nr-CAM の，ロボはスリットの，ニューロピリンはセマフォリンのレセプターです．L1 は L1 と結合しますが，ニューロン c が適切な軸索を選択するメカニズムは明らかになっていませんので，軸索の選択に必要な誘導因子およびその誘導因子に結合するニューロン c のレセプターは疑問符（？）で示してあります．

ii　誘因性の走化性誘導

　　脊髄の外側の端に沿って腹側方向へ伸長する交差性感覚ニューロン c の軸索は，レセプター DCC を介して底板から分泌されるネトリンの濃度勾配に反応し，分泌源の底板へ向かって伸長します．非交差性感覚ニューロン d も腹側方向へ伸長しますが，ネトリンには反応しません．

iii　誘因性の接触誘導

　　軸索が底板に接触すると，交差性感覚ニューロンに選択的に発現される TAG-1 レセプターと底板細胞膜の Nr-CAM との結合により底板細胞膜を基質として進み，正中部を越えて伸長します．

iv　反発性の走化性誘導

　　正中部を越えた軸索では，底板の発現する反発誘導因子スリットやセマフォリンのレセプターであるロボやニューロピリンの発現レベルが上がるため，これらの濃度勾配を感知して分泌源である底板から離れる方向に伸長します．

v　誘因性の接触誘導と反発性の走化性誘導

　　また，正中部を越えた軸索には，正中交叉に必要であった TAG-1 から神経束の形成に必要な L1 へ

のレセプター発現レベルの変換も起こります．適切な軸索の選択には，このL1を使った誘引性の接触誘導と共に，ivで示したスリット－ロボ間の反発性の走化性誘導も関わっていることを示唆する結果が報告されています．疑問符（?）で示された軸索特異的な認識機構は高等脊椎動物では明らかになっていませんが，ニューロンcの軸索は適切な標的に導く軸索の束Cに沿って伸長して標的に達すると考えられています．

（Doddら1988，Tessier-Lavigneら1988，Bovolenta & Dodd 1990，Kennedyら1994，Stoeckli & Landmesser 1995，Serafiniら1996，Stoeckliら1997，Shirasakiら1998，Zouら2000，Longら2004より作図）

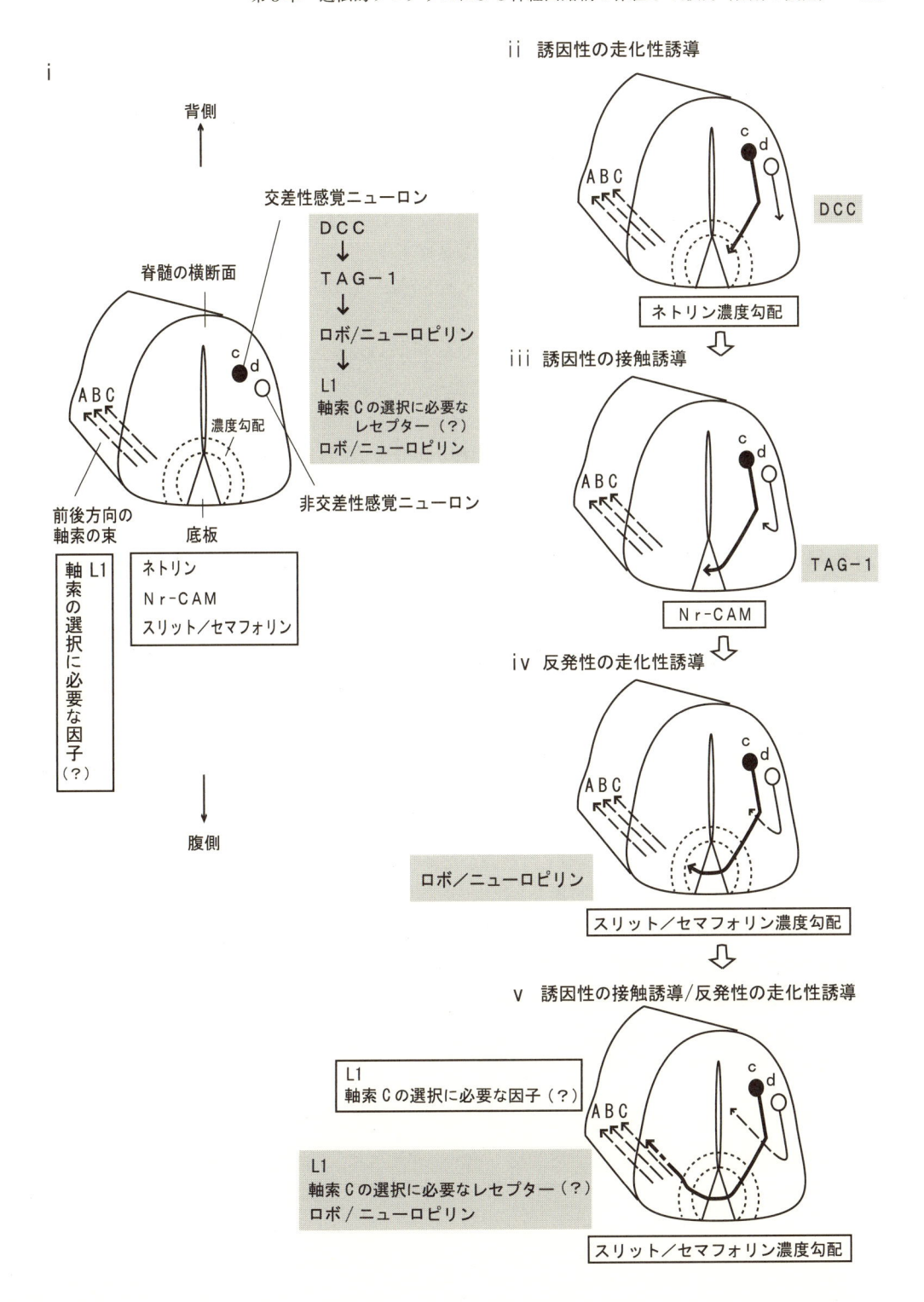

第5章　遺伝的プログラムによる神経回路網の枠組みの形成（初期の段階）　147

i

背側 ↑

脊髄の横断面

交差性感覚ニューロン

DCC
↓
TAG-1
↓
ロボ/ニューロピリン
↓
L1
軸索Cの選択に必要な
レセプター（?）
ロボ/ニューロピリン

非交差性感覚ニューロン

前後方向の軸索の束
底板
濃度勾配

L1
ネトリン
Nr-CAM
スリット/セマフォリン

軸索の選択に必要な因子（?）

↓ 腹側

ii　誘因性の走化性誘導

DCC

ネトリン濃度勾配

iii　誘因性の接触誘導

TAG-1

Nr-CAM

iv　反発性の走化性誘導

ロボ/ニューロピリン

スリット/セマフォリン濃度勾配

v　誘因性の接触誘導/反発性の走化性誘導

L1
軸索Cの選択に必要な因子（?）

L1
軸索Cの選択に必要なレセプター（?）
ロボ/ニューロピリン

スリット/セマフォリン濃度勾配

図39　網膜視蓋系の特異的神経接続

A　正常

a-1　網膜と視蓋との神経接続

　　網膜前（鼻）半分は反対側の（カエルでは完全に交叉する）視蓋後半分と，後（耳）半分は反対側の視蓋前半分と接続します．また，背半分は視蓋腹半分と，腹半分は視蓋背半分と接続します．すなわち，網膜の像は視蓋に180度反転（前後・上下逆転）して伝えられます．

a-2　カエルの行動

　　ハエなどの餌を後上方に提示すると，カエルは後上方に飛びついて餌を捕らえることができます（カエルの眼は横に付いていて，後方の餌も見ることができます）．

　　後上方に提示された餌は，レンズを通る時に180度反転して網膜の前下方に映り，網膜から視蓋への接続でもう1度反転して（a-1），視蓋には餌が後上方に位置する場合の領域に映ります．

B　眼球回転後

視蓋細胞と接続している視神経（網膜の神経節細胞の軸索）を切断して眼球を180度回転（前後・上下逆転）して戻し，視神経が再生した後に実験を行うと：

b-1　網膜と視蓋との神経接続

　　回転後の網膜の前（鼻）半分［元の後（耳）半分］は，新しい位置に適切な視蓋後半分ではなく元の位置に適切な視蓋前半分と，後（耳）半分［元の前（鼻）半分］は視蓋後半分と接続します．同様に，網膜の背半分（元の腹半分）は視蓋背半分と，腹半分（元の背半分）は視蓋腹半分と接続します．回転後の網膜も，回転前と同じ部位の視蓋と特異的に接続します．

b-2　カエルの行動

　　ハエなどの餌を後上方に提示すると，カエルは前下方に飛びつき餌を捕らえることができません．カエルは外界の前後・上下を逆転して認識したような行動をとります．

　　後上方に提示された餌は，正常の場合と同様に，網膜の前下方に映りますが，180度回転した眼では，この部分の網膜は元の後上方に相当します．網膜からの視蓋への特異的接続により網膜は回転後も元の後上方の網膜が接続するのと同じ視蓋領域と接続するため（b-1），視蓋には餌が前下方に位置する場合の領域に映ってしまいます．

（Sperry 1956, Attardi & Sperry 1963, Sperry 1963 より作図．）

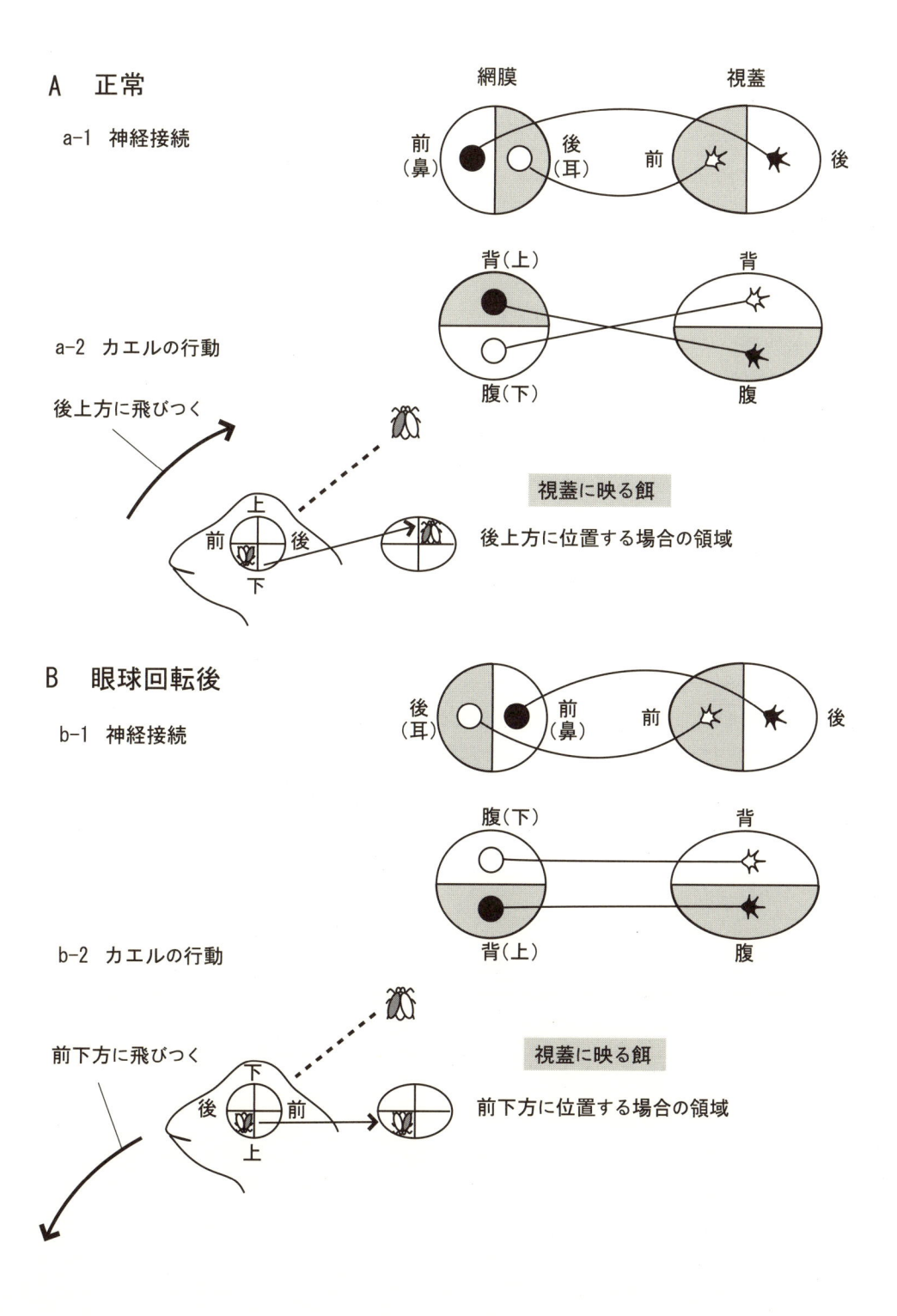

A　正常

a-1　神経接続

網膜　　視蓋
前(鼻)　後(耳)　前　　後

a-2　カエルの行動

背(上)　　背
腹(下)　　腹

後上方に飛びつく

視蓋に映る餌
後上方に位置する場合の領域

B　眼球回転後

b-1　神経接続

後(耳)　前(鼻)　前　　後

腹(下)　　背
背(上)　　腹

b-2　カエルの行動

前下方に飛びつく

視蓋に映る餌
前下方に位置する場合の領域

図40 神経接続の特異性と可塑性

A 正常

　キンギョなどの下等脊椎動物においては，網膜前半分は視蓋後半分と，網膜後半分は視蓋前半分と神経接続し，網膜から視蓋へ1：1の規則正しい連続した投射がなされます．

B 移植実験

　a　後半分の網膜除去

　　a-1　短期間後

　　　残った前半分の網膜は，本来の接続相手である視蓋後半分とのみ接続し，視蓋前半分は空いたままになります．

　　a-2　長期間後

　　　残った前半分の網膜と視蓋との接続は，本来の接続相手である視蓋後半分のみならず前半分をも含んだ全域に，規則正しい連続した投射を保ったまま拡大します．

　b　後半分の視蓋除去

　　b-1　短期間後

　　　残った視蓋前半分には，本来の接続相手である網膜後半分のみが接続し，網膜の前半分は接続する標的がないままとなります．

　　b-2　長期間後

　　　残った視蓋前半分には，本来の接続相手である網膜後半分のみならず網膜の前半分も接続し，網膜全体が前半分に縮小して投射することになります．

(Bのa-1はAttardi & Sperry 1963より作図；b-1はJacobson & Gaze 1965参照；a-2はYoon 1972, Schmidtら1978より，b-2はYoon 1971, Cook 1979より作図，Goodhill & Richards 1999参照)

A 正常

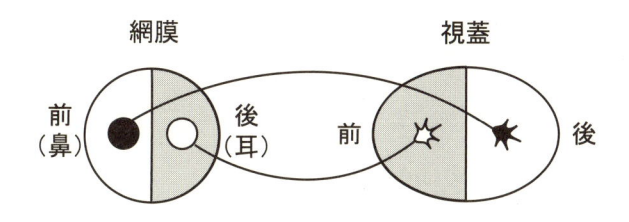

網膜 視蓋
前(鼻) 後(耳) 前 後

B 移植実験

短期間後 ⇨ 長期間後

a 後半分の網膜除去

a-1 視蓋後半分に限局

a-2 視蓋全域に拡大

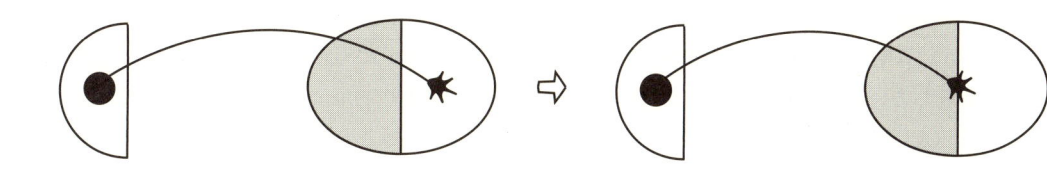

b 後半分の視蓋除去

b-1 網膜後半分のみ接続

b-2 視蓋半分に縮小

図41 網膜視蓋系におけるEph–ephrinの分布

a 網膜と視蓋の前後軸方向の神経接続

前（鼻）側の網膜は後部の視蓋に，後（耳）側の網膜は前部の視蓋に接続し，前後が逆の規則正しい連続した投射が見られます．

b レセプターEphAとリガンドephrin-Aの勾配状分布

この神経接続に働いているSperryの提唱した特異的認識機構を担うラベルは，軸索（網膜）が発現するEphA分子と視蓋が発現するephrin-A分子です．網膜のEphA濃度も視蓋のephrin-A濃度も後部になるほど高くなる勾配状分布を示しているので，aの神経接続に働いている特異的認識機構は反発性です．

c 実際に存在するEphAとephrin-Aの分布

bで示したEphAやephrin-Aの濃度勾配は，それぞれ複数の分子の分布を加算したものです．網膜の前後軸方向全体に見られるEphAの滑らかな連続した勾配は，EphA3の分布，および重複するEphA4とephrin-A5の分布の加算したものです．同様に，視蓋に見られるephrin-Aの滑らかな連続した濃度勾配も，ephrin-A2とephrin-A5の分布を加算したものです．網膜に均一に分布するEphA4の存在やリガンドであるephrin-A5が共存することは意外に思えますが，前部に高い勾配状の分布を示すephrin-A5が均一に分布するEphA4を持続的に活性化することにより脱感作してEphA4の反応性を勾配状に抑制し，EphA3の発現がほとんど無い前半分（鼻側）に見られるEphA反応性の勾配状変化を形成していると考えられています．（視蓋にはephrin-A2やephrin-A5と逆向きの勾配状分布を示すEphA3等のEph分子も存在していますが，意義がまだ実証されていないので省略してあります．）

図にはニワトリの網膜視蓋系に見られるEphA–ephrinA系の代表的な分子の種類や分布を示してあります．マウスでは，EphA–ephrinA系の分子の種類や分布も少し異なりますが，全体としては同様のメカニズムが働いています．

（bはWilkinson 2001より改変；cはKnöll & Drescher 2002より改変，Chengら1995, Drescherら1995, Monschauら1997, Connorら1998, Hornbergerら1999, Goodhill & Richards 1999参照）

第5章　遺伝的プログラムによる神経回路網の枠組みの形成（初期の段階）　153

a　神経接続

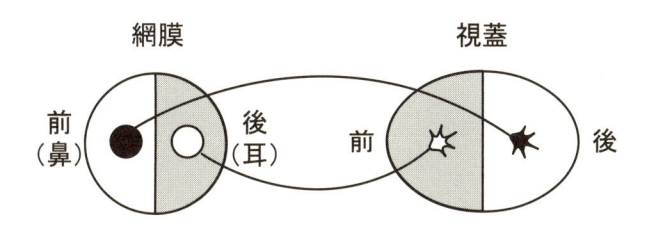

網膜　　　　　視蓋
前（鼻）　後（耳）　前　　後

b　勾配状分布

EphA　　　　ephrin-A

c　勾配形成に寄与する分布

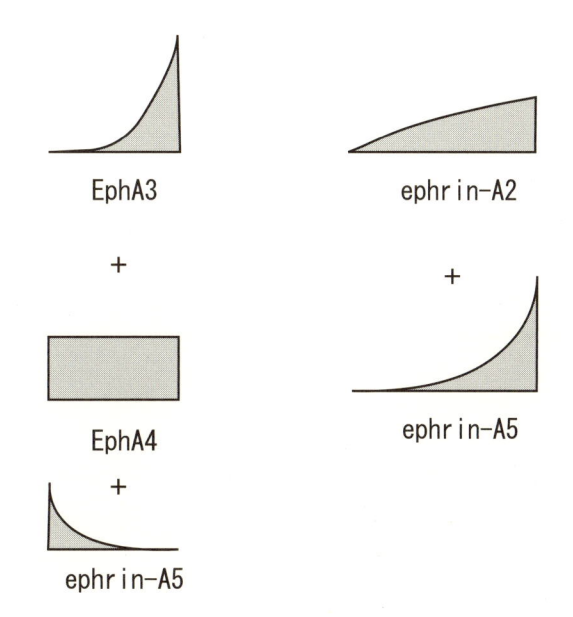

EphA3　　　　ephrin-A2

＋　　　　　　＋

EphA4　　　　ephrin-A5

＋

ephrin-A5

第6章

神経回路網の調整と精密化（後期の段階）

　長い道のりを経て目的の標的領域まで到達し，適切な標的細胞を選ぶことができたニューロンは，標的細胞とシナプスを形成し情報伝達が始まりますが，まだいくつもの試練を乗り越えねばなりません．完成した神経回路網の示す特異的な神経接続は神経回路形成の初期からできているわけではないのです．神経回路網形成の発達後期は，神経回路の成熟過程で，標的に到達した軸索と標的細胞間に形成されたシナプスを介した"trophic interaction"と呼ばれる相互の依存関係が基礎となります．それぞれ独立して生まれたニューロンとその標的細胞とは，シナプス形成を境に，お互いが無くしては生きていけなくなります．この過程は，内的な遺伝因子以外に神経活動を含む様々な外的環境因子の影響を受けます．この過程を，3つに分けて考えます．① 神経細胞死による，神経接続をするニューロンと標的細胞の数の調節，② シナプス除去と呼ばれる，安定した特異的な回路網の形成のための終末の再編成，③ 神経回路網形成の最終目的であるシナプス形成です．

6.1　神経細胞死

　せっかく適切な標的細胞を選ぶことができたのに，多くの神経細胞には死という非情な運命が待っているのです．末梢神経系にも中枢神経系にも至る所で見られます．細胞死は発生途上ではめずらしくないのですが，神経細胞死の数はとても膨大なものです．種類によっては，生まれた神経細胞の半分以上が死ぬのです．しかも，神経細胞死は，軸索が標的細胞に到達してシナプスを形成する時期に短期間で起こります．脊椎動物においては，どの神経細胞が死ぬのかは無脊椎動物のように遺伝的にプログラムされているのではなく，標的細胞と適切なシナプスを形成できなかった神経細胞が死ぬのです．

6.1.1　神経栄養因子の概念

　では，軸索が標的細胞に到達してシナプスを形成する頃に標的細胞の大きさを変えてみると生き残るニューロンの数はどうなるでしょう？　図42はニワトリ胚の体の横断図で，中央の脊髄には運動ニューロンが，側面にある脊髄神経節には感覚ニューロンが左右それぞれに小さい黒丸で示されています．運動ニューロンと感覚ニューロンは標的である肢の適切な筋や皮膚に接続しようとしているところです．もし，ニューロンが肢へ到達する以前に標的である肢の原基を取り

除いたら生き残るニューロンの数はどうなるでしょう？　図42Aa-2において，標的を取り除いた除去側では，正常な反対側と比べて，運動ニューロンや感覚ニューロンを示す黒丸が減少しているように，生き残るニューロンの数が両者とも減少していることが観察されました．逆に，図42Aa-1に示すように，余分な肢を移植して（矢印）重複肢とした場合には，運動ニューロンも感覚ニューロンも増加しました．この結果は，標的が生き残るニューロンの数を調節することを示しています．

　では，標的はどうやってニューロンの数を調節するのでしょう？　1つの考えは，標的が限られた量だけ産生する，ニューロンの生存に必要な神経栄養因子（neurotrophic factor）を得ようと軸索同士が競い合い，標的細胞とシナプスを形成するのに成功したニューロンだけがこの栄養因子を得ることができ生き残れるというものです．ニューロンの生存に必要な神経栄養因子として最初に精製されたNGF（表2）は，交感神経節ニューロンや一部の感覚ニューロン（温痛覚を担うもの）の生存に必要とされる神経栄養因子ですが，運動ニューロンの神経栄養因子ではありません．もしこの標的によるニューロン数の調節が標的細胞の分泌する神経栄養因子を介してなされるという考えが正しければ，図42Bに示すように，適切な時期にNGFを注入すれば，余分な標的を与えたと同様に，本来死ぬはずだった交感神経節ニューロンや感覚ニューロンは選択的に救われて生き残るニューロン数が増加し（図42B b-1），逆にNGFの作用を不活化する抗体を与えると，標的を取り除いたと同様に，両者の生き残るニューロン数は減少するはずです（図42B b-2）．しかしNGFを必要としない運動ニューロンの生存には影響を与えないはずで（図42B），実際に予測通りの結果が得られました（歴史的には，交感神経節ニューロンの生存への影響の方が先に実証されましたが，Aとの比較のため，感覚ニューロンの場合のみの結果を図示してあります）．しかも，標的除去と同時にNGFを投与すると，標的除去により死ぬはずであった交感神経節ニューロンや感覚ニューロンは全て生き残りました（図にはありません）．これらの結果は，標的によるニューロン数の調節は神経栄養因子によるという考えが正しいことを示すと共に，神経栄養因子が正常の発生過程において必須であることを示す点で重要です．更に，NGFが実際に標的で産生されること，標的から分泌されたNGFはNGFのレセプターを介して軸索末端から取り込まれること，軸索内を軸索末端から細胞体への逆行性輸送によって細胞体に運ばれて作用することなど詳細なメカニズムも解明され，標的によるニューロン生存のコントロールに関わる神経栄養因子の概念が確立されました．その後，末梢神経系のニューロンで確立された神経栄養因子の概念は中枢神経系のニューロンにも拡大され，NGF以外にも標的から分泌される各々のニューロンに必要な多くの神経栄養因子やレセプターも同定され（表2），神経栄養因子の概念が広く一般のニューロンに適用されるようになりました．また，このNGFに代表される神経栄養因子の概念は，発生過程としての神経細胞死の基礎をなすだけでなく，この後のほとんどの過程を含む，シナプスを介しての軸索と標的との相互依存の関係（上述のtrophic interaction）の基礎となりました．

6.1.2　神経栄養因子の概念の修正

　しかし，その後，この概念に2つの点で修正が必要となってきましたので，ここで少し説明

表2 神経栄養因子の例

リガンド	レセプター
ニューロトロフィン族	
神経成長因子（NGF）	TrkA, 　　　　　及び　p75[NTR]
脳由来神経栄養因子（BDNF）	TrkB 　　　　　　及び　p75[NTR]
ニューロトロフィン-3（NT-3）	TrkC, TrkA, TrkB 及び　p75[NTR]
ニューロトロフィン-4（NT-4）	TrkB 　　　　　　及び　p75[NTR]
インターロイキン-6族	
インターロイキン-6（IL-6）	IL-6Rα／gp130／gp130　複合体
毛様体神経栄養因子（CNTF）	CNTFRα／LIFRβ／gp130　複合体
白血病抑制因子（LIF）	LIFRβ／gp130　2量体
トランスフォーミング増殖因子-β（TGF-β）族	
骨形成蛋白質（BMP）	BMPR　I型，II型
グリア由来神経栄養因子（GDNF）	Ret／GFRα1　複合体
線維芽細胞増殖因子（FGF）族	FGFR 1-4

NGF：nerve growth factor
Trk：tropomyosin-related kinase，レセプター型チロシンキナーゼ
p75[NTR]：p75（分子量7.5万の蛋白）neurotrophin receptor
BDNF：brain-derived neurotrophic factor
NT-3：neurotrophin-3
NT-4：neurotrophin-4
IL-6Rα：Interleukin-6（IL-6）レセプターのリガンドとの結合に関わるサブユニット
gp130：分子量13万の糖タンパク（glycoprotein）でインターロイキン-6族のシグナル伝達に関わるサブユニット
CNTFRα：ciliary neurotrophic factor（CNTF）レセプターのリガンドとの結合に関わるサブユニット
LIFRβ：leukemia inhibitory factor（LIF）レセプターのシグナル伝達に関わるサブユニット
TGF-β：transforming growth factor-β
BMPR：bone morphogenetic protein（BMP）レセプター
GDNF：glial cell line-derived neurotrophic factor
Ret：転座（DNA rearrangement）による融合で活性化された細胞性（cellular）癌遺伝子（transfoming gene），c-ret（Takahashiら1985参照）の翻訳産物で，レセプター型チロシンキナーゼ（Takahashiら1988参照）
GFRα1：GDNFレセプターのリガンドとの結合に関わるサブユニット
FGFR：fibroblast growth factor（FGF）レセプター

158　第Ⅱ部　神経回路網の形成

をします．1つは，図43に示すように，元来は，神経栄養因子は標的で産生され，軸索末端から取り入れられて逆行性輸送で細胞体に運ばれる（①）ものでしたが，自分を標的とする他のニューロンからシナプスを介して（②）や，軸索の周囲の様々な種類の細胞（③）から供給されたり，更には，自分自身が産生する（④）例が見つかりました．また，標的に達する以前にも必要なことも判明しました．もう1つは，神経栄養因子の機能は多様でしかも重複していることです．図44には，この多様性と重複性の様々な例を示してあります．このように神経栄養因子の作用がニューロンの生存以外に分化・成熟更には増殖をも含んで多様であること，すなわち，神経栄養因子やそのレセプターが神経系以外の分野の細胞にも広く分布していることから，神経系以外の分野にも及ぶ幅広い名称である細胞成長因子（growth factor）と呼ばれる時代の到来となりました．また，NGFのレセプターや作用機所の研究から，NGFが非神経細胞に作用した場合には分化ではなく増殖を起こすことが観察され，ニューロンには生存や分化に関わる特有のシグナル伝達経路があるとの以前からの予測に反して，ニューロンのレセプターも非神経細胞の増殖因子とシグナル伝達経路を共有するリン酸化酵素（キナーゼ）であることが判明しました．更にその後の研究から，神経系とそれ以外の分野，特に造血・免役系に働く因子との区別が困難になり，細胞成長因子の名称と，免疫系の細胞に働く分化・増殖因子の総称であるサイトカインとの両者が使われるようになりました．サイトカイン／細胞成長因子はレセプターの構造に基づき，表2のようにいくつかのグループに分類され，それぞれのグループに異なったシグナル伝達経路があります．しかし，サイトカイン／細胞成長因子の特徴である機能の多様性（図44A）は，サイトカイン／細胞成長因子に対するレセプターが細胞毎に異なるというより，細胞内のシグナル伝達経路の違いあるいは転写因子の発現の違いによることが明らかになってきました．たとえば，図44A-3②のように異なる種類の細胞（丸，三角，四角）毎に因子Aのレセプターがa, b, cと異なるというより，異なる種類の細胞毎に（図44A-1）または同じ種類の細胞でも作用する部位や時期など反応する細胞の状態により（図44A-2），因子Aのレセプターaは同じでもシグナル伝達系がx, y, zと異なるためです．そして，もう1つの特徴である作用の重複性（図44B）については，主に，異なる因子A, B, Cのレセプターに共通のサブユニットa_1, a_2, a_3を持つため（図44B-1）であること，またはレセプターはa, b, cと異なっても細胞内のシグナル伝達経路xを共有するため（図44B-2）であることも明らかになってきました．当然，このような多様な重複した作用を持つサイトカイン／細胞成長因子の特異性が問題となりますが，サイトカイン／細胞成長因子やレセプターがいつどこで発現されるかが特異性を決める重要なカギとなると考えられています．

6.1.3　運動ニューロンの生存

　神経栄養因子の概念にこのような修正が加えられたものの，末梢神経系の交感神経節ニューロンと感覚ニューロンに関わる神経栄養因子はよく解明されているのに，運動ニューロンのような中枢神経系のニューロンに関してはまだ不明な点が多いのです．たとえば，培養系で運動ニューロンの生存を促進することが知られている多くの神経栄養因子のうち，標的である筋が産生するグリア由来神経栄養因子（glial cell line-derived neurotrophic factor, GDNF：表2）を細胞死の

起こる前に注入した胚や取り除いた（GDNF 欠損マウス）胚では，上述の NGF の実験と同様，生き残る運動ニューロンの数が増減します．しかし，NGF での実験に見られるような大きな影響を及ぼす神経栄養因子は同定されていません．この理由として，以前は，運動ニューロンは皆均一に複数の神経栄養因子 A, B, C を必要とし，これら生存の維持に関わる因子の機能が重複するため，（たとえば，A の作用は B の存在で代用されるので A だけの効果は現れにくいなど），大きな影響がみられないのだ（図 45-2）と考えられていたのですが，最近，運動ニューロンも感覚ニューロンのように各々の生存に異なった神経栄養因子 A, B, C を必要とするサブタイプ a, b, c で構成されているため，1 つの因子による運動ニューロン全体への影響は少ないのだ（図 45-4）と解釈されるようになってきました．

　更に，運動ニューロンの生存には筋の電気的活動が影響することが知られています．たとえば，ニワトリ胚の腰部運動ニューロンの約 50% は筋細胞とシナプス結合を作った直後に細胞死します（図 42 の説明）が，もし神経筋伝達を阻止すると生き残る運動ニューロンの数はどうなるでしょう？　標的と効率の良いシナプス結合のできた軸索が，標的から限られた量分泌される神経栄養因子を獲得して生き残るという神経栄養因子の考えに従えば，神経筋伝達阻止によりシナプス結合ができなくなるため，より多くの運動ニューロンが死ぬのでないかと考えられます．しかし，意外にも，図 42C の実験で薬を使って神経筋伝達を阻止すると，本来は死ぬはずであった多くの運動ニューロンが生き残り（図 42C c-1），逆に神経または直接筋を電気刺激するとより多くの運動ニューロンが死ぬ（図 42C c-2）のです．もし，NGF の研究から生まれた神経栄養因子の概念を運動ニューロンにも適用して運動ニューロンの生存が筋の神経栄養因子の産出量により決定されるならば，運動ニューロンが電気的活動を介して自分の生存に必要な神経栄養因子の産生を調節していることになります．しかし，神経筋伝達を阻止した筋で運動ニューロンの神経栄養因子 GDNF が増加しているのかは不明ですし，電気的活動による運動ニューロン生存の調節の機所は解明されていません．

　発生途上の神経細胞死の目的は何でしょう？　標的筋を除いたニューロンは標的が無いので生存に必要な神経栄養因子が得られないため死滅するのに，不適切な筋に接続したニューロンは一生生き残ることからも（前述の図 33 参照）エラーを除く目的とは考えられません．複雑な神経系の様々な部位の細胞数を正確かつ精密に調節するのに，ニューロン数を標的の大きさに対応させることが必要です．脊椎動物では，余分にニューロンを生産して標的の大きさに合わせて細胞死によって数を調節するという方法をとったのだと考えられています．

6.2　シナプス除去

6.2.1　シナプス除去の概念

　神経細胞死により余分な運動ニューロンは取り除かれたものの，発生中の筋には，まだ余分な多くのシナプス接続が残っています．完成した大人では，1 個の運動ニューロンは単一の筋を構成する多くの筋細胞をコントロールしていますが，個々の筋細胞は普通ただ 1 個の運動ニューロ

ンによってコントロールされています．しかし，発生途上の個々の筋細胞は，複数の運動ニューロンによりコントロールされているのです（図46）．たとえば，4個の筋細胞（M-1, M-2, M-3, M-4）により構成されている筋Mを3個の運動ニューロン（a, b, c）がコントロールしているとすると，大人では（図46-②）個々の筋細胞は普通ただ1個の運動ニューロンによってコントロールされているので，M-1はbに，M-2とM-4はaに，M-3はcによりコントロールされているとします．しかし，発生途上では（図46-①），M-1はaとbに，M-2はaとcに，M-3はbとcに，M-4はaとcというように複数個の運動ニューロンによりコントロールされていた時期があるのです．運動ニューロンの側から見ても，この時期には，個々の運動ニューロンのコントロールする筋細胞の数が大人の場合より多いことになります．

　このような発生途上での軸索の重複は，1900年代の初めから形態学的には示唆されていましたが，1970年代に電気生理学的に確認されるまではあまり注目されませんでした．筋をコントロールする神経に与える刺激の強度を少しずつ上げていくことにより，単一の筋細胞をコントロールする運動ニューロンの数を推定することができますが，この方法で，大人のラットの筋細胞をコントロールする軸索（運動ニューロン）の数は1本なのに，生まれたてのラットでは数本あることが示されました．このうち1本の軸索にあるシナプスだけを残して，他の軸索のシナプスは排除されるため，初めはシナプス除去の現象として理解されました．しかし，残った1本の軸索が他の軸索の除去により空いた領域にも拡大して（自律神経節ではシナプス数が多くなり）全体としてより大きな領域を持つシナプスが形成されるので，この過程は単なるシナプス除去ではなく，重複している不必要な軸索を除去し残った1本の軸索に集中してシナプス領域を拡大して強固にすることで，より特異的で安定した神経回路網を形成する調整段階なのです．ですから，シナプス除去というよりシナプス再構成と呼んだ方が適切です．

　シナプス除去は，各々が重複した神経細胞と標的細胞を持つ脊椎動物に特有で，発生途上の一時的な現象です．ですから，発生途上の決まった時期に1回だけ起こり，同様のメカニズムが働いていると考えられている神経再生時以外は，その結果は一生変わりません．シナプスは出生前の早い時期に形成し始めるのですが，シナプス除去は出生後数週まで起こりませんし，また，数週間をかけてゆっくり起こるのです．この点で，時期においても進行速度においても神経細胞死とは違いますが，どのシナプスが除かれるかは始めからはわからないのでエラーの除去を目的としたものではないことは神経細胞死と同じです．

　シナプス除去は，神経筋シナプスにもニューロン間シナプスにも見られ，同様のメカニズムが働いていると考えられていますので，ここでは，最もよく研究されている神経筋シナプスの場合を見てみましょう．シナプス除去は共通の神経筋接合部領域にシナプスを作る複数の軸索間で起こりますが，同じ筋細胞上の1mm以上離れた部位に複数のシナプスを人為的に作らせると，その複数の接続は保持されます．このように近接したシナプス間でのみ起こることから，局所的機所が働いていると考えられます．また，薬で神経伝導や神経筋接合部の伝達を抑制して筋の興奮を阻止するとシナプス除去が遅れ，逆に神経を慢性的に刺激すると速まることから，軸索と標的細胞の電気的活動が関係すると考えられます．しかも，シナプス除去後，必ず確実に一本残ることから，それぞれの筋細胞に接続している複数の軸索間で競争が行われていると考えられます．

では，何が，この局所的な，電気的活動の関与する競争を起こさせるのでしょう？

6.2.2 電気的活動の関与する軸索間の競争

複数のニューロンが1個の標的細胞に隣接して接続している場合，それぞれのニューロンは独立して活動するので，同じ軸索につながっているシナプスには同時に電気的活動が伝わりますが，別の軸索のシナプスには時間のずれが生じます．すると，筋細胞は，複数の軸索のうち一個の軸索だけからのシナプス伝達によって興奮し，ほんの少し時間的にずれて伝わる他の軸索からのシナプス伝達によっては興奮しないという状況が生まれます．この筋細胞と同時に興奮する軸索（活動しているシナプス）と，筋細胞とは同時に興奮しない軸索（活動していないシナプス）との両者の存在がシナプス除去につながる競争を起こさせるというのが現在の最も有力な考えです．もし，この考えが正しいなら，1本の軸索で接続されている大人の筋細胞に人為的に活動しているシナプス領域と活動していないシナプス領域を共存させたら，シナプス除去が起こるはずです．図47A-aでは，単一の筋細胞で一本の軸索に支配されている神経筋接合部の一部に薬を与え（点線で囲んだ部分），その部分のレセプターをブロックしてシナプス伝達を阻止すると，シナプス伝達を阻止されたシナプス領域が発生段階で見られるように除去されます．この場合，シナプス伝達の抑制そのものではなく，一部のシナプス領域は伝達を抑制されているけれど一部は伝達が行われていること，すなわち，活動しているシナプス領域と活動していないシナプス領域両者が存在していることが重要なことは，薬を神経筋接合部の全体に与えて全領域のシナプス伝達を阻止すると，シナプス除去は起こらないことから結論できます（図47A-b）．更に，シナプス伝達を阻止するのとは逆に，神経の再生時に見られる複数の軸索を，シナプス除去を起こすのに必要な時間的ずれのある生理的電気的活動（図47B-a）の換わりに，人為的に同時に電気刺激して全軸索のシナプスを活動させた場合もシナプス除去は起こりません（図47B-b）．これらの結果から，電気的活動のレベルではなく，電気的活動の相対的タイミングの違いが，シナプス間の競争を起こしていることがわかります．これらは，大人の筋細胞での実験ですが，発生段階の筋細胞においても，神経筋接合部のシナプス伝達を担う神経伝達物質であるアセチルコリン（ACh）の合成酵素の発現時期や程度を任意に阻害できるように遺伝子操作されたマウスを使って神経筋接合部でのシナプス伝達の程度を調節した動物実験で，シナプス除去につながる競争を起こすにはACh合成酵素の発現の程度で測られた電気的活動の絶対量より相対的な差が重要であるという結論が得られています．すなわち，単一の筋細胞に2個の軸索が接続している場合，活動している軸索と活動していない軸索が共存して両者間の電気的活動の差が最大となる場合の方が両者とも活動していない場合より，軸索間の競争（すなわちシナプス除去）の激しさを反映して，活動していない軸索の太さはより細かったのです．ですから，再生時においても発生段階においても，単一の筋細胞が複数個の運動ニューロンに支配され，電気的活動の相対的な量やタイミングの差が生まれる状況下ではシナプス除去が起こると考えられています．

では，なぜ筋細胞と同時に活動している軸索のシナプスが競争に勝ち残るのでしょう？　これは，"シナプス後細胞の興奮は，接続するシナプス前細胞の軸索のうち，繰り返し同時に興奮する軸索のシナプスを強くし，同時には興奮しない軸索のシナプスを排除するように働く"とい

う Hebb's rule として知られている現象で説明されていますが，その分子的機構は不明です．ただ，シナプス除去の決定にはシナプス後細胞である筋細胞が重要な役目を果たしていることを示唆する様々な実験結果が報告されています．筋細胞が関与していることは，シナプス除去が同じ筋細胞の軸索間においてのみ起こること，筋細胞の電気的活動レベルが軸索の電気的活動とは独立してシナプス除去の速さを変えうること，また，活動電位を発生しないタイプの筋ではシナプス除去は起こらないこと等から長い間知られていますが，前述（図47A）の筋細胞のレセプターを一部ブロックするだけでシナプス除去を誘導できることや，同じ電気的活動を伝える単一の運動ニューロンにおいてもシナプス除去は軸索の全枝に同時には起こらない等の結果も，筋細胞がどのシナプスを除去するかを決定する中心的役割をするという考えを支持するものです．

6.3 シナプス形成

いかにこれまでの過程がうまく行われたとしても，標的細胞と適切なシナプス結合が形成されなければ，神経回路網は有効に機能しません．完成されたシナプスは，正確かつ確実に1／1000秒単位の速い反応に対応できなければなりません．しかも，一生維持できる程の安定性が必要ですが，経験によって変わりうる柔軟性も重要です．有効なシナプス伝達のために必要なシナプス前細胞やシナプス後細胞の特殊構造が形成される段階は神経筋接合部において最もよく解明されています．そして，発生段階においても再生過程においても，どの運動ニューロンもどの筋とも同じように有効なシナプスを形成できることを示す多くの研究から，どの神経筋間のシナプス形成のメカニズムにも共通のメカニズムが働いていると考えられています．図48は，げっ歯類（rodent）の神経筋接合部のシナプス形成過程を示しています．

6.3.1 シナプス形成過程

① 軸索は，筋芽細胞が癒合して多核（灰色の楕円）の筋細胞となったばかりの未熟な段階で，まだ別々の筋に分かれる前に筋へ伸びていきます（ラットで胎生13-14日頃）．軸索の成長円錐には既にAChを入れる小胞（大きい白丸）が存在しAChを放出することができます．一方，癒合後の筋細胞にはAChレセプター（小さい白丸）が細胞膜全体に分布していますが，軸索が筋細胞に接触する頃（ラットでは胎生15.5-16日頃），軸索の接触の有無に関わらず，神経筋接合部の形成される筋細胞の中心部に長軸方向に垂直な帯状に密度の高い部分を形成し始めます．

② 成長円錐が筋細胞に接触すると，構造的には不完全で効率は低いものの，機能的なシナプス伝達が始まります（ラットで胎生14日頃）．そして，接触した部分にAChレセプターが集まって（clustering）定着し，逆に，接触部以外のレセプター密度は減少してAChレセプターの分布が変化します（ラットで胎生15.5-16日頃）．更にその後まもなく，AChレセプター合成が接触部近辺に位置する核では促進し（黒の楕円），接触部近辺以外の核では抑制されます（白の楕円）．

③ 成長円錐は神経終末となって神経伝達物質AChを含むシナプス小胞の数が増加し，シナ

プス間隙に接合部基底膜（灰色の太線）が形成され，この基底膜に結合してシナプス伝達時に働く ACh 分解酵素，接合部型 ACh エステラーゼ（黒の四角）が合成されます（ラットで胎生 16-17 日頃）．

④ 筋が成熟するにつれて（ラットでは出生前から）複数個の運動ニューロンの軸索がこの神経筋接合部に集まってきて機能的にも複数の運動ニューロンによるシナプス伝達が行われます．

⑤ ACh レセプターの代謝や性質が変化します．ACh レセプターの半減期が長くなります（ラットでは出生の少し前に）．また，哺乳類では，出生後の最初の 1-2 週間に ACh レセプターが胎児型（小さい白丸）から大人型（小さい黒丸）に変換しレセプターの性質が変わります．

⑥ 出生後（ラットでは出生後 2-3 週），最初に接続した複数個の運動ニューロンの軸索はほとんどが除かれ，1 個の運動ニューロンの軸索のみが残るようにシナプス除去が起こります．

⑦ 長い時間をかけて徐々に構造的にも機能的にも完成したシナプスが形成されます．ACh レセプターのほとんどはシナプスの部位に限局して存在し，シナプス以外の部位との差は 1000 倍以上となります．

このように，初期の段階からニューロンと筋は相互に調節し合って徐々にシナプス形成を行うのです．このシナプス形成過程をニューロンから筋への影響（6.3.2 項）と，筋からニューロンへの影響（6.3.3 項）という 2 つの観点から見てみましょう．

6.3.2 ニューロンから筋への影響

運動ニューロンは筋に，電気的活動以外に電気的活動とは独立して終末から分泌される化学分子を通して筋に影響を与えます．

(a) 化学分子を介しての影響

軸索が接触すると，接触する以前には筋細胞膜全体に分布していた ACh レセプターは，接触した部位に集まり，接触部以外の膜のレセプターは減少し，完成した神経筋接合部と接合部以外のレセプター密度の違いは 1000 倍以上となります．この密度の違いは，既存のレセプターが再分布したことと新しいレセプターの合成が増加したことにより生じます．では，何がこの変化をもたらしたのでしょう？

電気生理学的方法やラベルしたレセプターを使ってレセプター分布を調べることができるので，まず，軸索が筋細胞に接触して数時間以内に何がレセプターを接触部位に集めるのかを見てみましょう．（図 49A）．この時期，既に機能的なシナプス伝達の開始を示す電気的活動が見られるので，神経伝達物質である ACh がレセプターを集めるのでしょうか？ いいえ，ACh を与えてもおこりません（図 49A-b）．しかも，クラーレ等の薬を投与して神経筋接合部の伝達を阻止しても起こることから（図 49A-c），シナプス伝達の電気的活動によるものではないことがわかります．別の実験で（図 49B），大人の筋細胞を脱神経し，筋細胞も取り除いて基底膜（接合部基底膜を含む）を残した所に筋を前駆細胞から再生させると，神経が無いにもかかわらず，

元のシナプスのあった部分に正確にAChレセプターが集まり完成したシナプスに見られるような高密度になることが示されています．この結果は，軸索末端からシナプス伝達とは独立して分泌され接合部基底膜に取り込まれた化学分子がAChレセプターを集め高密度にできる活性を持つことを示しています．現在2つの化学分子が同定されています．1つは，分子量20万のタンパク質アグリンで，既存のレセプターを成長円錐の接触した部分に集める活性があります．図49A-dに示すように，既存のレセプターをラベルしておいた筋細胞にアグリンを与えると，成長円錐が接触した時のように，ラベルしたレセプターが急速に集合します．図49A-cに示すように，クラーレなどでシナプス伝達を抑制した場合でもレセプターは集合することから，アグリンはシナプス伝達とは独立して軸索末端から分泌されるレセプターを集める分子だと確認されます．筋もアグリンを産生しますが，ニューロンの産生するアグリンのほうが1000倍も効力が強いので，軸索から分泌されたアグリンが接合部基底膜に取り込まれて働くと考えられています．

さて，読者は，非常に細長い筋細胞の何百もの核で合成されたレセプターを，全体の0.1％しか占めない接合部にアグリンを使って集めるのはあまり効率的ではない，接合部で局所的にレセプター合成ができないのかと思われるでしょう．確かにそのような接合部の局所的なレセプター合成に関わっている分子が見つかっています．それがもう1つの化学分子である分子量4.2万のタンパク質，AChレセプター誘導活性分子（acetylcholine receptor-inducing activity, ARIA）です．筋細胞ではそれぞれの核は互いに独立してAChレセプターmRNAを転写していて，接合部の基底膜に存在するARIAにより，接合部位に限局した核のレセプター合成を選択的に促進することができるのです．ARIAにはレセプターを集合させる活性はありませんが，シナプスの近くでレセプター合成を促進することにより，効率よく接合部のレセプター密度を高くするのに寄与しているのです．名前の示すように，筋細胞のレセプターの産生を促進する拡散分子として精製されましたが，最近，この分子はニューレギュリン-1と同じものだと判明しました．上述のアグリンと同様，一度神経末端から分泌されて接合部基底膜に取り込まれれば，神経筋伝達なくして終始機能して近接するシナプス部位でのみのAChレセプターmRNAの合成を促進していると考えられています．しかし，筋細胞もARIAを合成することが知られており，アグリンの場合と違って，基底膜の分子がニューロンと筋細胞のどちらから分泌されたものなのかは不明です．

(b) 電気的活動を介しての影響

軸索が筋細胞に接触すると，接合部のAChレセプターの密度が高くなるのとは逆に，接合部以外の膜のAChレセプター密度は減少し（図50a），完成したシナプスでは接合部へ再分布したというだけでは説明できないほど低くなります．これは主に神経の電気的活動が筋細胞全体でのAChレセプターmRNAの転写を抑制するように働くためだと考えられています．接合部では基底膜に存在するニューレギュリン-1が神経活動による抑制に打ち勝ってAChレセプター合成を促進する結果，接合部以外での合成のみが抑制されることになります．ですから，電気的活動は，接合部でのAChレセプター（小さい黒丸）合成の促進には必要ありませんが，接合部以外のAChレセプター（小さい白丸）合成を抑制するのに必要です．成熟した筋を脱神経（図

50b)，または，薬剤でシナプス伝達を抑制すると（図50c），接合部以外のAChレセプター合成の抑制が除かれてAChレセプターの密度が上昇し筋細胞はAChに過敏になりますが，この上昇は直接筋を電気刺激すると抑えられます（図50d）．すなわち，シナプス伝達による電気的活動のレベルが接合部以外のAChレセプター密度をコントロールしているのです．

シナプス伝達による電気的活動レベルは，AChレセプター合成以外にも影響を与えます．接合部のAChレセプターの半減期は初め約1日だったのが，出生の頃，完成したシナプスに見られるような10日以上と長くなりAChレセプターの代謝の安定化が見られますが，この完成したシナプスに特有な長い半減期を持つAChレセプターの維持にもシナプス伝達の電気的活動が関わっています．脱神経や薬でシナプス伝達を阻害すると接合部のAChレセプターは半減期が短くなるため（図50b, c）減少し，筋を直接電気刺激するとすぐに元に戻ります（図50d）．また，効率のよいシナプス伝達にはACh分解酵素であるAChエステラーゼが必須ですが，接合部に限局して存在する接合部型AChエステラーゼの産生はシナプス伝達の電気的活動によりコントロールされています．しかしこの場合，AChレセプター合成に見られる抑制的な作用とは逆に，電気的活動はAChエステラーゼの産生を促進するように働くことが知られています．ですから，シナプス伝達の電気的活動を通してもAChやレセプターの代謝自体を安定化することにより，シナプス伝達が確実に効率よく行われるようになっていると考えられます．

更に，出生後，確実なシナプス伝達の達成にむけて，AChレセプターの性質の変化も起こります．AChレセプターの平均的チャネル開期時間（channel open time）は短くなり，個々のチャネルのコンダクタンス（conductance）が大きくなります．哺乳類では，この変化はAChレセプターを構成するサブユニットの1つが置き換わることにより起こります．AChレセプターは4種類のサブユニットで構成されていますが，そのうちの1つが，胎生期のサブユニットγから大人型のサブユニットεに置き換わるのです．このサブユニットεの合成はシナプス部位の核に限局されていて，神経に接続されたことのない筋細胞では合成されないことは，神経が筋に何らかのシグナルを与えていることを示唆していますが，この変換は通常に起こる筋細胞の成熟過程の1つである可能性もあるので，神経の関与が何なのかはわかっていません．

6.3.3 筋からニューロンへの影響

成長円錐は，筋細胞と接触すると，接触した部分にのみシナプス小胞を多数集めて効率よく大量の神経伝達物質を放出するための特別な構造をもつ神経終末に分化します．ですから，この成長円錐の神経終末への変化には筋細胞からの影響が考えられますが，現在知られている筋細胞から軸索への影響は，逆方向の軸索から筋細胞への影響ほど解明されていません．図51Aの神経の再生実験は，接合部基底膜に存在する化学分子がシナプス前細胞の神経終末を誘導できることを示すことから，筋細胞から軸索への影響を示唆するものとして長い間知られてきました．図49Bと同様に支配神経を切断して筋を脱神経し，更に筋細胞を取り除いて筋細胞の周りにあった基底膜だけを残した状態で神経を再生させると，基底膜に到達した成長円錐は正確に元シナプスがあった部位に，あたかも筋細胞が存在するかのように，シナプス前細胞の特殊な構造をもつ神

経終末を形成するのです．実際に，最近，接合部基底膜に存在する幾つかの筋由来の分子が神経終末の分化に影響することが明らかになっています．また，アグリンによるAChレセプター集合を仲介する筋由来の化学分子——アグリンレセプター（muscle-specific kinase, MuSK）や分子量4.3万のrapsyn——の遺伝子欠損マウスからの筋を正常な大人に移植して，この欠損筋に再接続する正常な運動ニューロンの神経終末形成への影響を調べた実験で（図51B），シナプス後細胞である筋細胞にしか発現されない遺伝子の欠損なのに欠損筋自身のシナプス構造のみならず欠損筋に接続する正常な運動ニューロン（シナプス前細胞）の神経終末の成熟にも異常が見られることから，完成した神経終末の形成にはAChレセプター集合で始まる筋細胞側のシナプス後構造の形成が必要であることが示されました．しかし，この神経終末形成に影響を与える筋細胞由来のシグナルが何であるのかは不明です．

6.3.4 神経主導の考えへの挑戦

図48に示す筋におけるシナプス形成の過程——AChレセプターの集合，接合部におけるAChレセプター合成の促進，更には特殊なシナプス構造の形成——は，運動ニューロンからのシグナルが必須であると今まで一般に考えられてきました．しかし最近，神経接続されていない筋細胞も，すなわちニューロン由来のアグリンやニューレギュリン–1が無くても，神経接続された場合に見られるように筋細胞膜の真中に幅を少し広いもののAChレセプターの集まりを形成し接合部に見られるような限局したAChレセプターmRNAの転写を行うことが示され，運動ニューロンの軸索が接触後初めて筋細胞に新しい能力を誘導するのではなく，筋には神経と独立して遺伝的にプログラムされたシナプス形成の準備が整っていることが示唆されました．筋が神経接続なくして筋細胞膜の真中にAChレセプターの集まりを形成できることは1980年頃Harrisらによって発表されていたのですが，その後の筋細胞とニューロンの共培養系を使っての研究や神経再生の研究から，神経末端の成長円錐は，筋に既にできているAChレセプターの集まりを探し当ててそこにシナプスを形成するのではなく，成長円錐が筋細胞に最初に接触した部分どこにでもレセプターを集めてシナプスを形成するのだという神経主導の考えが支配的となりました．通常の発生において筋細胞から軸索に何らかのシグナルがあるのかは不明ですが，神経主導の考えでは，実際の動物で神経筋接合部がいつも筋細胞の真中の部分にあることを説明できません．軸索も筋に接触する前に電気刺激により成長円錐からAChを放出することができることから，シナプス形成とは，遺伝的プログラムに従ってそれぞれ独立して準備ができているニューロンと筋が，接触により真に双方向にそれぞれの能力を再構成・調整することなのだと考えられるようになってきました．

第6章・図

168　第Ⅱ部　神経回路網の形成

図42　発生過程の1つとしての神経細胞死

図は，ニワトリ（b-2はラット）胎児の体幹部の横断図で，脊髄の後肢の筋に接続する運動ニューロンと脊髄神経節感覚ニューロンの細胞体を黒丸で示してあります．両端では，運動ニューロンと感覚ニューロンの軸索が脊髄神経として後肢の各々の標的へ伸長しています．

A　標的によるコントロール

　運動ニューロンは，産生される時期と神経細胞死の起こる時期とは異なるので，産生されたニューロン数に対する神経細胞死により失われる割合が算定できます．正常の発生過程では，ニューロンが標的に到達する頃の短期間に，後肢の筋に接続する腰部運動ニューロンでは産生されたニューロンの50％が死滅しますが，標的である肢を追加すると（矢印）神経細胞死は減少し75％の運動ニューロンが生き残ります（a-1）．逆に，標的の肢を取り除くと神経細胞死は増加し10％以下の運動ニューロンしか生き残りません（a-2）．産生されるニューロン数は標的の追加や除去いずれにおいても変わらないので，このニューロン数の増加や減少は神経細胞死の増減によるものです．

　同様に，末梢の脊髄神経節感覚ニューロン数も標的の追加により増加し，除去により減少します．ただし，脊髄神経節ではニューロンの産生や分化および死が同時期に起こるため産生されるニューロンの総数が得られないので，標的の追加や除去により生き残るニューロン数の増減はコントロール側との比較で示されます．コントロールに比べ，肢の追加では平均で（分化する時期の異なるグループ間に大きな差がある）約20％の増加（a-1），除去では約25〜33％の減少（a-2）が報告されています．運動ニューロンに比べて変化が小さい主な理由は，脊髄神経節感覚ニューロンには四肢以外の多くの標的が存在するからだと考えられています．また，追加の場合には，正常のように該当するニューロンの軸索全てが追加された標的に伸長できるとは限らないことや，逆に除去の場合には，正常では見られない標的に伸長して接続するなどの問題があります．しかしここで重要なのは，標的の追加や除去により生き残るニューロンの絶対数ではなく，増減するという事実です．（後の実験で，脊髄神経節感覚ニューロンのうち，四肢の筋に接続するニューロンだけを調べると，運動ニューロンの場合のように四肢の除去で約10％しか生き残れないことが示されています．）

　この標的の有無により生き残るニューロン数が変化するという結果は，脊椎動物の発生に見られる神経細胞死は，遺伝的にプログラムされているのではなく，標的によりコントロールされていることを示しています．

B　NGFによる末梢の感覚ニューロン数のコントロール

　NGFは，一部の末梢感覚ニューロンの生存に必要な神経栄養因子ですが，運動ニューロンの生存には必要ではありません．そこで，神経細胞死の起こる時期のニワトリ胚にNGFを投与して四肢の標的に接続している脊髄神経節感覚ニューロンへの影響を調べると，NGFを投与しない胚では死滅するニューロンのほとんどが生き残ります（NGFを必要としない感覚ニューロンも存在するため100％にはなりません）．しかし，運動ニューロン数には影響がありません（b-1）．逆に，NGFの作用を阻害

するNGF抗体を与えると生き残る感覚ニューロン数は減少しますが，運動ニューロン数には影響はありません（b-2）．（NGFも抗体も全身に作用するので両側に観測されます．）後者は母親ラットに産生させたNGF抗体が胎盤を通して胎児に働くという方法で行われ，生き残った胎児の感覚ニューロン数はコントロールの30％以下でした．このNGF抗体による70％以上の減少は，その後のNGF抗体を直接胎児に注入した実験や，NGFまたはNGFレセプターの欠損マウスによる実験結果においても確認されています．

このNGFの選択的な作用を示す結果は，発生過程に見られる標的によるニューロン数のコントロールは標的が産生する神経栄養因子によるという概念の基礎となるものです．

C 神経筋伝達による運動ニューロン数のコントロール

ニワトリ胚の後肢の筋に接続する腰部の運動ニューロンは，軸索が標的に到達する時期の数日間（胎生6-12日）で産生された運動ニューロンの50％が死滅します（上述のA）．この時期に毎日，筋の萎縮を起こさせないで肢の動きを抑制できる量の神経筋伝達阻害剤（クラーレなど）を投与してニューロン数を調べると，投与された胚では産生されたニューロンの75％（コントロールの150％）の運動ニューロンが生き残ります（c-1）．この増加は，運動ニューロンの産生される時期以降なのでニューロンの産生によるものではないですし，胎生12日以降の投与では効果が見られないことや，クラーレの投与を中止すると運動ニューロンは死に始めることから，発生過程の1つとして死ぬはずであったニューロンが生き残ったことによるものと考えられます．

逆に，軸索が標的に到達し始める時期に数日間（胎生7-9日），胎児の1側の後肢（神経と筋を含む）を電気的に刺激すると，刺激側ではコントロール側の約80％の運動ニューロンしか生き残りません（c-2）．

この神経筋伝達の抑制／亢進の影響は運動ニューロンにのみ選択的で，末梢の感覚ニューロンには見られません．

(Aのa-1はHamburger & Levi-Montalcini 1949, Hollyday & Hamburger 1976より，a-2はHamburger & Levi-Montalcini 1949, Hamburger 1958, Carr & Simpson 1978a, b, Hamburger & Yip 1984, Oakleyら1997, Calderóら1998より作図，Hamburger 1975参照；Bのb-1はHamburgerら1981, Hamburger & Yip 1984, Calderóら1998より，b-2はJohnsonら1980より作図, Goedertら1984, Crowleyら1994, Smeyneら1994参照；Cのc-1はPittman & Oppenheim 1979より，c-2はOppenheim & Núñez 1982より作図)

170　第Ⅱ部　神経回路網の形成

A　標的によるコントロール

a-1　標的追加

正常側　　　　　　　追加側
感覚ニューロン
　　　　　　　　　　増加
標的へ
　　　運動ニューロン　増加

a-2　標的除去

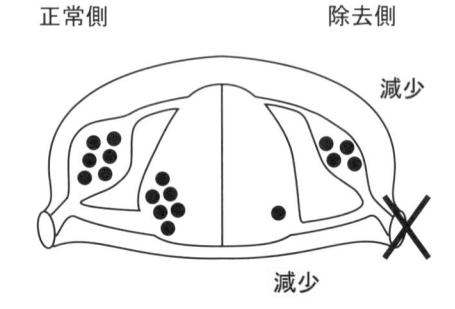

正常側　　　　　　　除去側
　　　　　　　　　　減少

　　　　　　　　　　減少

B　NGFによるコントロール

b-1　NGF投与（全身）

増加　　　　　　　　増加

不変　　　　　　　　不変

b-2　NGF抗体投与（全身）

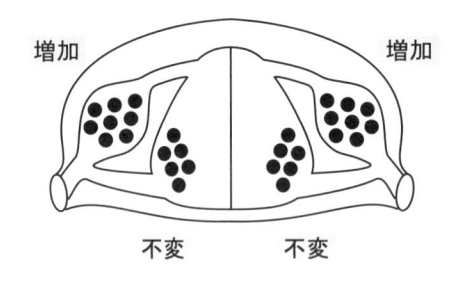

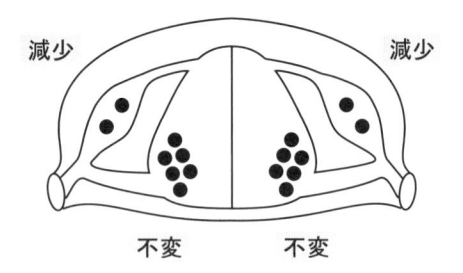

減少　　　　　　　　減少

不変　　　　　　　　不変

C　神経筋伝達によるコントロール

c-1　神経筋伝達阻害（全身）

不変　　　　　　　　不変

増加　　　　　　　　増加

c-2　肢（神経・筋）電気刺激

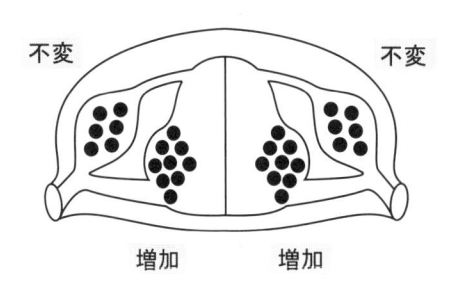

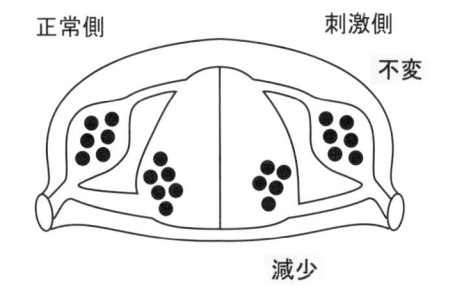

正常側　　　　　　　刺激側
　　　　　　　　　　不変

　　　　　　　　　　減少

図43　神経栄養因子の獲得経路

　ニューロンの生存に必要な神経栄養因子は，標的（シナプス後細胞）で産生された因子がシナプスを介して特異的なレセプターを介して取り込まれ，逆行性の軸索輸送によって細胞体に運ばれて機能する場合（①）の他に，シナプスを介して自分を標的とするニューロン（シナプス前細胞）から供給される場合（②），や，周囲の環境に存在する細胞（ニューロンやグリア細胞を含む）から局所的に供給される場合（③），更には，自分自身が生存に必要な因子を産生する（④）場合が明らかになっています．ニューロトロフィン族（表2）を例にとって見てみると，

① の例としては，NGF に代表される全てのニューロトロフィン族の因子が挙げられます．
② の例としては，BDNF や NT-3 が中枢神経系でシナプス後細胞（ニューロン）の生存を維持できることが知られています．
③ の例としては，末梢ニューロンの軸索の再生時，周囲に存在するグリア細胞が産生する NGF が標的に到達するまでニューロンの生存を維持することは長い間知られています．また，発生過程においても，軸索が標的に到達する以前の未熟な末梢感覚ニューロンやその前駆細胞の生存に必要な BDNF や NT-3 は周囲の細胞から供給されます．図28a では，脊髄神経節は神経管の近傍に形成されることを述べましたが，これは BDNF などが近傍の神経管から供給されるからです．
④ の例としては，脊髄神経節感覚ニューロンが自分の生存に必要な BDNF を産生することが示されています．

（② は Alter & DiStefano 1998, Heerssen & Segal 2002 参照；③ は Korsching 1993, Fariñas ら 1996, Le Douarin & Kalcheim 1999 参照；④ は Wright ら 1992, Acheson ら 1995 参照）

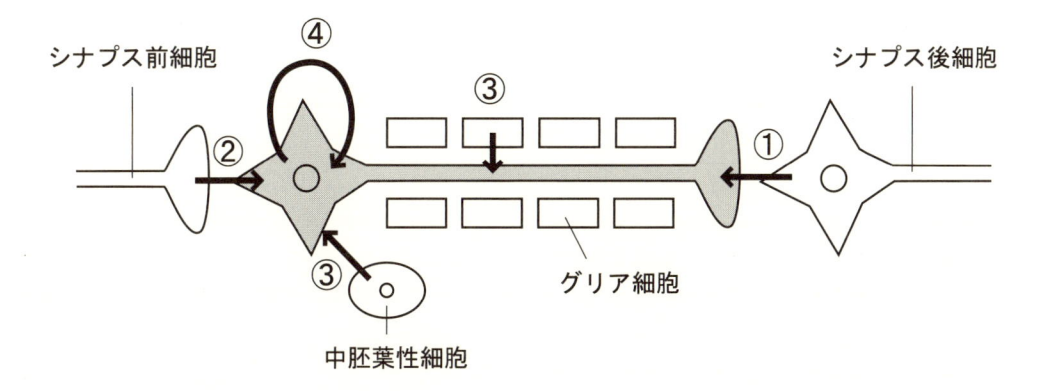

図44　神経栄養因子の作用の多様性と重複性

A　多様性

1. レセプターを発現する細胞の種類の多様性

    単一の因子（A）が多様な機能を示す理由の1つは，同じレセプター（a）が非ニューロン細胞を含む広範囲の種類の細胞（丸，三角，四角）に発現されるからです．たとえば，多様な種類の細胞により産生されるLIF（表2）は，神経系細胞以外にも，未分化な幹細胞，造血系細胞，骨芽細胞，脂肪細胞，肝細胞などの広範囲の細胞に発現されるLIFレセプターを介して作用し，作用する細胞に従って異なったシグナル伝達系（x, y, z）を活性化することで異なった機能を発揮すると考えられています．

2. 活性化されるシグナル伝達経路の違いによる多様性

    単一の因子（A）が一種類の細胞（丸）が持つ同じレセプター（a）に作用しても，因子の量や作用する時期のみならず細胞の作用部位に応じても異なったシグナル伝達経路（x, y, z）を活性化するので多様な作用を生じます．たとえばNGFは，同じ交感神経節ニューロンの同じレセプターに結合しても，生存の維持，分化の促進，軸索の伸長など多様な作用を示しますが，多様な作用が起こるのはNGFがニューロン内の異なったシグナル伝達経路を活性化するからです．

3. 複数のレセプターによる多様性

    ① 単一の因子（A）が，一種類の細胞（丸）に存在する，各々のシグナル伝達系（x, y, z）を持つ複数種のレセプター（a, b, c）に結合する場合：ニューロトロフィン族（表2）のNGF, BDNF, NT-3は異なったシグナル伝達系を持つ高親和性レセプター（TrkA, TrkB, TrkC）と低親和性レセプター（$p75^{NTR}$）の両方に結合できます．いずれの一方への結合でも各々のシグナル伝達系が活性化するので2種類の異なった機能を生み出すことになる上に，両タイプに結合した場合レセプター間の相互作用によって機能（x'）が修飾されます．

    ② 単一の因子（A）が，複数種の細胞（丸，三角，四角）に存在する複数種のレセプター（a, b, c）に作用する場合：NT-3は多種類のニューロンに発現されるTrkA, TrkB, TrkCいずれにも結合し，発生の時期に従って様々な効果を及ぼします．

B　重複性

1. 共通のレセプターサブユニットによる重複性

    多くのサイトカインのレセプターは複数のサブユニット（a_1, a_2, a_3）で構成されていますが，複数種の因子（A, B, C）のレセプターが共通のサブユニットを持つ場合には作用の重複が見られます．たとえば，毛様体神経栄養因子（CNTF，表2），LIF，インターロイキン-6（IL-6，表2）それぞれのレセプターは，シグナル伝達（x）に関わる共通のサブユニットgp130（表2）を持つため機能には重複がみられます．更に，CNTFとLIFはシグナル伝達に関わる2つの共通のサブユニットLIFRβ（表2）とgp130を持つため，より多くの機能に重複が見られます．

2. 共通のシグナル伝達経路による重複
  ① 複数の因子（A, B, C）が一種類の細胞（丸）の異なった種類のレセプター（a, b, c）に結合する場合
  ② 複数の因子（A, B, C）が多種類の細胞（丸，三角，四角）の異なった種類のレセプター（a, b, c）に作用する場合

  複数の因子が，一種類（①）または多種類（②）の細胞に存在する複数種のレセプター（a, b, c）と結合しても，それらのレセプターがシグナル伝達経路（x）を共有する場合には重複した作用が見られます．たとえば，非ニューロン細胞の増値を促進する細胞成長因子として知られていたFGFのレセプターも，ニューロンの生存を促進する神経栄養因子として知られていたニューロトロフィン族のレセプターも，様々なシグナル伝達経路を共有するため，同様な増殖，生存，分化の促進作用を示すことになります．ですから，FGFもニューロトロフィン族も，ニューロンに作用すると生存を維持し，非ニューロン細胞では増殖を促進する作用があります．

3. 共通のレセプターによる重複性

  複数種の因子（A, B, C）が単一のニューロンに発現される同じレセプター（a）に結合するので同じシグナル伝達系（x）を活性化し重複した効果をもたらす場合です．たとえば，BDNF，NT-3，NT-4（表2）はTrkBに結合できます．

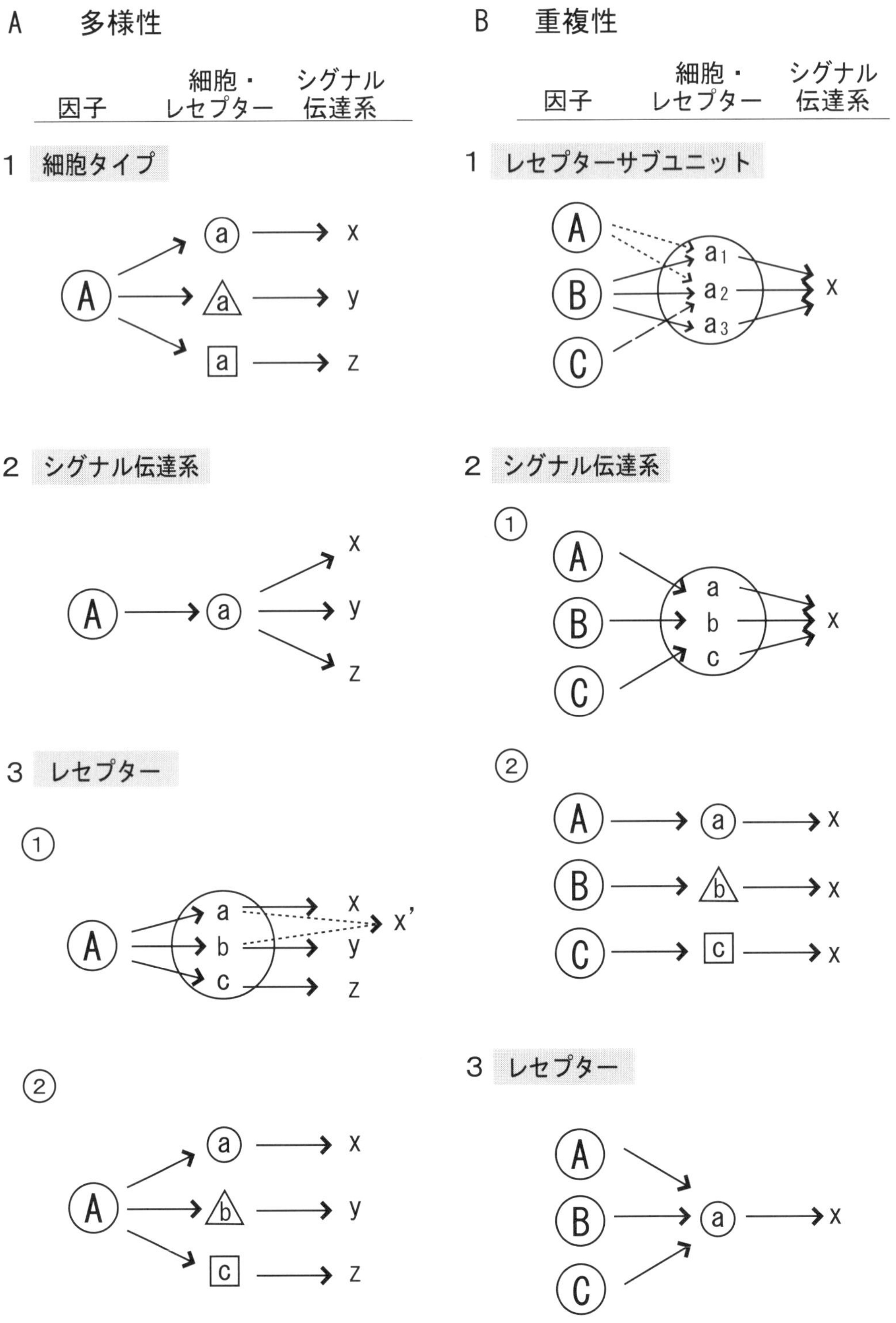

174　第Ⅱ部　神経回路網の形成

A　多様性

| | 因子 | 細胞・レセプター | シグナル伝達系 |

1　細胞タイプ

2　シグナル伝達系

3　レセプター

①

②

B　重複性

| | 因子 | 細胞・レセプター | シグナル伝達系 |

1　レセプターサブユニット

2　シグナル伝達系

①

②

3　レセプター

図 45　機能的重複を示す複数種の神経栄養因子

1．複数種の因子（A, B, C）が全て同時に必要な場合

　　発生の一時期，一部の交感神経節ニューロンの生存には NGF と，NGF のレセプター TrkA を介して作用する NT-3 の両方が同時に必要だと考えられています．

2．複数種の因子（A, B, C）のいずれか一つが必要な場合（真の機能的重複）

　　聴覚を伝える蝸牛神経節ニューロンは全て NT-3 のレセプター TrkC と BDNF のレセプター TrkB 両方を発現し，NT-3 と BDNF の機能（x）は重複しています．この場合，NT-3 と BDNF 両因子が存在する環境では一方を除いても，もう 1 つの因子により機能が代償されるため，除かれた因子が生存に必要な因子であるにもかかわらず，その影響は見られないことになります．

3．複数種の因子（A, B, C）が発生過程の異なる時期に必要な場合（因子の変換）

　　発生過程で BDNF（または NT-3）と NGF 両方を必要とする一部の感覚神経節ニューロンでは，発生段階に従って BDNF（または NT-3）から NGF を必要とする時期へ変わるので，同時期に機能的重複がみられる場合（2 の場合）とは区別されます．

4．複数種の因子（A, B, C）が，異なった種類の因子を必要とするサブタイプ（a, b, c）で構成されている集団に必要な場合（見かけ上の機能的重複）

　　様々な種類の体性感覚を担う感覚ニューロンで構成されている脊髄神経節ニューロンでは，別々の感覚を担うサブタイプ（a, b, c）毎に異なった種類の因子（NGF，NT-3 など）を必要とします．この場合，いずれか一つの因子を取り除いても，脊髄神経節ニューロン全体としては大きな影響が見られません．すると，影響が小さいのは，その因子が一部のサブタイプにしか作用しないからなのに，単一ニューロンに作用する複数種の因子間に機能的重複があるから（2 の場合）と誤って結論されてしまいます．

（1 は Wyatt ら 1997, Francis ら 1999 参照；2 は Fariñas ら 2001 参照；3 は Enokido ら 1999 参照；4 は Huang & Reichardt 2001 参照）

176   第Ⅱ部　神経回路網の形成

　　　　　　　　　　因子　　　細胞　　作用効果

1　複数因子

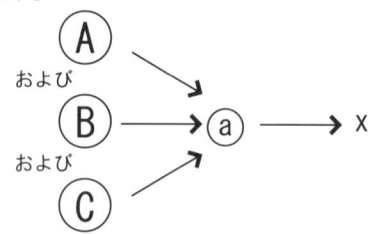

　　　　　　　　　Ⓐ
　　　　および
　　　　　　　　　Ⓑ　──→ ⓐ ──→ x
　　　　および
　　　　　　　　　Ⓒ

2　機能的重複

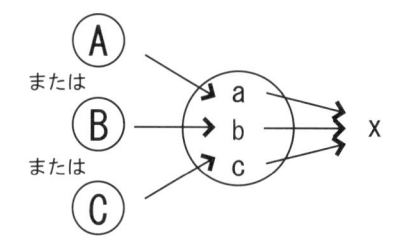

　　　　　　　　　Ⓐ
　　　　または
　　　　　　　　　Ⓑ
　　　　または
　　　　　　　　　Ⓒ

3　因子変換

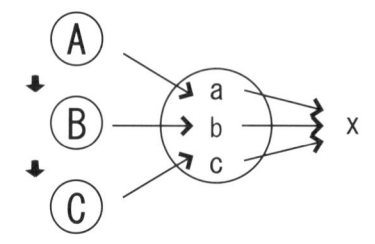

　　　　　　　　　Ⓐ
　　↓
　　　　　　　　　Ⓑ
　　↓
　　　　　　　　　Ⓒ

4　サブタイプ構成

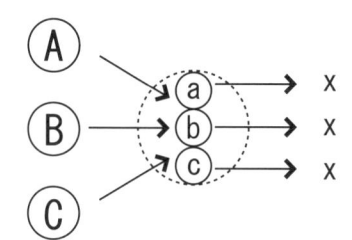

　　　　　　　　　Ⓐ
　　　　　　　　　　　　　　ⓐ ──→ x
　　　　　　　　　Ⓑ ──→ ⓑ ──→ x
　　　　　　　　　　　　　　ⓒ ──→ x
　　　　　　　　　Ⓒ

図 46　神経筋間のシナプス除去

① **出生時**

　筋 M を構成する筋細胞 M-1, M-2, M-3, M-4 は，各々が運動ニューロン a, b, c のうちの複数個によりコントロールされています．

② **大人**

　筋 M を構成する筋細胞 M-1, M-2, M-3, M-4 は，各々が運動ニューロン a, b, c のうちのいずれか 1 個によりコントロールされています．

　シナプス除去の機序により個々の筋細胞は単一の運動ニューロンによりコントロールされることになるので，個々の筋細胞当たりの軸索数は減少しますが，残った 1 本が除去された軸索が占めていた領域にも拡大するので，全体としてはより大きなシナプスが形成されます．

（Wyatt & Balice-Gordon 2003 より改変）

① 出生時

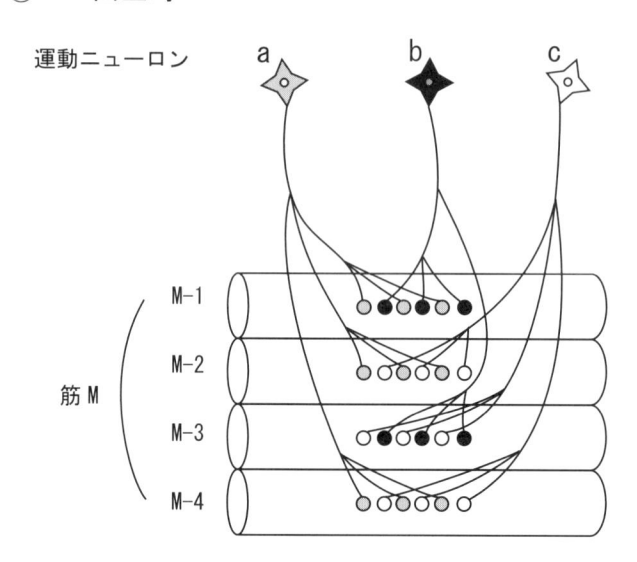

運動ニューロン　a　b　c

筋M
M-1
M-2
M-3
M-4

② 大人

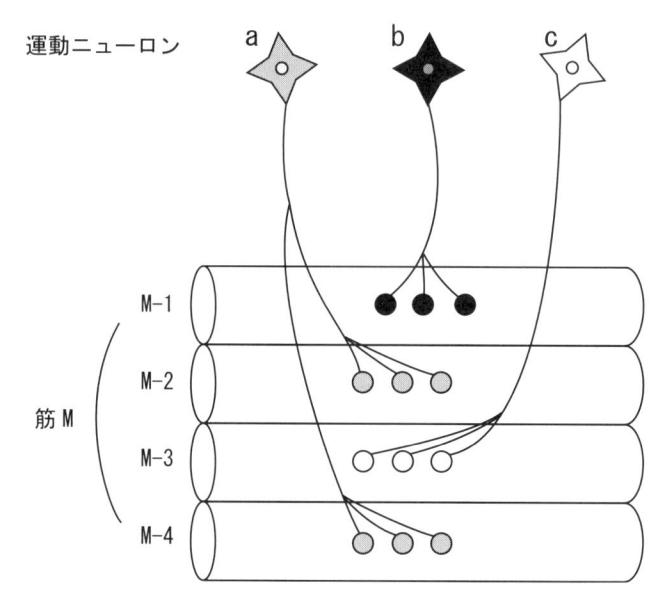

運動ニューロン　a　b　c

筋M
M-1
M-2
M-3
M-4

図47 シナプス除去を起こす軸索間の競争

A 電気的活動の相対的な量の差の存在が競争を起こす

 a 1本の軸索で接続されている単一の大人の筋細胞に存在する神経筋接合部の一部に薬を与えてシナプス伝達を阻止すると（点線で囲んだ部分），伝達を阻止されたシナプス領域は除去されます．

 b しかし，薬を神経筋接合部全体に与えてシナプス全領域を阻止するとシナプス除去は起こりません．

B 電気的活動の相対的なタイミングの差の存在が競争を起こす

 a 正常では単一の運動ニューロンからの軸索によりコントロールされている大人の筋細胞でも，脱神経された場合には複数個の運動ニューロンからの軸索が接続することが可能となります．たとえば，2個の運動ニューロンが単一の脱神経された大人の筋細胞に接続したとすると，正常の再接続の行われる過程では，独立して活動する各々の運動ニューロンからのシナプス伝達は時間的にずれるため，シナプス除去が起こり一方の軸索は除かれます．

 b しかし，この時間的にずれて伝わる生理的な電気的活動を阻止して，人為的に両者の運動ニューロンの軸索を同時に刺激して電気的活動が同時に筋細胞に伝わるようにすると，シナプス除去は起こらず両方の軸索とも保持されます．

 注：実際の実験は，発生過程に見られるような新しいシナプスを形成させる状況を作るため，切断した元の軸索の再接続ではなく，別の運動ニューロンの軸索に異所性にシナプスを形成させて行われました．

（A は Balice-Gordon & Lichtman 1994 より，B は Busetto ら 2000 より作図）

A　シナプス伝達阻害

a　一部

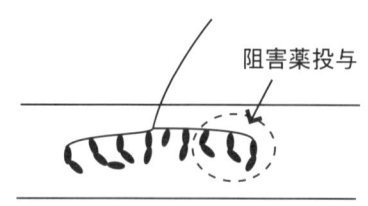

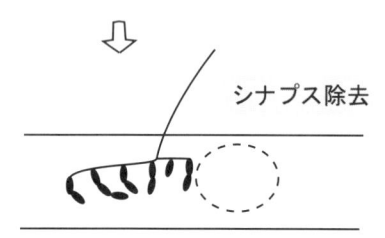

阻害薬投与

⇩

シナプス除去

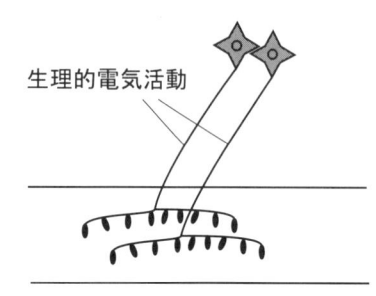

b　全部

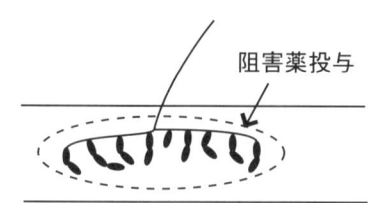

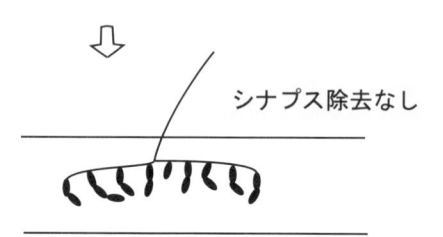

阻害薬投与

⇩

シナプス除去なし

B　電気刺激

a　時間差あり

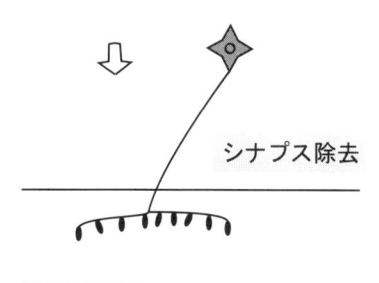

生理的電気活動

⇩

シナプス除去

b　同時に

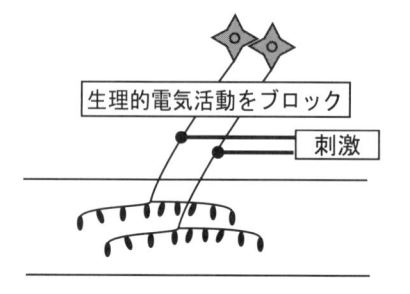

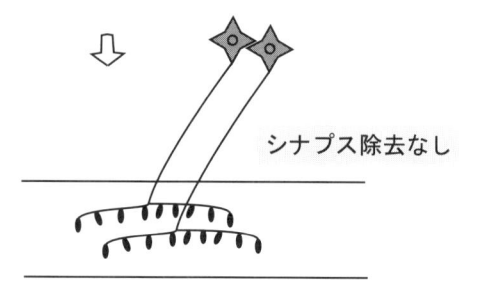

生理的電気活動をブロック

刺激

⇩

シナプス除去なし

| 図 48 | シナプス形成 |

　運動ニューロンから筋への情報伝達部位であるシナプスは軸索と筋細胞の相互作用を通して長い時間をかけて形成されます．

　筋細胞膜上の小さい丸は ACh レセプターを示していますが，白丸はサブユニット γ を持つ胎児型 ACh レセプターを，黒丸はサブユニット ε を持つ大人型 ACh レセプターを示しています．

　筋細胞内の楕円は筋細胞の核を示していますが，特に，黒の楕円は ACh レセプター合成の促進している状態を，白の楕円は抑制されている状態を示しています．

　詳細は本文を参照して下さい．

シナプス形成

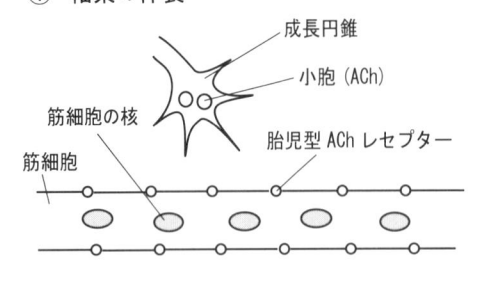

① 軸索の伸長　　　　　　　　　　　⑤ レセプターサブユニット変換

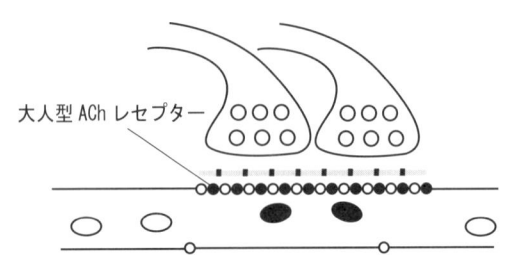

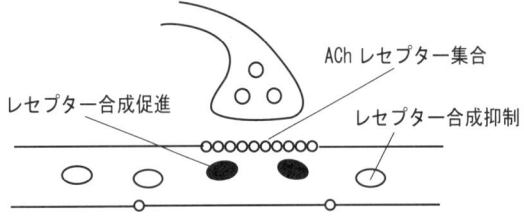

成長円錐
小胞（ACh）
筋細胞の核
筋細胞
胎児型AChレセプター

大人型AChレセプター

② 軸索の接触　　　　　　　　　　　⑥ シナプス除去

レセプター合成促進
AChレセプター集合
レセプター合成抑制

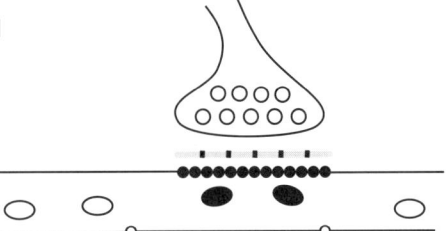

③ 接合部基底膜／AChエステラーゼ形成　⑦ シナプス完成

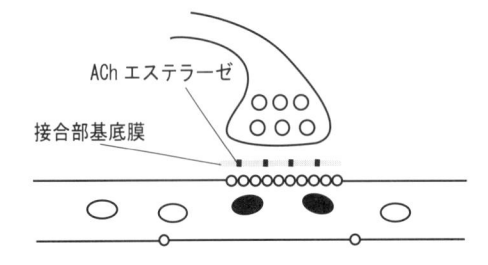

AChエステラーゼ
接合部基底膜

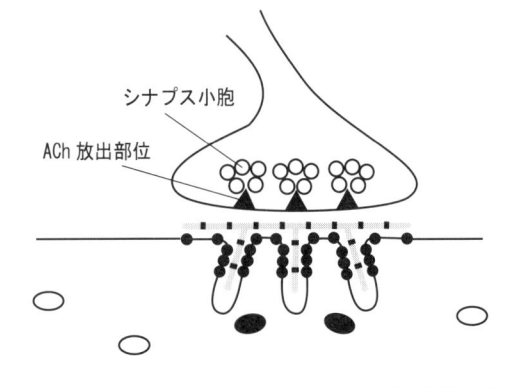

シナプス小胞
ACh放出部位

④ 複数の軸索

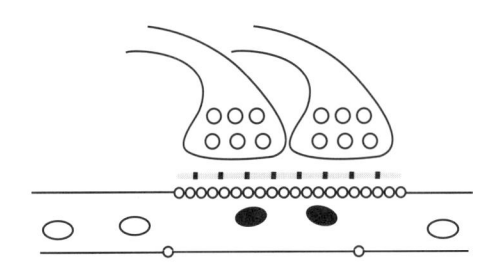

図49 シナプス形成における軸索から筋への影響（1）—電気的活動とは独立して分泌される化学分子の役割

A　アグリンがAChレセプターを神経筋接合部に集める
  a　神経が接触するとAChレセプターが接触部位に集まります．
  b　ACh（神経伝達物質）を局所的に投与してもAChレセプターは集まりません．
  c　クラーレでシナプス伝達を阻止した状況で神経を接触させても接触部位にAChレセプターが集まります．
  d　アグリンを投与すると，神経の接触なくしてAChレセプターが集まります．

B　接合部基底膜に存在する化学分子がAChレセプターを元のシナプス部位に高密度に集める
　　成熟した筋細胞の接合部基底膜には，筋細胞から分泌された化学分子の他に神経終末から分泌された化学分子が結合しています．支配神経を切断して脱神経し，筋細胞やグリア細胞を取り除いて筋細胞の基底膜と筋の前駆細胞のみを残した後，神経の再接続を阻止した状況で筋を再生させると，神経接続が無いにもかかわらず，筋細胞膜上のAChレセプターは選択的に元のシナプスの接合部基底膜に接触する部位に集まり，正常のシナプス後細胞に見られるのと同様な特殊構造が形成されます．この脱神経下での筋の特殊なシナプス構造の形成には，接合部基底膜に結合しているアグリンなどの神経由来の化学分子の寄与が明らかになっています．

（AはAnderson ら1977, Frank & Fischbach 1979, Rubin ら1980, MaMahan 1990 参照 ; B は Burden ら1979, Brenner ら1992 より作図, Burgess ら1999 参照）

A

a 神経接続

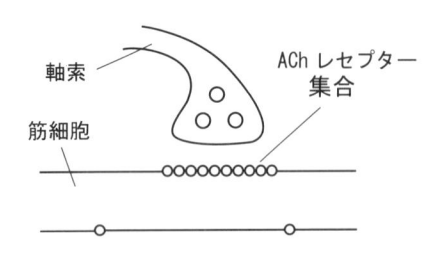

軸索
筋細胞
AChレセプター集合

b 局所的ACh投与

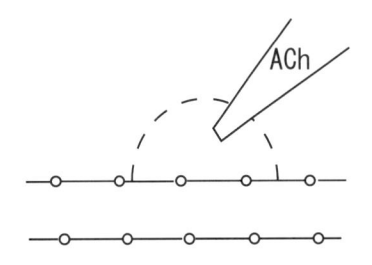

ACh

c シナプス伝達阻止

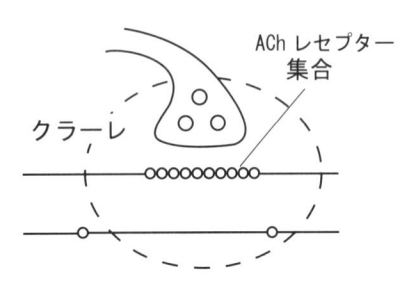

クラーレ
AChレセプター集合

d アグリン投与

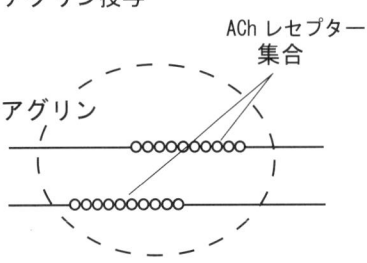

アグリン
AChレセプター集合

B

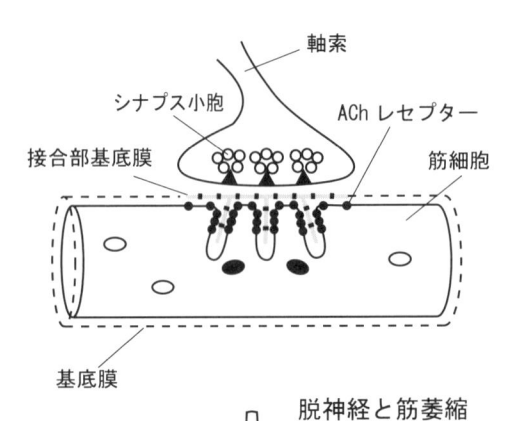

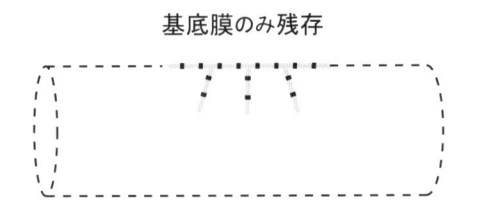

軸索
シナプス小胞
AChレセプター
接合部基底膜
筋細胞
基底膜

⇩ 脱神経と筋萎縮

基底膜のみ残存

⇩ 筋再生

元の接合部にAChレセプター集合

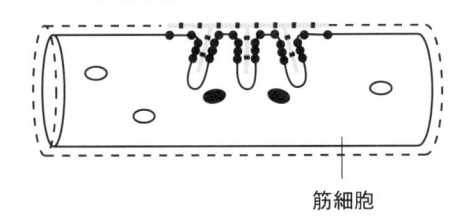

筋細胞

図 50　シナプス形成における軸索から筋への影響（2）―電気的活動の役割

a　正常のシナプス

　大人のげっ歯類に見られる正常のシナプスでは，シナプス伝達の電気的活動によりシナプス部位以外の核でのAChレセプター（胎児型：白の小さい円形）合成の抑制（白の楕円形）が見られます．また，この電気的活動はシナプスに存在するAChレセプター（大人型：黒の小さい円形）の半減期を長くして安定化します（$t_{1/2} = \sim 14$ 日）．

b　脱神経

　脱神経すると，シナプス伝達の電気的活動による抑制がとれるため，シナプス部位近辺の核に見られる程度（黒の楕円形）にはなりませんが，シナプス部位以外の核でのAChレセプター合成の亢進（灰色の楕円形）が起こります．また，AChレセプターの半減期は短くなる（$t_{1/2} < 1$ 日）のでシナプスのAChレセプター密度の減少が起こります．

c　シナプス伝達阻止

　クラーレなどの薬の投与でシナプス伝達が完全に阻止されても，電気的活動が失われるため抑制がとれてシナプス部位以外の核でのAChレセプター合成の亢進（灰色の楕円形）が起こります．この場合，数時間でAChレセプターの半減期は短くなりシナプスにおけるAChレセプター密度の減少が始まります．

d　筋を電気刺激

　脱神経やシナプス伝達阻止によるAChレセプター合成や代謝への影響は，直接に筋を電気刺激することで防止または回復できます．

（Lφmo & Westgaard 1976, Fambrough 1979, Salpeter & Loring 1985, Goldman ら 1988, Akaaboune ら 1999 より作図）

186　第Ⅱ部　神経回路網の形成

a　神経接続・シナプス伝達
（AChレセプターの安定化）

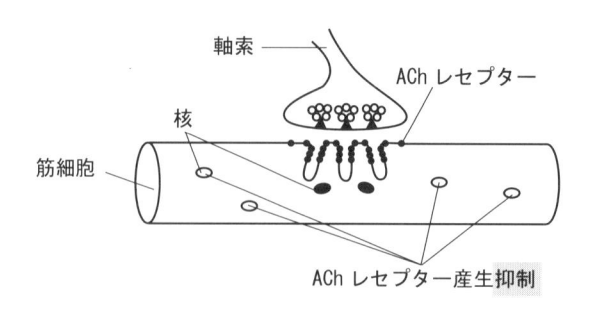

軸索
AChレセプター
核
筋細胞
AChレセプター産生抑制

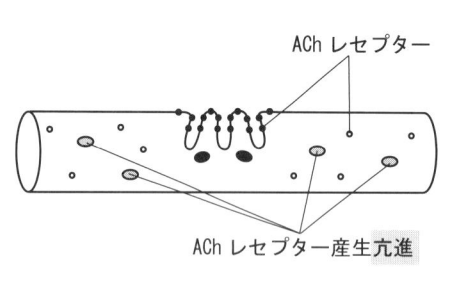

b　脱神経
（AChレセプターの半減期短縮）

AChレセプター
AChレセプター産生亢進

c　シナプス伝達阻止
（AChレセプターの半減期短縮）

AChレセプター
AChレセプター産生亢進

d　筋を電気刺激
（AChレセプターの安定化）

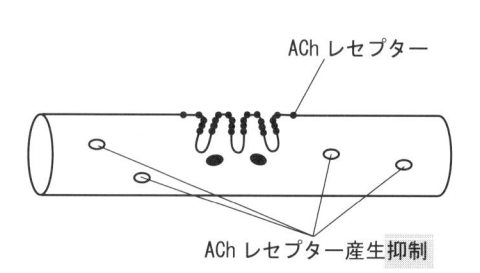

AChレセプター
AChレセプター産生抑制

図 51　シナプス形成における筋から軸索への影響

A　接合部基底膜に存在する化学分子が神経終末の形成を誘導する

支配神経を切断して脱神経し筋細胞を取り除いて筋細胞の基底膜のみを残した後，筋の再生を阻止した状態で神経のみを再生させると，筋細胞が無いにもかかわらず，成長円錐は元のシナプスのあった部位に接触し，多数のシナプス小胞やACh放出部位を持つ正常なシナプス前細胞に見られるのと同様な神経終末を形成します．しかも，ACh放出部位は残存した接合部基底膜から推測される元の部位に正確に位置して形成されます．

B　AChレセプターの集合に代表される筋細胞（シナプス後細胞）の正常なシナプス構造の形成は運動ニューロン（シナプス前細胞）の神経終末の形成に必要である

a　正常筋への正常軸索の再接続（コントロール）

正常な新生（P0）マウスの筋を正常な大人のマウスに移植した場合，再接続する正常運動ニューロンは大人の神経の再接続に見られるように成熟したシナプスを形成します．

b　欠損筋への正常軸索の再接続

アグリンによるAChレセプターの集合（clustering）に関わる化学分子の遺伝子欠損マウスのP0筋を正常な大人のマウスに移植した場合，この遺伝子は筋にのみ発現されるのにもかかわらず，移植された欠損筋（シナプス後細胞）のシナプス構造だけではなく正常運動ニューロン（シナプス前細胞）の神経終末の成熟にも異常が見られます．図は，AChレセプターの集合に関わる化学分子のうちシナプス近辺の核（黒の楕円）でのAChレセプターの合成等には影響しないrapsynの欠損マウスの場合なので，AChレセプター（小さい黒丸）の集合は見られませんがAChレセプターは筋の中央部により高い密度で分布しています．

（AはSanesら1978, Glicksman & Sanes 1983より作図；Gautamら1995, Nguyenら2000より作図）

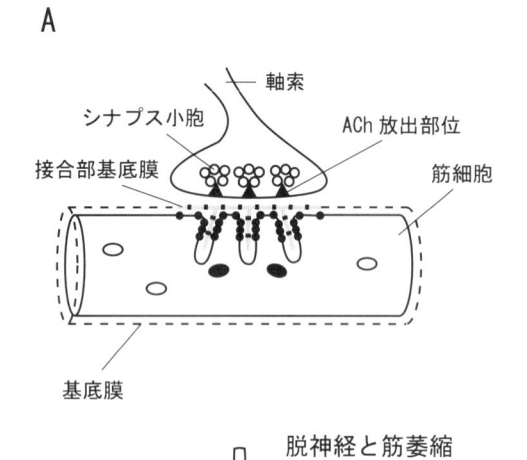

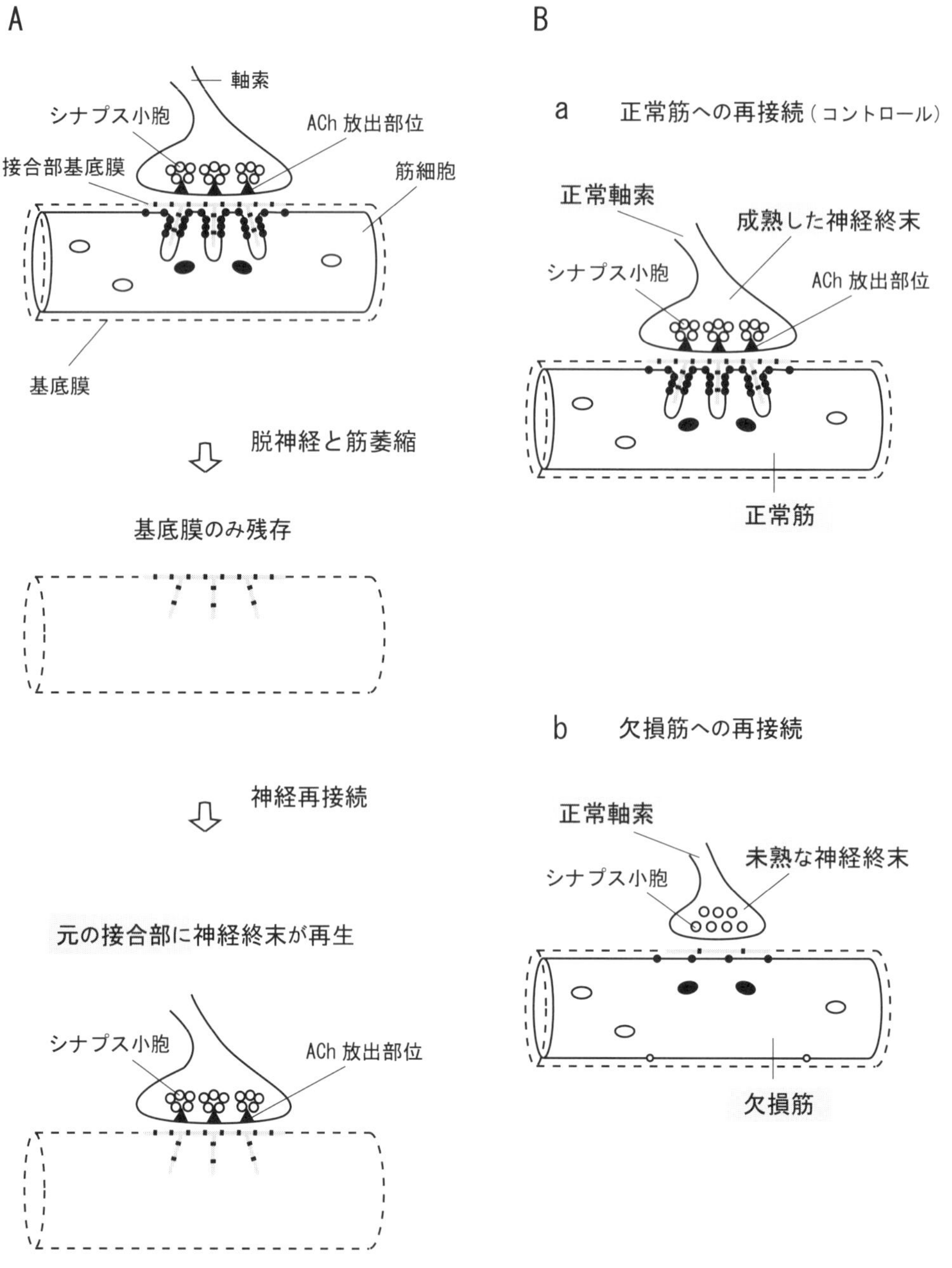

188 第Ⅱ部 神経回路網の形成

A

- 軸索
- シナプス小胞
- ACh放出部位
- 接合部基底膜
- 筋細胞
- 基底膜

⇩ 脱神経と筋萎縮

基底膜のみ残存

⇩ 神経再接続

元の接合部に神経終末が再生
- シナプス小胞
- ACh放出部位

B

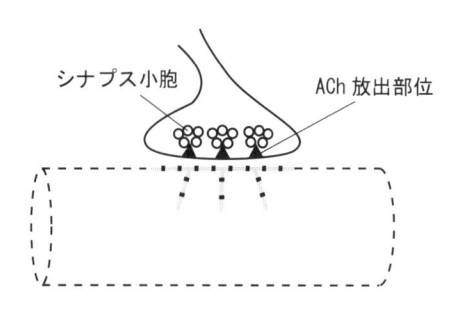

a　正常筋への再接続（コントロール）

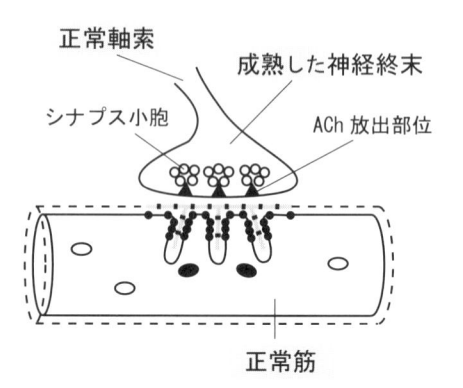

- 正常軸索
- 成熟した神経終末
- シナプス小胞
- ACh放出部位
- 正常筋

b　欠損筋への再接続

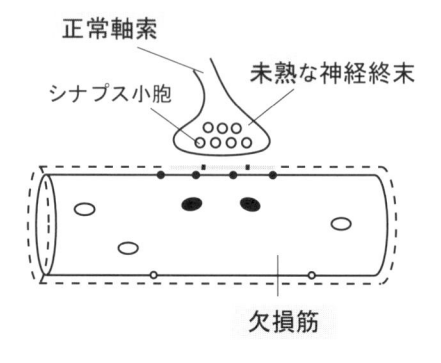

- 正常軸索
- 未熟な神経終末
- シナプス小胞
- 欠損筋

文　献

神経発生生物学総論

Albright TD, Jessell TM, Kandel ER, Posner MI (2000) Neural science：a century of progress and the mysteries that remain. Cell 100/Neuron 25：S1-S55.

Cowan WM, Jessell TM, Zipursky SL (1997) Molecular and Cellular Approaches to Neural Development. Oxford University Press.

Kandel ER, Schwartz JH, Jessell TM (2000) Principles of Neural Science. 4th Ed. McGraw-Hill Medical.

Le Douarin NM, Kalcheim C (1999) The Neural Crest. 2nd Ed. Cambridge University Press.

Purves D, Lichtman JF (1985) Principles of Neural Development. Sinauer Associates, Inc.

Wolpert L (2002) Principles of Development. 2nd Ed. Oxford University Press.

序　章

<発生初期の基礎知識>（図1, 2を含む）

Franklin KBJ, Paxinos G (1997) The Mouse Brain in Stereotaxic Coordinates. Academic Press, Harcourt Brace & Company.

Hamburger V, Hamilton HL (1951) A series of normal stages in the development of the chick embryo. J Morphol 88：49-92.

Kandel ER, Schwartz JH, Jessell TM (2000) Principles of Neural Science. 4th Ed. McGraw-Hill Medical.

Le Douarin NM, Kalcheim C (1999) The Neural Crest. 2nd Ed. Cambridge University Press.

Paxinos G, Törk I, Tecott LH, Valentino KL (1991) Atlas of the Developing Rat Brain. Academic Press.

Romanoff AL (1960) The Avian Embryo: Structural and Functional Development. The Macmillan Company.

Rugh R (1951) The Frog：its Reproduction and Development. McGraw-Hill Book Company Inc.

Rugh R (1968) The Mouse：its Reproduction and Development. Burgess Publishing Company.

Schoenwolf GC, Watterson RL (1989) Laboratory Studies of Chick, Pig and Frog Embryos：Guide and Atlas of Vertebrate Embryology. 6th Ed. Macmillan Publishing Co.

Wolpert L (2002) Principles of Development. 2nd Ed. Oxford University Press

石原勝敏，市川和夫，浅尾哲朗，田中昌子 (1987) 目で見る生物学，培風館．

第 I 部　ニューロンの誕生とタイプの決定

第 1 章　誘導
1.1　神経誘導（図 3, 4 を含む）

Bachiller D, Klingensmith J, Kemp C, Belo JA, Anderson RM, May SR, McMahon JA, McMahon AP, Harland RM, Rossant J, De Robertis EM (2000) The organizer factors Chordin and Noggin are required for mouse forebrain development. Nature 403：658-661.

Baker JC, Beddington RSP, Harland RM (1999) Wnt signaling in *Xenopus* embryos inhibits *Bmp4* expression and activates neural development. Genes Dev 13：3149-3159.

Chang C, Hemmati-Brivanlou A (1998) Cell fate determination in embryonic ectoderm. J Neurobiol 36：128-151.

Godsave SF, Slack JMW (1989) Clonal analysis of mesoderm induction in *Xenopus laevis*. Dev Biol 134：486-490.

Grunz H, Tacke L (1989) Neural differentiation of *Xenopus laevis* ectoderm takes place after disaggregation and delayed reaggregation without inducer. Cell Diff Dev 28：211-218.

Harland R (2000) Neural induction. Curr Opin Genet Dev 10：357-362.

Hawley SHB, Wünnenberg-Stapleton K, Hashimoto C, Laurent MN, Watabe T, Blumberg BW, Cho KWY (1995) Disruption of BMP signals in embryonic *Xenopus* ectoderm leads to direct neural induction. Genes Dev 9：2923-2935.

Hemmati-Brivanlou A, Kelly OG, Melton DA (1994) Follistatin, an antagonist of activin, is expressed in the Spemann organizer and displays direct neuralizing activity. Cell 77：283-295.

Hemmati-Brivanlou A, Melton D (1997a) Vertebrate embryonic cells will become nerve cells unless told otherwise. Cell 88：13-17.

Hemmati-Brivanlou A, Melton D (1997b) Vertebrate neural induction. Ann Rev Neurosci 20：43-60.

Kintner CR, Dodd J (1991) Hensen's node induces neural tissue in *Xenopus* ectoderm. Implications for the action of the organizer in neural induction. Development 113：1495-1505.

Lamb TM, Knecht AK, Smith WC, Stachel SE, Economides AN, Stahl N, Yancopolous GD, Harland RM (1993) Neural induction by the secreted polypeptide noggin. Science 262：713-718.

Nusse R, Brown A, Papkoff J, Scambler P, Shackleford G, McMahon A, Moon R, Varmus H (1991) A new nomenclature for *int-1* and related genes：the *Wnt* gene family. Cell 64：231-232.

Piccolo S, Sasai Y, Lu B, De Robertis EM (1996) Dorsoventral patterning in Xenopus：inhibition of ventral signals by direct binding of chordin to BMP-4. Cell 86：589-598.

Sasai Y, Lu B, Steinbeisser H, De Robertis EM (1995) Regulation of neural induction by the Chd and Bmp-4 antagonistic patterning signals in *Xenopus*. Nature 376：333-336.

Spemann H (1938) Embryonic Development and Induction. New Haven：Yale University Press.

Spemann H, Mangold H (1924) über Induktion von Embryonalanlagen durch Implantation artfremder Organisatoren. Wilhelm Roux' Arch. Entwicklungsmech. Organ. 100：599-638. (Induction of embryonic primordia by implantation of organizers from a different species. English translation by V. Hamburger reprinted in Foundations of Experimental Embryology, BH Willier and JM Oppenheimer, eds, 2nd Ed, 1974. New York, Hafner Press, pp 144-184.)

Wilson PA, Hemmati-Brivanlou A (1995) Induction of epidermis and inhibition of neural fate by Bmp-4. Nature 376：331-333.

Wilson SI, Edlund T (2001) Neural induction：toward a unifying mechanism. Nature Neurosci Suppl 4：1161-1168.

Wilson SI, Graziano E, Harland R, Jessell TM, Edlund T (2000) An early requirement for FGF signalling in the acquisition of neural cell fate in the chick embryo. Curr Biol 10, 421-429.

Wilson SI, Rydström A, Trimborn T, Willert K, Nusse R, Jessell TM, Edlund T (2001) The status of Wnt signalling regulates neural and epidermal fates in the chick embryo. Nature 411：325-330.

Xu R-H, Kim J, Taira M, Zhan S, Sredni D, Kung H-f (1995) A dominant negative bone morphogenetic protein 4 receptor causes neuralization in *Xenopus* ectoderm. Biochem Biophys Res Comm 212：212-219.

Zimmerman LB, De Jesús-Escobar JM, Harland RM (1996) The Spemann organizer signal noggin binds and inactivates bone morphogenetic protein 4. Cell 86：599-606.

1.2 体軸形成（図5, 6を含む）

Blumberg B, Bolado J Jr, Moreno TA, Kintner C, Evans RM, Papalopulu N (1997) An essential role for retinoid signaling in anteroposterior neural patterning. Development 124：373-379.

Doniach T (1995) Basic FGF as an inducer of anteroposterior neural pattern. Cell 83：1067-1070.

Durston AJ, Timmermans JPM, Hage WJ, Hendriks HFJ, de Vries NJ, Heideveld M, Nieuwkoop PD (1989) Retinoic acid causes an anteroposterior transformation in the developing central nervous sysytem. Nature 340：140-144.

Kelly OG, Melton DA (1995) Induction and patterning of the vertebrate nervous system. TIG 11：273-278.

Mangold O (1933) über die Induktionsfähigkeit der verschiedenen Bezirke der Neurula von Urodelen. Naturwissenschaften 21：761-766.

Nieuwkoop PD, Bloemsma FFSN, Boterenbrood EC, Hoessels ELMJ, Kremer A, Meyer G, Verheyen FJ (1952) Activation and organization of the central nervous system in amphibians. Part I, II, III. J Exp Zool 120：1-108.

Nieuwkoop PD, Albers B (1990) The role of competence in the cranio-caudal segregation of the central nervous system. Dev Growth Diff 32：23-31.

Nordström U, Jessell TM, Edlund T (2002) Progressive induction of caudal neural character by graded Wnt signaling. Nature Neurosci 5：525-532.

Sasai Y, De Robertis EM (1997) Ectodermal patterning in vertebrate embryos. Dev Biol 182: 5-20.

Simon H, Hornbruch A, Lumsden A (1995) Independent assignment of antero-posterior and dorso-ventral positional values in the developing chick hindbrain. Curr Biol 5: 205-214.

Sive HL, Draper BW, Harland RM, Weintraub H (1990) Identification of a retinoic acid-sensitive period during primary axis formation in *Xenopus laevis*. Genes Dev 4: 932-942.

Slack JMW, Tannahill D (1992) Mechanism of anteroposterior axis specification in vertebrates. Lessons from the amphibians. Development 114: 285-302.

Stern CD (2001) Initial patterning of the central nervous system: how many organizers? Nature Rev Neurosci 2: 92-98.

Tanabe Y, Jessell TM (1996) Diversity and pattern in the developing spinal cord. Science 274: 1115-1123.

第2章　位置情報
2.1　コンパートメントを使う方法
＜コンパートメントの位置情報を担うHox遺伝子発現パターン＞（図7, 8, 9を含む）

Birgbauer E, Sechrist J, Bronner-Fraser M, Fraser S (1995) Rhombomeric origin and rostrocaudal reassortment of neural crest cells revealed by intravital microscopy. Development 121: 935-945.

Capecchi MR (1997) *Hox* genes and mammalian development. Cold Spring Harb Symp Quant Biol 62: 273-281.

Couly G, Grapin-Botton A, Coltey P, Le Douarin NM (1996) The regeneration of the cephalic neural crest, a problem revisited: the regenerating cells originate from the contralateral or from the anterior and posterior neural fold. Development 122: 3393-3407.

Duboule D, Morata G (1994) Colineality and functional hierarchy among genes of the homeotic complexes. TIG 10: 358-364.

Falciani F, Hausdorf B, Schröder R, Akam M, Tautz D, Denell R, Brown S (1996) Class 3 Hox genes in insects and the origin of *zen*. Proc Natl Acad Sci USA 93: 8479-8484.

Fraser S, Keynes R, Lumsden A (1990) Segmentation in the chick embryo hindbrain is defined by cell lineage restrictions. Nature 344: 431-435.

Frohman MA, Boyle M, Martin GR (1990) Isolation of the mouse *Hox-2.9* gene; analysis of embryonic expression suggests that positional information along the anterior-posterior axis is specified by mesoderm. Development 110: 589-607.

Greer JM, Puetz J, Thomas KR, Capecchi MR (2000) Maintenance of functional equivalence during paralogous Hox gene evolution. Nature 403: 661665.

Hunt P, Gulisano M, Cook M, Sham M-H, Faiella A, Wilkinson D, Boncinelli E, Krumlauf R (1991a) A distinct *Hox* code for the branchial region of the vertebrate head. Nature 353: 861-864.

Hunt P, Whiting J, Nonchev S, Sham M-H, Marshall H, Graham A, Cook M, Allemann R, Rigby

PWJ, Gulisano M, Faiella A, Boncinelli E, Krumlauf R (1991b) The brachial *Hox* code and its implications for gene regulation, patterning of the nervous system and head evolution. Development Suppl 2：63-77.

Hunt P, Wilkinson D, Krumlauf R (1991c) Patterning the vertebrate head：murine Hox 2 genes mark distinct subpopulations of premigratory and migrating cranial neural crest. Development 112：43-50.

Keynes R, Krumlauf R (1994) Hox genes and regionalization of the nervous system. Ann Rev Neurosci 17：109-132.

Krumlauf R (1994) *Hox* genes in vertebrate development. Cell 78：191-201.

Le Douarin NM, Kalcheim C (1999) The Neural Crest. 2nd Ed. Cambridge University Press.

Lumsden A (1990) The cellular basis of segmentation in the developing hindbrain. TINS 13：329-335.

Lumsden A, Krumlauf R (1996) Patterning the vertebrate neuraxis. Science 274：1109-1115.

McGinnis W, Krumlauf R (1992) Homeobox genes and axial patterning. Cell 68：283-302.

Prince V, Lumsden A (1994) *Hoxa-2* expression in normal and transposed rhombomeres：independent regulation in the neural tube and neural crest. Development 120：911-923.

Scott MP (1992) Vertebrate homeobox gene nomenclature. Cell 71：551-553.

Simeone A, Acampora D, Arcioni L, Andrews PW, Boncinelli E, Mavilio F (1990) Sequential activation of *HOX2* homeobox genes by retinoic acid in human embryonal carcinoma cells. Nature 346：763-766.

Stauber M, Jäckle H, Schmidt-Ott U (1999) The anterior determinant *bicoid* of *Drosophila* is a derived *Hox* class 3 gene. Proc Natl Acad Sci USA 96：3786-3789.

＜菱脳における運動ニューロンタイプの決定＞（図10を含む）

Bell E, Wingate RJT, Lumsden A (1999) Homeotic transformation of rhombomere identity after localized *Hoxb1* misexpression. Science 284：2168-2171.

Gavalas A, Ruhrberg C, Livet J, Henderson CE, Krumlauf R (2003) Neuronal defects in the hindbrain of *Hoxa1*, *Hoxb1* and *Hoxb2* mutants reflect regulartory interactions among these Hox genes. Development 130：5663-5679.

Goddard JM, Rossel M, Manley NR, Capecchi MR (1996) Mice with targeted disruption of *Hoxb-1* fail to form the motor nucleus of the VIIth nerve. Development 122：3217-3228.

Jacob J, Guthrie S (2000) Facial visceral motor neurons display specific rhombomere origin and axon pathfinding behavior in the chick. J Neurosci 20：7664-7671.

Jungbluth S, Bell E, Lumsden A (1999) Specification of distinct motor neuron identities by the singular activities of individual *Hox* genes. Development 126：2751-2758.

Köntges G, Lumsden A (1996) Rhombencephalic neural crest segmentation is preserved throughout craniofacial ontogeny. Development 122：3229-3242.

Noden DM (1988) Interactions and fates of avian craniofacial mesenchyme. Development 103 Suppl：121-140.

Studer M, Lumsden A, Ariza-McNaughton L, Bradley A, Krumlauf R (1996) Altered segmental identity and abnormal migration of motor neurons in mice lacking *Hoxb-1*. Nature 384：630-634.

Warrilow J, Guthrie S (1999) Rhombomere origin plays a role in the specificity of cranial motor axon projections in the chick. Eur J Neurosci 11：1403-1413.

＜進化の過程で保存された位置情報の刻み方＞

Malicki J, Schughart K, McGinnis W (1990) Mouse *Hox-2.2* specifies thoracic segmental identity in Drosophila embryos and larvae. Cell 63：961-967.

McGinnis N, Kuziora MA, McGinnis W (1990) Human *Hox-4.2* and Drosophila *Deformed* encode similar regulatory specificities in Drosophila embryos and larvae. Cell 63：969-976.

Wolpert L (2002) Principles of Development. 2nd Ed. Oxford University Press

＜Hox遺伝子発現のコントロール＞（図11, 12を含む）

RAが欠乏した場合（図11A）

Dupé V, Lumsden A (2001) Hindbrain patterning involves graded responses to retinoic acid signalling. Development 128：2199-2208.

Gale E, Zile M, Maden M (1999) Hindbrain respecification in the retinoid-deficient quail. Mech Dev 89：43-54.

Gavalas A, Krumlauf R (2000) Retinoid signalling and hindbrain patterning. Curr Opin Genet Dev 10：380-386.

Maden M, Gale E, Kostetskii I, Zile M (1996) Vitamn A-deficient quail embryos have half a hindbrain and other neural defects. Curr Biol 6：417-426.

Niederreither K, Vermot J, Schuhbaur B, Chambon P, Dollé P (2000) Retinoic acid synthesis and hindbrain patterning in the mouse embryo. Development 127：75-85.

White JC, Highland M, Kaiser M, Clagett-Dame M (2000) Vitamin A deficiency results in the dose-dependent acquisition of anterior character and shortening of the caudal hindbrain of the rat embryo. Dev Biol 220：263-284.

RAが過剰の場合（図11B, 図12）

Conlon RA (1995) Retinoic acid and pattern formation in vertebrates. TIG 11：314-319.

Conlon RA, Rossant J (1992) Exogenous retinoic acid rapidly induces anterior ectopic expression of murine *Hox-2* genes *in vivo*. Development 116：357-368.

Marshall H, Nonchev S, Sham MH, Muchamore I, Lumsden A, Krumlauf R (1992) Retinoic acid alters hindbrain *Hox* code and induces transformation of rhombomeres 2/3 into a 4/5 identity. Nature 360：737-741.

Morriss-Kay GM, Murphy P, Hill RE, Davidson DR (1991) Effects of retinoic acid excess on expression of *Hox-2.9* and *Krox-20* and on morphological segmentation in the hindbrain of mouse embryos. EMBO J 10：2985-2995.

Sundin O, Eichele G (1992) An early marker of axial pattern in the chick embryo and its respecification by retinoic acid. Development 114：841-852.

Wood H, Pall G, Morriss-Kay G (1994) Exposure to retinoic acid before or after the onset of somitogenesis reveals separate effects on rhombomeric segmentation and 3' *HoxB* gene expression domains. Development 120：2279-2285.

Hox 遺伝子発現に影響する RA 以外の因子

Ensini M, Thsuchida TN, Belting H-G, Jessell TM (1998) The control of rostrocaudal pattern in the developing spinal cord：specification of motor neuron subtype identity is initiated by signals from paraxial mesoderm. Development 125：969-982.

Gould A, Itasaki N, Krumlauf R (1998) Initiation of rhombomeric *Hoxb4* expression requires induction by somites and a retinoid pathway. Neuron 21：39-51.

Grapin-Botton A, Bonnin M-A, Le Douarin NM (1997) Hox gene induction in the neural tube depends on three parameters：competence, signal supply and paralogue group. Development 124：849-859.

Itasaki N, Sharpe J, Morrison A, Krumlauf R (1996) Reprogramming *Hox* expression in the vertebrate hindbrain：influence of paraxial mesoderm and rhombomere transposition. Neuron 16：487-500.

Liu J-P, Laufer E, Jessell TM (2001) Assigning the positional identity of spinal motor neurons：rostrocaudal patterning of Hox-c expression by FGFs, Gdf11, and retinoids. Neuron 32：997-1012.

2.2 勾配を使う方法

＜フランス国旗モデル＞（図 13A を含む）

Gurdon JB, Bourillot P-Y (2001) Morphogen gradient interpretation. Nature 413：797-803.

Wolpert L (1969) Positional information and the spatial pattern of cellular differentiation. J Theoret Biol 25：1-47.

Wolpert L (1989) Positional information revisited. Development Suppl：3-12.

Wolpert L (1996) One hundred years of positional information. TIG 12：359-364.

Wolpert L (2002) Principles of Development. 2nd Ed. Oxford University Press

＜脊髄背腹方向のパターン形成＞（図 13B, 14, 15 を含む）

Briscoe J, Chen Y, Jessell TM, Struhl G (2001) A Hedgehog-insensitive form of Patched provides evidence for direct long-range morphogen activity of Sonic hedgehog in the neural tube. Mol Cell 7：1279-1291.

Briscoe J, Pierani A, Jessell TM, Ericson J (2000) A homeodomain protein code specifies progenitor cell identity and neuronal fate in the ventral neural tube. Cell 101 : 435-445.

Briscoe J, Sussel L, Serup P, Hartigan-O'Connor D, Jessell TM, Rubenstein JLR, Ericson J (1999) Homeobox gene *Nkx2.2* and specification of neuronal identity by graded Sonic hedgehog signalling. Nature 398 : 622-627.

Chiang C, Litingtung Y, Lee E, Young KE, Corden JL, Westphal H, Beachy PA (1996) Cyclopia and defective axial patterning in mice lacking *Sonic hedgehog* gene function. Nature 383 : 407-413.

Eichele G (1989) Retinoids and vertebrate limb pattern formation. TIG 5 : 246-251.

Eichele G, Thaller C (1987) Characterization of concentration gradients of a morphogenetically active retinoid in the chick limb bud. J Cell Biol 105 : 1917-1923.

Ericson J, Briscoe J, Rashbass P, van Heyningen V, Jessel TM (1997a) Graded Sonic hedgehog signaling and the specification of cell fate in the ventral neural tube. Cold Spring Harb Symp Quant Biol 62 : 451-466.

Ericson J, Rashbass P, Schedl A, Brenner-Morton S, Kawakami A, van Heyningen V, Jessell TM, Briscoe J (1997b) Pax6 controls progenitor cell identity and neuronal fate in response to graded Shh signaling. Cell 90 : 169-180.

Hynes M, Ye W, Wang K, Stone D, Murone M, de Sauvage F, Rosenthal A (2000) The seven-transmembrane receptor Smoothened cell-autonomously induces multiple ventral cell types. Nature Neurosci 3 : 41-46.

Jessell TM (2000) Neuronal specification in the spinal cord : inductive signals and transcriptional codes. Nat Rev Genet 1 : 20-29.

Lee KJ, Dietrich P, Jessell TM (2000) Genetic ablation reveals that the roof plate is essential for dorsal interneuron specification. Nature 403 : 734-740.

Lee KJ, Jessell TM (1999) The specification of dorsal cell fates in the vertebrate central nervous system. Ann Rev Neurosci 22 : 261-294.

Martí E, Bumcrot DA, Takada R, McMahon AP (1995) Requirement of 19K form of Sonic hedgehog for induction of distinct ventral cell types in CNS explants. Nature 375 : 322-325.

Roelink H, Augsburger A, Heemskerk J, Korzh V, Norlin S, Ruiz i Altaba A, Tanabe Y, Placzek M, Edlund T, Jessell TM, Dodd J (1994) Floor plate and motor neuron induction by *vhh-1*, a vertebrate homolog of *hedgehog* expressed by the notochord. Cell 76 : 761-775.

Roelink H, Porter JA, Chiang C, Tanabe Y, Chang DT, Beachy PA, Jessell TM (1995) Floor plate and motor neuron induction by different concentrations of the amino-terminal cleavage product of Sonic hedgehog autoproteolysis. Cell 81 : 445-455.

Tanabe Y, Jessell TM (1996) Diversity and pattern in the developing spinal cord. Science 274 : 1115-1123.

Yamada T, Placzek M, Tanaka H, Dodd J, Jessell TM (1991) Control of cell pattern in the developing nervous system : polarizing activity of the floor plate and notochord. Cell 64 : 635-647.

<外的環境因子の作用機序の特徴>
　Wolpert L (2002) Principles of Development. 2nd Ed. Oxford University Press.

第3章　細胞系譜と可塑性
3.1　神経冠由来の場合
<移動前神経冠細胞の多能性> 及び <移動経路の選択と運命の決定>（図16, 17, 21 を含む）
　Baker CVH, Bronner-Fraser M, Le Douarin NM, Teillet M-A (1997) Early-and late-migrating cranial neural crest cell populations have equivalent developmental potential *in vivo*. Development 124 : 3077-3087.

　Bronner-Fraser M, Fraser S (1989) Developmental potential of avian trunk neural crest cells *in situ*. Neuron 3 : 755-766.

　Bronner-Fraser M, Fraser S (1991) Cell lineage analysis of the avian neural crest. Development Suppl 2 : 17-22.

　Dorsky RI, Moon RT, Raible DW (2000) Environmental signals and cell fate specification in premigratory neural crest. BioEssays 22 : 708-716.

　Frank E, Sanes JR (1991) Lineage of neurons and glia in chick dorsal root ganglia : analysis *in vivo* with a recombinant retrovirus. Development 111 : 895-908.

　LaBonne C, Bronner-Fraser M (1999) Molecular mechanisms of neural crest formation. Ann Rev Cell Dev Biol 15 : 81-112.

　Le Douarin NM (1980) The ontogeny of the neural crest in avian embryo chimaeras. Nature 286 : 663-669.

　Le Douarin NM (1986) Cell line segregation during peripheral nervous system ontogeny. Science 231 : 1515-1522.

　Le Douarin NM, Creuzet S, Couly G, Dupin E (2004) Neural crest cell plasticity and its limits. Development 131 : 4637-4650.

　Weston JA, Butler SL (1966) Temporal factors affecting localization of neural crest cells in the chicken embryo. Dev Biol 14 : 246-266.

<頭部神経冠細胞の多能性>（図18, 19, 20 を含む）
　Couly G, Grapin-Botton A, Coltey P, Ruhin B, Le Douarin NM (1998) Determination of the identity of the derivatives of the cephalic neural crest : incompatibility between *Hox* gene expression and lower jaw development. Development 125 : 3445-3459.

　Creuzet S, Couly G, Vincent C, Le Douarin NM (2002) Negative effect of Hox gene expression on the development of the neural crest-derived facial skeleton. Development 129 : 4301-4313.

Gendron-Maguire M, Mallo M, Zhang M, Gridley T (1993) *Hoxa-2* mutant mice exhibit homeotic transformation of skeletal elements derived from cranial neural crest. Cell 75 : 1317-1331.

Grammatopoulos GA, Bell E, Toole L, Lumsden A, Tucker AS (2000) Homeotic transformation of branchial arch identity after Hoxa2 overexpression. Development 127 : 5355-5365.

Grapin-Botton A, Bonnin M-A, Le Douarin NM (1997) Hox gene induction in the neural tube depends on three parameters : competence, signal supply and paralogue group. Development 124 : 849-859.

Grapin-Botton A, Bonnin M-A, McNaughton LA, Krumlauf R, Le Douarin NM. (1995) Plasticity of transposed rhombomeres : Hox gene induction is correlated with phenotypic modifications. Development 121 : 2707-2721.

Hunt P, Clarke JDW, Buxton P, Ferretti P, Thorogood P (1998) Stability and plasticity of neural crest patterning and branchial arch Hox code after extensive cephalic crest rotation. Dev Biol 198 : 82-104.

Itasaki N, Sharpe J, Morrison A, Krumlauf R (1996) Reprogramming *Hox* expression in the vertebrate hindbrain : influence of paraxial mesoderm and rhombomere transposition. Neuron 16 : 487-500.

Kanzler B, Kuschert SJ, Liu Y-H, Mallo M (1998) *Hox-2* restricts the chondrogenic domain and inhibits bone formation during development of the branchial area. Development 125 : 2587-2597.

Kuratani SC, Eichele G (1993) Rhombomere transplantation repatterns the segmental organization of cranial nerves and reveals cell-autonomous expression of a homeodomain protein. Development 117 : 105-117.

McGonnell IM, Graham A (2002) Trunk neural crest has skeletogenic potential. Curr Biol 12 : 767-771.

Noden DM (1983) The role of the neural crest in patterning of avian cranial skeletal, connective, and muscle tissues. Dev Biol 96 : 144-165.

Prince V, Lumsden A (1994) *Hoxa-2* expression in normal and transposed rhombomeres : independent regulation in the neural tube and neural crest. Development 120 : 911-923.

Rijli FM, Mark M, Lakkaraju S, Dierich A, Dollé P, Chambon P (1993) A homeotic transformation is generated in the rostral branchial region of the head by disruption of Hoxa-2, which acts as a selector gene. Cell 75 : 1333-1349.

Trainor PA, Krumlauf R (2000a) Plasticity in mouse neural crest cells reveals a new patterning role for cranial mesoderm. Nature Cell Biol 2 : 96-102.

Trainor PA, Krumlauf R (2000b) Patterning the cranial neural crest : hindbrain segmentation and *Hox* gene plasticity. Nature Rev Neurosci 1 : 116-124.

Trainor PA, Ariza-McNaughton L, Krumlauf R (2002) Role of the isthmus and FGFs in resolving the paradox of neural crest plasticity and prepatterning. Science 295 : 1288-1291.

<環境因子による神経冠細胞の運命の変換＞（図22, 23を含む）

Coulombe, JN, Bronner-Fraser M (1986) Cholinergic neurones acquire adrenergic neurotransmitters when transplanted into an embryo. Nature 324：569-572.

Francis NJ, Landis SC (1999) Cellular and molecular determinants of sympathetic neuron development. Ann Rev Neurosci 22：541-566.

Fukada K (1985) Purification and partial characterization of a cholinergic neuronal differentiation factor. Proc Natl Acad Sci USA 82：8795-8799.

Furshpan EJ, Landis SC, Matsumoto SG, Potter DD (1986) Synaptic functions in rat sympathetic neurons in microcultures. I. Secretion of norepinephrine and acetylcholine. J Neurosci 6：1061-1079.

Habecker BA, Symes AJ, Stahl N, Francis NJ, Economides A, Fink JS, Yancopoulos GD, Landis SC (1997) A sweat gland-derived differentiation activity acts through known cytokine signaling pathways. J Biol Chem 272：30421-30428.

Landis SC, Keefe D (1983) Evidence for neurotransmitter plasticity *in vivo*：developmental changes in properties of cholinergic sympathetic neurons. Dev Biol 98：349-372.

Leblanc G, Landis S (1986) Development of choline acetyltransferase (CAT) in the sympathetic innervation of rat sweat glands. J Neurosci 6：260-265.

Patterson PH (1978) Environmental determination of autonomic neurotransmitter functions. Ann Rev Neurosci 1：1-17.

Potter DD, Landis SC, Matsumoto SG, Furshpan EJ (1986) Synaptic functions in rat sympathetic neurons in microcultures. II. Adrenergic/cholinergic dual status and plasticity. J Neurosci 6：1080-1098.

Smith J, Fauquet M, Ziller C, Le Douarin NM (1979) Acetylcholine synthesis by mesencephalic neural crest cells in the process of migration *in vivo*. Nature 282：853-855.

Stevens LM, Landis SC (1987) Development and properties of the secretory response in rat sweat glands：relationship to the induction of cholinergic function in sweat gland innervation. Dev Biol 123：179-190.

Walicke PA, Campenot RB, Patterson PH (1977) Determination of transmitter function by neuronal activity. Proc Natl Acad Sci USA 74：5767-5771.

Yamamori T, Fukada K, Aebersold R, Korsching S, Fann M-J, Patterson PH (1989) The cholinergic neuronal differentiation factor from heart cells is identical to leukemia inhibitory factor. Science 246：1412-1416.

＜移動前神経冠細胞の不均一性＞

Anderson DJ (2000) Genes, lineages and the neural crest：a speculative review. Phil Trans R Soc Lond B 355：953-964.

Artinger KB, Bronner-Fraser M (1992) Partial restriction in the developmental potential of late emigrating avian neural crest cells. Dev Biol 149 : 149-157.

Bronner-Fraser M, Fraser S (1991) Cell lineage analysis of the avian neural crest. Development Suppl 2 : 17-22.

Erickson CA, Goins TL (1995) Avian neural crest cells can migrate in the dorsolateral path only if they are specified as melanocytes. Development 121 : 915-924.

Frank E, Sanes JR (1991) Lineage of neurons and glia in chick dorsal root ganglia : analysis *in vivo* with a recombinant retrovirus. Development 111 : 895-908.

Greenwood AL, Turner EE, Anderson DJ (1999) Identification of dividing, determined sensory neuron precursors in the mammalian neural crest. Development 126 : 3545-3559.

Perez SE, Rebelo S, Anderson DJ (1999) Early specification of sensory neuron fate revealed by expression and function of neurogenins in the chick embryo. Development 126 : 1715-1728.

Reedy MV, Faraco CD, Erickson CA (1998) The delayed entry of thoracic neural crest cells into the dorsolateral path is a consequence of the late emigration of melanogenic neural crest cells from the neural tube. Dev Biol 200 : 234-246.

3.2 神経管由来の場合

<大脳皮質の層の選択>（図24, 25を含む）

Angevine JB, Sidman RL (1961) Autoradiographic study of cell migration during the histogenesis of cerebral cortex in the mouse. Nature 192 : 766-768.

Bohner AP, Akers RM, McConnell SK (1997) Induction of deep layer cortical neurons *in vitro*. Development 124 : 915-923.

Desai AR, McConnell SK (2000) Progressive restriction in fate potential by neural progenitors during cerebral cortical development. Development 127 : 2863-2872.

Frantz GD, McConnell SK (1996) Restriction of late cerebral cortical progenitors to an upper-layer fate. Neuron 17 : 55-61.

Luskin MB, Shatz CJ (1985) Studies of the earliest generated cells of the cat's visual cortex : cogeneration of subplate and marginal zones. J Neurosci 5 : 1062-1075.

Luskin MB, Pearlman AL, Sanes JR (1988) Cell lineage in the cerebral cortex of the mouse studied *in vivo* and *in vitro* with a recombinant retrovirus. Neuron 1 : 635-647.

McConnell SK, Kaznowski CE (1991) Cell cycle dependence of laminar determination in developing neocortex. Science 254 : 282-285.

O'Leary DDM, Koester SE (1993) Development of projection neuron types, axon pathways, and patterned connections of the mammalian cortex. Neuron 10 : 991-1006.

Price J, Thurlow L (1988) Cell lineage in the rat cerebral cortex : a study using retroviral-mediated gene transfer. Development 104 : 473-482.

Rakic P (1974) Neurons in Rhesus monkey visual cortex : systematic relation between time of origin and eventual disposition. Science 183 : 425-427.

Reid CB, Liang I, Walsh C (1995) Systematic widespread clonal organization in cerebral cortex. Neuron 15：299-310.

Takahashi T, Goto T, Miyama S, Nowakowski RS, Caviness Jr VS (1999) Sequence of neuron origin and neocortical laminar fate：relation to cell cycle of origin in th developing murine cerebral wall. J Neurosci 19：10357-10371.

Walsh C, Cepko CL (1988) Clonally related cortical cells show several migration patterns. Science 241：1342-1345.

＜大脳皮質の領域の決定＞（図26, 27を含む）

大脳皮質パターン形成総論

Grove EA, Fukuchi-Shimogori T (2003) Generating the cerebral cortical area map. Ann Rev Neurosci 26：355-380.

O'Leary DDM, Nakagawa Y (2002) Patterning centers, regulatory genes and extrinsic mechanisms controlling arealization of the neocortex. Curr Opin Neurobiol 12：14-25.

Ragsdale CW, Grove EA (2001) Patterning the mammalian cerebral cortex. Curr Opin Neurobiol 11：50-58.

Protomap 仮説

Cohen-Tannoudji M, Babinet C, Wassef M (1994) Early determination of a mouse somatosensory cortex marker. Nature 368：460-463.

Donoghue MJ, Rakic P (1999) Molecular evidence for the early specification of presumptive functional domains in the embryonic primate cerebral cortex. J Neurosci 19：5967-5979.

Ebrahimi-Gaillard A, Guitet J, Garnier C, Roger M (1994) Topographic distribution of efferent fibers originating from homotopic or heterotopic transplants：heterotopically transplanted neurons retain some of the developmental characteristics corresponding to their site of origin. Dev Brain Res 77：271-283.

Ebrahimi-Gaillard A, Roger M (1996) Development of spinal cord projections from neocortical transplants heterotopically placed in the neocortex of newborn hosts is highly dependent on the embryonic locus of origin of the graft. J Comp Neurol 365：129-140.

Gaillard A, Nasarre C, Roger M (2003) Early (E12) cortical progenitors can change their fate upon heterotopic transplantation. Eur J Neurosci 17：1375 1383.

Gaillard A, Roger M (2000) Early commitment of embryonic neocortical cells to develop area-specific thalamic connections. Cereb Cortex 10：443-453.

Gitton Y, Cohen-Tannoudji M, Wassef M (1999a) Specification of somatosensory area identity in cortical explants. J Neurosci 19：4889-4898.

McCarthy M, Turnbull DH, Walsh CA, Fishell G (2001) Telencephalic neural progenitors appear to be restricted to regional and glial fates before the onset of neurogenesis. J Neurosci 21：

6772-6781.

Miyashita-Lin EM, Hevner R, Wassarman KM, Martinez S, Rubenstein JLR (1999) Early neocortical regionalization in the absence of thalamic innervation. Science 285 : 906-909.

Nakagawa Y, Johnson JE, O'Leary DDM (1999) Graded and areal expression patterns of regulatory genes and cadherins in embryonic neocortex independent of thalamocortical input. J Neurosci 19 : 10877-10885.

Pinaudeau C, Gaillard A, Roger M (2000) Stage of specification of the spinal cord and tectal projections from cortical grafts. Eur J Neurosci 12 : 2486-2496.

Rakic P (1988) Specification of cerebral cortical areas. Science 241 : 170-176.

Protocortex 仮説

O'Leary DDM (1989) Do cortical areas emerge from a protocortex? TINS 12 : 400-406.

O'Leary DDM, Stanfield BB (1989) Selective elimination of axons extended by developing cortical neurons is dependent on regional locale : experiments utilizing fetal cortical transplants. J Neurosci 9 : 2230-2246.

O'Leary DDM, Schlaggar BL, Stanfield BB (1992) The specification of sensory cortex : lessons from cortical transplantation. Exp Neurol 115 : 121-126.

Schlaggar BL, O'Leary DDM (1991) Potential of visual cortex to develop an array of functional units unique to somatosensory cortex. Science 252 : 1556-1560.

視床からの入力の重要性

Gitton Y, Cohen-Tannoudji M, Wassef M (1999b) Role of thalamic axons in the expression of H-2Z1, a mouse somatosensory cortex specific marker. Cereb Cortex 9 : 611-620.

Iwasato T, Datwani A, Wolf AM, Nishiyama H, Taguchi Y, Tonegawa S, Knöpfel T, Erzurumlu RS, Itohara S (2000) Cortex-restricted disruption of NMDAR1 impairs neuronal patterns in the barrel cortex. Nature 406 : 726-731.

Pallas SL (2001) Intrinsic and extrinsic factors that shape neocortical specification. TINS 24 : 417-423.

第4章 細胞の移動
4.1 移動経路による細胞の運命決定への影響
＜神経冠由来の細胞の場合＞（図28b を含む）

Goridis C, Rohrer H (2002) Specification of catecholaminergic and serotonergic neurons. Nature Rev Neurosci 3 : 531-541.

Reissmann E, Ernsberger U, Francis-West PH, Rueger D, Brickell PM, Rohrer H (1996) Involvement of bone morphogenetic protein-4 and bone morphogenetic protein-7 in the differentiation of the adrenergic phenotype in developing sympathetic neurons. Development

122：2079-2088.

Schneider C, Wicht H, Enderich J, Wegner M, Rohrer H (1999) Bone morphogenetic proteins are required *in vivo* for the generation of sympathetic neurons. Neuron 24：861-870.

Varley JE, Wehby RG, Rueger DC, Maxwell GD (1995) Number of adrenergic and Islet-1 immunoreactive cells is increased in avian trunk neural crest cultures in the presence of human recombinant osteogenic protein-1. Dev Dyn 203：434-447.

＜神経管由来の細胞の場合＞（図29を含む）

Sockanathan S, Jessell TM (1998) Motor neuron-derived retinoid signaling specifies the subtype identity of spinal motor neurons. Cell 94：503-514.

4.2　神経系の機能に適切な位置への移動

＜神経冠由来の細胞の場合＞（図28, 30を含む）

Bronner-Fraser M (1993) Mechanisms of neural crest cell migration. BioEssays 15：221-230.

Bronner-Fraser M, Stern C (1991) Effects of mesodermal tissues on avian neural crest cell migration. Dev Biol 143：213-217.

Rickmann M, Fawcett JW, Keynes RJ (1985) The migration of neural crest cells and the growth of motor axons through the rostral half of the chick somite. J Embryol exp Morph 90：437-455.

Stern CD, Artinger KB, Bronner-Fraser M (1991) Tissue interactions affecting the migration and differentiation of neural crest cells in the chick embryo. Development 113：207-216.

Weston JA (1963) A radioautographic analysis of the migration and localization of trunk neural crest cells in the chick. Dev Biol 6：279-310.

＜神経管由来の細胞の場合＞（図31を含む）

総論

Hatten ME (2002) New directions in neuronal migration. Science 297：1660-1663.

Nadarajah B, Parnavelas JG (2002) Modes of neuronal migration in the developing cerebral cortex. Nature Rev Neurosci 3：423-432.

放射状グリア（図31を含む）

Fishell G, Kriegstein AR (2003) Neurons from radial glia：the consequences of asymmetric inheritance. Curr Opin Neurobiol 13：34-41.

Hartfuss E, Galli R, Heins N, Götz M (2001) Characterization of CNS precursor subtypes and radial glia. Dev Biol 229：15-30.

Malatesta P, Hartfuss E, Götz M (2000) Isolation of radial glial cells by fluorescent-activated cell sorting reveals a neuronal lineage. Development 127：5253-5263.

Miyata T, Kawaguchi A, Okano H, Ogawa M (2001) Asymmetric inheritance of radial glial fibers by cortical neurons. Neuron 31：727-741.

Nadarajah B, Brunstrom JE, Grutzendler J, Wong ROL, Pearlman AL (2001) Two models of radial migration in early development of the cerebral cortex. Nature Neurosci 4：143-150.

Noctor SC, Flint AC, Weissman TA, Dammerman RS, Kriegstein AR (2001) Neurons derived from radial glial cells establish radial units in neocortex. Nature 409：714-720.

Noctor SC, Flint AC, Weissman TA, Wong WS, Clinton BK, Kriegstein AR (2002) Dividing precursor cells of the embryonic cortical ventricular zone have morphological and molecular characteristics of radial glia. J Neurosci 22：3161-3173.

Tamamaki N, Nakamura K, Okamoto K, Kaneko T (2001) Radial glia is a progenitor of neocortical neurons in the developing cerebral cortex. Neurosci Res 41：51-60.

接線方向の移動（図31を含む）

Anderson SA, Eisenstat DD, Shi L, Rubenstein JLR (1997) Interneuron migration from basal forebrain to neocortex：dependence on *Dlx* genes. Science 278：474-476.

Austin CP, Cepko CL (1990) Cellular migration patterns in the developing mouse cerebral cortex. Development 110：713-732.

Corbin JG, Nery S, Fishell G, (2001) Telencephalic cells take a tangent：non-radial migration in the mammalian forebrain. Nature Neurosci Suppl 4：1177-1182.

Lavdas AA, Grigoriou M, Pachnis V, Parnavelas JG (1999) The medial ganglionic eminence gives rise to a population of early neurons in the developing cerebral cortex. J Neurosci 19：7881-7888.

Marín O, Rubenstein JLR (2001) A long, remarkable journey：tangential migration in the telencephalon. Nature Rev Neurosci 2：780-790.

Parnavelas JG, Barfield JA, Franke E, Luskin MB (1991) Separate progenitor cells give rise to pyramidal and nonpyramidal neurons in the rat telencephalon. Cereb Cortex 1：463-468.

Price J, Thurlow L (1988) Cell lineage in the rat cerebral cortex：a study using retroviral-mediated gene transfer. Development 104：473-482.

Tamamaki N, Fujimori KE, Takauji R (1997) Origin and route of tangentially migrating neurons in the developing neocortical intermediate zone. J Neurosci 17：8313-8323.

Tan S-S, Kalloniatis M, Sturm K, Tam PPL, Reese BE, Faulkner-Jones B (1998) Separate progenitors for radial and tangential cell dispersion during development of the cerebral neocortex. Neuron 21：295-304.

Walsh C, Cepko CL (1992) Widespread dispersion of neuronal clones across functional regions of the cerebral cortex. Science 255：434-440.

Wichterle H, Turnbull DH, Nery S, Fishell G, Alvarez-Buylla A (2001) In utero fate mapping reveals distinct migratory pathways and fates of neurons born in the mammalian basal forebrain. Development 128：3759-3771.

局所的環境因子の影響（図32を含む）

Garel S, Garcia-Dominguez M, Charnay P (2000) Control of the migratory pathway of facial branchiomotor neurones. Development 127：5297-5307.

Studer M (2001) Initiation of facial motoneurone migration is dependent on rhombomeres 5 and 6. Development 128：3707-3716.

第II部　神経回路網の形成

＜問題提起＞（図33を含む）

ニワトリ胚における脊髄運動ニューロンと標的筋との接続

Ferguson BA (1983) Development of motor innervation of the chick following dorsal-ventral limb bud rotations. J Neurosci 3：1760-1772.

Ferns M, Hollyday M (1993) Motor innervation of dorsoventrally reversed wings in chick/quail chimeric embryos. J Neurosci 13：2463-2476.

Hollyday M (1981) Rules of motor innervation in chick embryos with supernumerary limbs. J Comp Neurol 202：439-465.

Lance-Jones CC (1986) Motoneuron projection patterns in chick embryonic limbs with a double complement of dorsal thigh musculature. Dev Biol 116：387-406.

Lance-Jones C, Landmesser L (1980a) Motoneurone projection patterns in embryonic chick limbs following partial deletions of the spinal cord. J Physiol 302：559-580.

Lance-Jones C, Landmesser L (1980b) Motoneurone projection patterns in the chick hind limb following early partial reversals of the spinal cord. J Physiol 302：581-602.

Lance-Jones C, Landmesser L (1981) Pathway selection by embryonic chick motoneurons in an experimentally altered environment. Proc R Soc Lond B 214：19-52.

Stirling RV, Summerbell D (1977) The development of functional innervation in the chick wing-bud following truncations and deletions of the proximal-distal axis. J Embryol exp Morphol 41：189：207.

Summerbell D, Stirling RV (1981) The innervation of dorsoventrally reversed chick wings：evidence that motor axons do not actively seek out their appropriate targets. J Embryo exp Morphol 61：233-247.

Stirling RV, Summerbell D (1985) The behaviour of growing axons invading developing chick wing buds with dorsoventral or anteroposterior axis reversed. J Embryol exp Morph 85：251-269.

Tosney KW, Landmesser LT (1984) Pattern and specificity of axonal outgrowth following varying degrees of chick limb bud ablation. J Neurosci 4：2518-2527.

Whitelaw V, Hollyday M (1983a) Thigh and calf discrimination in the motor innervation of the chick hindlimb following deletions of limb segments. J Neurosci 3：1199-1215.

Whitelaw V, Hollyday M (1983b) Neural pathway constraints in the motor innervation of the chick hindlimb following dorsoventral rotations of distal limb segments. J Neurosci 3：1226-1233.

第5章　遺伝的プログラムによる神経回路網の枠組みの形成（初期の段階）
5.1　軸索誘導
誘導メカニズム総論

Chisholm A, Tessier-Lavigne M (1999) Conservation and divergence of axon guidance mechanisms. Curr Opin Neurobiol 9：603-615.

Dickson BJ (2002) Molecular mechanisms of axon guidance. Science 298：1959-1964.

Kuwada JY (1986) Cell recognition by neuronal growth cones in a simple vertebrate embryo. Science 233：740-746.

Tessier-Lavigne M, Goodman CS (1996) The molecular biology of axon guidance. Science 274：1123-1133.

Yu TW, Bargmann CI (2001) Dynamic regulation of axon guidance. Nature Neurosci Suppl 4：1169-1176.

軸索誘導因子（表1を含む）

Brose K, Bland KS, Wang KH, Arnott D, Henzel W, Goodman CS, Tessier-Lavigne M, Kidd T (1999) Slit proteins bind Robo receptors and have an evolutionarily conserved role in repulsive axon guidance. Cell 96：795-806.

Brose K, Tessier-Lavigne M (2000) Slit proteins：key regulators of axon guidance, axonal branching, and cell migration. Curr Opin Neurobiol 10：95-102.

Colamarino SA, Tessier-Lavigne M (1995) The axonal chemoattractant netrin-1 is also a chemorepellent for trochlear motor axons. Cell 81：621-629.

Dodd J, Jessell TM (1988) Axon guidance and the patterning of neuronal projections in vertebrates. Science 242：692-699.

Fazeli A, Dickinson SL, Hermiston ML, Tighe RV, Steen RG, Small CG, Stoeckli ET, Keino-Masu K, Masu M, Rayburn H, Simons J, Bronson RT, Gordon JI, Tessier-Lavigne M, Weinberg RA (1997) Phenotype of mice lacking functional *Deleted in colorectal cancer* (Dcc) gene. Nature 386：796-804.

Grumet M, Mauro V, Burgoon MP, Edelman GM, Cunningham BA (1991) Structure of a new nervous system glycoprotein, Nr-CAM, and its relationship to subgroups of neural cell adhesion molecules. J Cell Biol 113：1399-1412.

He Z (2000) Crossed wires：L1 and Neuropilin interactions. Neuron 27：191-193.

Hong K, Hinck L, Nishiyama M, Poo M-m, Tessier-Lavigne M, Stein E (1999) A ligand-gated association between cytoplasmic domains of UNC5 and DCC family receptors converts netrin-induced growth cone attraction to repulsion. Cell 97：927-941.

Luo Y, Raible D, Raper JA (1993) Collapsin：a protein in brain that induces the collapse and paralysis of neuronal growth cones. Cell 75 : 217-227.

Raper JA (2000) Semaphorins and their receptors in vertebrates and invertebrates. Curr Opin Neurobiol 10 : 88-94.

Rathjen FG, Schachner M (1984) Immunocytological and biochemical characterization of a new neuronal cell surface component (L1 antigen) which is involved in cell adhesion. EMBO J 3 : 1-10.

Serafini T, Kennedy TE, Galko MJ, Mizayan C, Jessell TM, Tessier-Lavigne M (1994) The netrins define a family of axon outgrowth-promoting proteins homologous to C. elegans UNC-6. Cell 78 : 409-424.

Stein E, Tessier-Lavigne M (2001) Hierarchical organization of guidance receptors : silencing of netrin attraction by Slit through a Robo/DCC receptor complex. Science 291 : 1928-1938.

＜接触誘導＞

接触誘導の概念（図34を含む）

Burmeister DW, Goldberg DJ (1988) Micropruning : the mechanism of turning of *Aplysia* growth cones at substrate borders *in vitro*. J Neurosci 8 : 3151-3159.

Letourneau PC (1975) Cell-to-substratum adhesion and guidance of axonal elongation. Dev Biol 44 : 92-101.

反発性の接触誘導（図35を含む）

Davies JA, Cook GMW, Stern CD, Keynes RJ (1990) Isolation from chick somites of a glycoprotein fraction that causes collapse of dorsal root ganglion growth cones. Neuron 2 : 11-20.

Keynes RJ, Stern CD (1984) Segmentation in the vertebrate nervous system. Nature 310 : 786-789.

Tannahill D, Cook GMW, Keynes RJ (1997) Axon guidance and somites. Cell Tissue Res 290 : 275-283.

Walter J, Henke-Fahle S, Bonhoeffer F (1987a) Avoidance of posterior tectal membranes by temporal retinal axons. Development 101 : 909-913.

Walter J, Kern-Veits B, Huf J, Stolze B, Bonhoeffer F (1987b) Recognition of position-specific properties of tectal cell membranes by retinal axons *in vitro*. Development 101 : 685-696.

Wang HU, Anderson DJ (1997) Eph family transmembrane ligands can mediate repulsive guidance of trunk neural crest migration and motor axon outgrowth. Neuron 18 : 383-396.

道標細胞とパイオニアニューロン（図36を含む）

Bate CM (1976) Pioneer neurones in an insect embryo. Nature 260 : 54-56.

Bentley D, Caudy M (1983) Pioneer axons lose directed growth after selective killing of guidepost cells. Nature 304 : 62-65.

Ghosh A, Antonini A, McConnell SK, Shatz CJ (1990) Requirement for subplate neurons in the formation of thalamocortical connections. Nature 347：179-181.

Ghosh A, Shatz CJ (1993) A role for subplate neurons in the patterning of connections from thalamus to neocortex. Development 117：1031-1047.

Klose M, Bentley D (1989) Transient pioneer neurons are essential for formation of an embryonic peripheral nerve. Science 245：982-984.

McConnell SK, Ghosh A, Shatz CJ (1989) Subplate neurons pioneer the first axon pathway from the cerebral cortex. Science 245：978-982.

McConnell SK, Ghosh A, Shatz CJ (1994) Subplate pioneers and the formation of descending connections from cerebral cortex. J Neuroscei 14：1892-1907.

O'Connor TP, Duerr JS, Bentley D (1990) Pioneer growth cone steering decisions mediated by single filopodial contacts *in situ*. J Neurosci 10：3935-3946.

＜走化性誘導＞（図37を含む）

Gundersen RW, Barrett JN (1979) Neuronal chemotaxis：chick dorsal-root axons turn toward high concentrations of nerve growth factor. Science 206：1079-1080.

Lumsden AGS, Davies AM (1983) Earliest sensory nerve fibres are guided to peripheral targets by attractants other than nerve growth factor. Nature 306：786-788.

Lumsden AGS, Davies AM (1986) Chemotropic effect of specific target epithelium in the developing mammalian nervous system. Nature 323：538-539.

O'Connor R, Tessier-Lavigne M (1999) Identification of maxillary factor, a maxillary process-derived chemoattractant for developing trigeminal sensory axons. Neuron 24：165-178.

＜脊髄交差性ニューロンの正中交叉の誘導メカニズム＞（図38を含む）

Bovolenta P, Dodd J (1990) Guidance of commissural growth cones at the floor plate in embryonic rat spinal cord. Development 109：435-447.

Colamarino SA, Tessier-Lavigne M (1995) The role of the floor plate in axon guidance. Ann Rev Neurosci 18：497-529.

Dodd J, Morton SB, Karagogeos D, Yamamoto M, Jessell TM (1988) Spatial regulation of axonal glycoprotein expression on subsets of embryonic spinal neurons. Neuron 1：105-116.

Kennedy TE, Serafini T, de la Torre JR, Tessier-Lavigne M (1994) Netrins are diffusible chemotropic factors for commissural axons in the embryonic spinal cord. Cell 78：425-435.

Long H, Sabatier C, Ma L, Plump A, Yuan W, Ornitz DM, Tamada A, Murakami F, Goodman CS, Tessier-Lavigne M (2004) Conserved roles for Slit and Robo proteins in midline commissural axon guidance. Neuron 42：213-223.

Serafini T, Colamarino SA, Leonardo ED, Wang H, Beddington R, Skarnes WC, Tessier-Lavigne M (1996) Netrin-1 is required for commissural axon guidance in the developing vertebrate nervous system. Cell 87：1001-1014.

Shirasaki R, Katsumata R, Murakami F (1998) Change in chemoattractant responsiveness of developing axons at an intermediate target. Science 279：105-107.

Stoeckli ET, Landmesser LT (1995) Axonin-1, Nr-CAM, and Ng-CAM play different roles in the *in vivo* guidance of chick commissural neurons. Neuron 14：1165-1179.

Stoeckli ET, Sonderegger P, Pollerberg GE, Landmesser LT (1997) Interference with axonin-1 and NrCAM interactions unmasks a floor-plate activity inhibitory for commissural axons. Neuron 18：209-221.

Tamada A, Shirasaki R, Murakami F (1995) Floor plate chemoattracts crossed axons and chemorepels uncrossed axons in the vertebrate brain. Neuron 14：1083-1093.

Tanaka H, Kinutani M, Agata A, Takashima Y, Obata K (1990) Pathfinding during spinal tract formation in the chick-quail chimera analysed by species-specific monoclonal antibodies. Development 110：565：571.

Tessier-Lavigne M, Placzek M, Lumsden AGS, Dodd J, Jessell TM (1988) Chemotropic guidance of developing axons in the mammalian central nervous system. Nature 336：775-778.

Yaginuma H, Oppenheim RW (1991) An experimental analysis of *in vivo* guidance cues used by axons of spinal interneurons in the chick embryo：evidence for chemotropism and related guidance mechanisms. J Neurosci 11：2598-2613.

Zou Y, Stoeckli E, Chen H, Tessier-Lavigne M (2000) Squeezing axons out of the gray matter：a role for Slit and Semaphorin proteins from midline and ventral spinal cord. Cell 102：363-375.

5.2 標的領域内での特異的接続

＜化学親和説＞及び＜化学親和説の修正＞

網膜視蓋系（図39, 40を含む）

Attardi DG, Sperry RW (1963) Preferential selection of central pathways by regenerating optic fibers. Exp Neurol 7：46-64.

Cook JE (1979) Interactions between optic fibers controlling the locations of their terminals in the goldfish optic tectum. J Embryol exp Morph 52：89-103.

Gaze RM, Keating MJ, Chung SH (1974) The evolution of the retinotectal map during development in *Xenopus*. Proc R Soc Lond B 185：301-330.

Gierer A (1983) Model for the retino-tectal projection. Proc R Soc Lond B 218：77-93.

Gierer A (1987) Directional cues for growing axons forming the retinotectal projection. Development 101：479-489.

Goodhill GJ, Richards LJ (1999) Retinotectal maps：molecules, models and misplaced data. TINS 22：529-534.

Harris WA (1986) Homing behaviour of axons in the embryonic vertebrate brain. Nature 320：266-269.

Jacobson M, Gaze RM (1965) Selection of appropriate tectal connections by regenerating optic nerve fibers in adult goldfish. Exp Neurol 13 : 418-430.

Nakamoto M, Cheng H-J, Friedman GC, McLaughlin T, Hansen MJ, Yoon CH, O'Leary DDM, Flanagan JG (1996) Topographically specific effects of ELF-1 on retinal axon guidance *in vitro* and retinal axon mapping *in vivo*. Cell 86 : 755-766.

Schmidt JT, Cicerone CM, Easter SS (1978) Expansion of the half retinal projection to the tectum in goldfish : an electrophysiological and anatomical study. J Comp Neurol 177 : 257-278.

Sperry RW (1943a) Effect of 180 degree rotation of the retinal field on visuomotor coordination. J Exp Zool 92 : 263-279.

Sperry RW (1943b) Visuomotor coordination in the newt (triturus viridescens) after regeneration of the optic nerve. J Comp Neurol 79 : 33-55.

Sperry RW (1956) The eye and the brain. Sci Am 194 : 48-52.

Sperry RW (1963) Chemoaffinity in the orderly growth of nerve fiber patterns and connections. Proc Natl Acad Sci USA 50 : 703-710.

Yoon M (1971) Reorganization of retinotectal projection following surgical operations on the optic tectum in goldfish. Exp Neurol 33 : 395-411.

Yoon M (1972) Synaptic plasticities of the retina and of the optic tectum in goldfish. Amer Zool 12 : 106.

Eph-ephrin系（図41を含む）

Brown A, Yates PA, Burrola P, Ortuño D, Vaidya A, Jessell TM, Pfaff SL, O'Leary DDM, Lemke G (2000) Topographic mapping from the retina to the midbrain is controlled by relative but not absolute levels of EphA receptor signaling. Cell 102 : 77-88.

Cheng H-J, Nakamoto M, Bergemann AD, Flanagan JG (1995) Complementary gradients in expression and binding of ELF-1 and Mek4 in development of the topographic retinotectal projection map. Cell 82 : 371-381.

Connor RJ, Menzel P, Pasquale EB (1998) Expression and tyrosine phosphorylation of Eph receptors suggest multiple mechanisms in patterning of the visual system. Dev Biol 193 : 21-35.

Drescher U, Kremoser C, Handwerker C, Löschinger J, Noda M, Bonhoeffer F (1995) *In vitro* guidance of retinal ganglion cell axons by RAGS, a 25 kDa tectal protein related to ligands for Eph receptor tyrosine kinases. Cell 82 : 359-370.

Feldheim DA, Kim Y-I, Bergemann AD, Frisén J, Barbacid M, Flanagan JG (2000) Genetic analysis of ephrin-A2 and ephrin-A5 shows their requirement in multiple aspects of retinocollicular mapping. Neuron 25 : 563-574.

Flanagan JG, Vanderhaeghen (1998) The ephrins and Eph receptors in neural development. Ann Rev Neurosci 21 : 309-345.

Frisén J, Yates PA, McLaughlin T, Friedman GC, O'Leary DDM, Barbacid M (1998) Ephrin-A5

(AL-1/RAGS) is essential for proper retinal axon guidance and topographic mapping in the mammalian visual system. Neuron 20：235-243.

Hornberger MR, Dütting D, Ciossek T, Yamada T, Handwerker C, Lang S, Weth F, Huf J, Weßel R, Logan C, Tanaka H, Drescher U (1999) Modulation of EphA receptor function by coexpressed ephrinA ligands on retinal ganglion cell axons. Neuron 22：731-742.

Knöll B, Drescher U (2002) Ephrin-As as receptors in topographic projections. TINS 25：145-149.

Monschau B, Kremoser C, Ohta K, Tanaka H, Kaneko T, Yamada T, Handwerker C, Hornberger MR, Löschinger J, Pasquale EB, Siever DA, Verderame MF, Möller BK, Bonhoeffer F, Drescher U (1997) Shared and distinct functions of RAGS and ELF-1 in guiding retinal axons. EMBO J 16：1258-1267.

Nakamoto M, Cheng H-J, Friedman GC, McLaughlin T, Hansen MJ, Yoon CH, O'Leary DDM, Flanagan JG (1996) Topographically specific effects of ELF-1 on retinal axon guidance *in vitro* and retinal axon mapping *in vivo*. Cell 86：755-766.

Wilkinson DG (2000) Eph receptors and ephrins：regulators of guidance and assembly. Int Rev Cytol 196：177-244.

Wilkinson DG (2000) Topographic mapping：Organising by repulsion and competition? Curr Biol 10：R447-R451.

Wilkinson DG (2001) Multiple roles of Eph receptors and ephrins in neural development. Nature Rev Neurosci 2：155-164.

Yates PA, Roskies AL, McLaughlin T, O'Leary DDM (2001) Topographic-specific axon branching controlled by ephrin-As is the critical event in retinotectal map development. J Neurosci 21：8548-8563.

第6章　神経回路網の調整と精密化（後期の段階）
6.1　神経細胞死
＜神経栄養因子の概念＞（図42A, Bを含む）

Bothwell M (1995) Functional interactions of neurotrophins and neurotrophin receptors. Ann Rev Neurosci 18：223-253.

Calderó J, Prevette D, Mei X, Oakley RA, Li L, Milligan C, Houenou L, Burek M, Oppenheim RW (1998) Peripheral target regulation of the development and survival of spinal sensory and motor neurons in the chick embryo. J Neurosci 18：356-370.

Carr VM, Simpson SB, Jr (1978a) Proliferative and degenerative events in the early development of chick dorsal root ganglia. I. Normal development. J Comp Neurol 182：727-740.

Carr VM, Simpson SB, Jr (1978b) Proliferative and degenerative events in the early development of chick dorsal root ganglia. II. Responses to altered peripheral fields. J Comp Neurol 182：741-756.

Carroll SL, Silos-Santiago I, Frese SE, Ruit KG, Milbrandt J, Snider WD (1992) Dorsal root ganglion neurons expressing *trk* are selectively sensitive to NGF deprivation in utero. Neuron 9 : 779-788.

Cohen S (1960) Purification of a nerve-growth promoting protein from the mouse salivary gland and its neuro-cytotoxic antiserum. Proc Natl Acad Sci USA 46 : 302-311.

Crowley C, Spencer SD, Nishimura MC, Chen KS, Pitts-Meek S, Armanini MP, Ling LH, McMahon SB, Shelton DL, Levinson AD, Phillips HS (1994) Mice lacking nerve growth factor display perinatal loss of sensory and sympathetic neurons yet develop basal forebrain cholinergic neurons. Cell 76 : 1001-1011.

Goedert M, Otten U, Hunt SP, Bond A, Chapman D, Schlumpf M, Lichtensteiger W (1984) Biochemical and anatomical effects of antibodies against nerve growth factor on developing rat sensory ganglia. Proc Natl Acad Sci USA 81 : 1580-1584.

Hamburger V (1958) Regression versus peripheral control of differentiation in motor hypoplasia. Am J Anat 102 : 365-409.

Hamburger V (1975) Cell death in the development of the lateral motor column of the chick embyo. J Comp Neurol 160 : 535-546.

Hamburger V, Brunso-Bechtold JK, Yip JW (1981) Neuronal death in the spinal ganglia of the chick embryo and its reduction by nerve growth factor. J Neurosci 1 : 60-71.

Hamburger V, Levi-Montalcini R (1949) Proliferation, differentiation and degeneration in the spinal ganglia of the chick embryo under normal and experimental conditions. J Exp Zool 111 : 457-501.

Hamburger V, Yip JW (1984) Reduction of experimentally induced neuronal death in spinal ganglia of the chick embryo by nerve growth factor. J Neurosci 4 : 767-774.

Hendry IA (1975) The response of adrenergic neurones to axotomy and nerve growth factor. Brain Res 94 : 87-97.

Hollyday M, Hamburger V (1976) Reduction of the naturally occurring motor neuron loss by enlargement of the periphery. J Comp Neurol 170 : 311-320.

Johnson EM Jr, Gorin PD, Brandeis LD, Pearson J (1980) Dorsal root ganglion neurons are destroyed by exposure in utero to maternal antibody to nerve growth factor. Science 210 : 916-918.

Levi-Montalcini R (1987) The nerve growth factor 35 years later. Science 237 : 1154-1162.

Levi-Montalcini R, Booker B (1960a) Excessive growth of the sympathetic ganglia evoked by a protein isolated from mouse salivary glands. Proc Natl Acad Sci USA 46 : 373-384.

Levi-Montalcini R, Booker B (1960b) Destruction of the sympathetic ganglia in mammals by an antiserum to a nerve-growth protein. Proc Natl Acad Sci USA 46 : 384-391.

Oakley RA, Lefcort FB, Clary DO, Reichardt LF, Prevette D, Oppenheim RW, Frank E (1997) Neurotrophin-3 promotes the differentiation of muscle spindle afferents in the absence of peripheral targets. J Neurosci 17 : 4262-4274.

Oppenheim RW (1991) Cell death during development of the nervous system. Ann Rev Neurosci 14:453-501.

Purves D (1988) Body & Brain. A Trophic Theory of Neural Connections. Cambridge, MA: Harvard Univ Press.

Ruit KG, Elliott JL, Osborne PA, Yan Q, Snider WD (1992) Selective dependence of mammalian dorsal root ganglion neurons on nerve growth factor during embryonic development. Neuron 8: 573-587.

Smeyne RJ, Klein R, Schnapp A, Long LK, Bryant S, Lewin A, Lira SA, Barbacid M (1994) Severe sensory and sympathetic neuropathies in mice carrying a disrupted Trk/NGF receptor gene. Nature 368:246-249.

＜神経栄養因子の概念の修正＞

神経栄養因子の産生細胞や獲得経路の多様化（図43を含む）

Acheson A, Conover JC, Fandl JP, DeChiara TM, Russell M, Thadani A, Squinto SP, Yancopoulos GD, Lindsay RM (1995) A BDNF autocrine loop in adult sensory neurons prevents cell death. Nature 374:450-453.

Alter CA, DiStefano PS (1998) Neurotrophin trafficking by anterograde transport. TINS 21: 433-437.

Fariñas I, Yoshida CK, Backus C, Reichardt LF (1996) Lack of neurotrophin-3 results in death of spinal sensory neurons and premature differentiation of their precursors. Neuron 17:1065-1078.

Heerssen HM, Segal RA (2002) Location, location, location: a spatial view of neurotrophin signal transduction. TINS 25:160-165.

Korsching S (1993) The Neurotrophic factor concept: a reexamination. J Neurosci 13:2739-2748.

Le Douarin NM, Kalcheim C (1999) The Neural Crest. 2nd Ed. Cambridge University Press.

Wright EM, Vogel KS, Davies AM (1992) Neurotrophic factors promote the maturation of developing sensory neurons before they become dependent on these factors for survival. Neuron 9:139-150.

神経栄養因子の作用の多様性と重複性（図44，表2を含む）

Heerssen HM, Segal RA (2002) Location, location, location: a spatial view of neurotrophin signal transduction. TINS 25:160-165.

Huang EJ, Reichardt LF (2001) Neurotrophins: roles in neuronal development and function. Ann Rev Neurosci 24:677-736.

Huang EJ, Wilkinson GA, Fariñas I, Backus C, Zang K, Wong SL, Reichardt LF (1999) Expression of Trk receptors in the developing mouse trigeminal ganglion: *in vivo* evidence for NT-3 activation of TrkA and TrkB in addition to TrkC. Development 126:2191-2203.

Ibáñez CF (1998) Emerging themes in structural biology of neurotrophic factors. TINS 21:

438-444.

Ip NY, Yancopoulos GD (1996) The neurotrophins and CNTF: two families of collaborative neurotrophic factors. Ann Rev Neurosci 19: 491-515.

Kishimoto T, Akira S, Taga T (1992) Interleukin-6 and its receptor: a paradigm for cytokines. Science 258: 593-597.

Korsching S (1993) The Neurotrophic factor concept: a reexamination. J Neurosci 13: 2739-2748.

Lee FS, Kim AH, Khursigara G, Chao MV (2001) The uniqueness of being a neurotrophin receptor. Curr Opin Neurobiol 11: 281-286.

Metcalf D (2003) The unsolved enigmas of leukemia inhibitory factor. Stem Cells 21: 5-14.

Reichardt LF, Fariñas I (1997) Neurotrophic factors and their receptors. In Molecular and Cellular Approaches to Neural Development, Cowan WM, Jessell TM, Zipursky SL, eds. Oxford University Press, pp 220-263.

Takahashi M, Ritz J, Cooper GM (1985) Activation of a novel human transforming gene, *ret*, by DNA rearrangement. Cell 42: 581-588.

Takahashi M, Buma Y, Iwamoto T, Inaguma Y, Ikeda H, Hiai H (1988) Cloning and expression of the *ret* proto-oncogene encoding a tyrosine kinase with two potential transmembrane domains. Oncogene 3: 571-578.

機能的重複を示す複数種の神経栄養因子（図45を含む）

Enokido Y, Wyatt S, Davies AM (1999) Developmental changes in the response of trigeminal neurons to neurotrophins: influence of birthdate and the ganglion environment. Development 126: 4365-4373.

Fariñas I, Jones KR, Tessarollo L, Vigers AJ, Huang E, Kirstein M, de Caprona DC, Coppola V, Backus C, Reichardt LF, Fritzsch B (2001) Spatial shaping of cochlear innervation by temporally regulated neurotrophin expression. J Neurosci 21: 6170-6180.

Francis N, Fariñas I, Brennan C, Rivas-Plata K, Backus C, Reichardt L, Landis S (1999) NT-3, like NGF, is required for survival of sympathetic neurons, but not their precursors. Dev Biol 210: 411-427.

Huang EJ, Reichardt LF (2001) Neurotrophins: roles in neuronal development and function. Ann Rev Neurosci 24: 677-736.

Wyatt S, Piñón LGP, Ernfors P, Davies AM (1997) Sympathetic neuron survival and TrkA expression in NT3-deficient mouse embryos. EMBO J 16: 3115-3123.

＜運動ニューロンの生存＞（図42C，図45-4を含む）

Garcès A, Haase G, Airaksinen MS, Livet J, Filippi P, deLapeyrière O (2000) GFR α 1 is required for development of distinct subpopulations of motoneuron. J Neurosci 20: 4992-5000.

Henderson CE (1996) Role of neurotrophic factors in neuronal development. Curr Opin Neurobiol

6 : 64-70.

Henderson CE, Phillips HS, Pollock RA, Davies AM, Lemeulle C, Armanini M, Simpson LC, Moffet B, Vandlen RA, Koliatsos VE, Rosenthal A (1994) GDNF : a potent survival factor for motoneurons present in peripheral nerve and muscle. Science 266 : 1062-1064.

Oppenheim RW, Houenou LJ, Johnson JE, Lin L-F H, Li L, Lo AC, Newsome AL, Prevette DM, Wang S (1995) Developing motor neurons rescued from programmed and axotomy-induced cell death by GDNF. Nature 373 : 344-346.

Oppenheim RW, Houenou LJ, Parsadanian AS, Prevette D, Snider WD, Shen L (2000) Glial cell line-derived neurotrophic factor and developing mammalian motoneurons : regulation of programmed cell death among motoneuron subtypes. J Neurosci 20 : 5001-5011.

Oppenheim RW, Núñez R (1982) Electrical stimulation of hindlimb increases neuronal cell death in chick embryo. Nature 295 : 57-59.

Pittman R, Oppenheim RW (1979) Cell death of motoneurons in the chick embryo spinal cord. IV. Evidence that a functional neuromuscular interaction is involved in the regulation of naturally occurring cell death and the stabilization of synapses. J Comp Neurol 187 : 425-446.

6.2 シナプス除去
＜シナプス除去の概念＞（図46を含む）

Balice-Gordon RJ, Lichtman JW (1993) *In vivo* observations of pre-and postsynaptic changes during the transition from multiple to single innervation at developing neuromuscular junctions. J Neurosci 13 : 834-855.

Bennett MR, Pettigrew AG (1974) The formation of synapses in striated muscle during development. J Physiol 241 : 515-545.

Brown MC, Holland RL, Hopkins WG (1981) Restoration of focal multiple innervation in rat muscles by transmission block during a critical stage of development. J Physiol 318 : 355-364.

Brown MC, Jansen JKS, Van Essen D (1976) Polyneuronal innervation of skeletal muscle in new-born rats and its elimination during maturation. J Physiol 261 : 387-422.

Gan W-B, Lichtman JW (1998) Synaptic segregation at the developing neuromuscular junction. Science 282 : 1508-1511.

Goda Y, Davis GW (2003) Mechanisms of synapse assembly and disassembly. Neuron 40 : 243-264.

Keller-Peck CR, Walsh MK, Gan W-B, Feng G, Sanes JR, Lichtman JW (2001) Asynchronous synapse elimination in neonatal motor units : studies using GFP transgenic mice. Neuron 31 : 381-394.

Lichtman JW, Colman H (2000) Synapse elimination and indelible memory. Neuron 25 : 269-278.

O' Brien RAD, Östberg AJC, Vrbová G (1978) Observations on the elimination of polyneuronal innervation in developing mammalian skeletal muscle. J Physiol 282 : 571-582.

Redfern PA (1970) Neuromuscular transmission in new-born rats. J Physiol 209 : 701-709.

Thompson W, Kuffler DP, Jansen JKS (1979) The effect of prolonged, reversible block of nerve impulses on the elimination of polyneuronal innervation of new-born rat skeletal muscle fibers. Neurosci 4:271-281.

Walsh MK, Lichtman JW (2003) *In vivo* time-lapse imaging of synaptic takeover associated with naturally occurring synapse elimination. Neuron 37:67-73.

Wyatt RM, Balice-Gordon RJ (2003) Activity-dependent elimination of neuromuscular synapses. J Neurocytol 32:777-794.

＜電気的活動の関与する軸索間の競争＞（図47を含む）

Balice-Gordon RJ, Lichtman JW (1994) Long-term synapse loss induced by focal blockade of postsynaptic receptors. Nature 372:519-524.

Buffelli M, Burgess RW, Feng G, Lobe CG, Lichtman JW, Sanes JR (2003) Genetic evidence that relative synaptic efficacy biases the outcome of synaptic competition. Nature 424:430-434.

Busetto G, Buffelli M, Tognana E, Bellico F, Cangiano A (2000) Hebbian mechanisms revealed by electrical stimulation at developing rat neuromuscular junctions. J Neurosci 20:685-695.

Rich MM, Lichtman JW (1989) *In vivo* visualization of pre-and postsynaptic changes during synapse elimination in reinnervated mouse muscle. J Neurosci 9:1781-1805.

6.3 シナプス形成

＜シナプス形成過程＞（図48を含む）

Anderson MJ, Cohen MW (1977) Nerve-induced and spontaneous redistribution of acetylcholine receptors on cultured muscle cells. J Physiol 268:757-773.

Bennett MR, Pettigrew AG (1974) The formation of synapses in striated muscle during development. J Physiol 241:515-545.

Bevan S, Steinbach JH (1977) The distribution of α-bungarotoxin binding sites on mammalian skeletal muscle developing *in vivo*. J Physiol 267:195-213.

Brehm P, Henderson L (1988) Regulation of acetylcholine receptor channel function during development of skeletal muscle. Dev Biol 129:1-11.

Dennis MJ, Ziskind-Conhaim L, Harris AJ (1981) Development of neuromuscular junctions in rat embryos. Dev Biol 81:266-279.

Dennis MJ (1981) Development of the neuromuscular junction: inductive interactions between cells. Ann Rev Neurosci 4:43-68.

Duclert A, Changeux J-P (1995) Acetylcholine receptor gene expression at the developing neuromuscular junction. Physiol Rev 75:339-368.

Frank E, Fischbach GD (1979) Early events in neuromuscular junction formation *in vitro*. J Cell Biol 83:143-158.

Goda Y, Davis GW (2003) Mechanisms of synapse assembly and disassembly. Neuron 40:243-264.

Hall ZW, Sanes JR (1993) Synaptic structure and development : the neuromuscular junction. Cell 72/Neuron 10 (Suppl) : 99-121.

Mishina M, Takai T, Imoto K, Noda M, Takahashi T, Numa S, Methfessel C, Sakmann B (1986) Molecular distinction between fetal and adult forms of muscle acetylcholine receptor. Nature 321 : 406-411.

Missias AC, Chu GC, Klocke BJ, Sanes JR, Merlie JP (1996) Maturation of the acetylcholine receptor in skeletal muscle : regulation of the AChR γ-to ε- switch. Dev Biol 179 : 223-238.

Sanes JR, Lichtman JW (1999) Development of the vertebrate neuromuscular junction. Ann Rev Neurosci 22 : 389-442.

Sanes JR, Lichtman JW (2001) Induction, assembly, maturation and maintenance of a postsynaptic apparatus. Nature Rev Neurosci 2 : 791-805.

＜ニューロンから筋への影響―化学分子によるもの＞（図49を含む）

Anderson MJ, Cohen MW, Zorychta E (1977) Effects of innervation on the distribution of acetylcholine receptors on cultured muscle cells. J Physiol 268 : 731-756.

Brenner HR, Herczeg A, Slater CR (1992) Synapse-specific expression of acetylcholine receptor genes and their products at original synaptic sites in rat soleus muscle fibers regenerating in the absence of innervation. Development 116 : 41-53.

Burden SJ, Sargent PB, McMahan UJ (1979) Acetylcholine receptors in regenerating muscle accumulate at original synaptic sites in the absence of the nerve. J Cell Biology 82 : 412-425.

Burgess RW, Nguyen QT, Son Y-J, Lichtman JW, Sanes JR (1999) Alternatively spliced isoforms of nerve and muscle-derived agrin : their roles at the neuromuscular junction. Neuron 23 : 33-44.

Falls DL, Rosen KM, Corfas G, Lane WS, Fischbach GD (1993) ARIA, a protein that stimulates acetylcholine receptor synthesis, is a member of the Neu ligand family. Cell 72 : 801-815.

Falls DL (2003) Neuregulins and the neuromuscular system : 10 years of answers and questions. J Neurocytol 32 : 619-647.

Fischbach GD, Rosen KM (1997) ARIA : A neuromuscular junction neuregulin. Ann Rev Neurosci 20 : 429-58.

Frank E, Fischbach GD (1979) Early events in neuromuscular junction formation in vitro. J Cell Biol 83 : 143-158.

Gautam M, Noakes PG, Moscoso L, Rupp F, Scheller RH, Merlie JP, Sanes JR (1996) Defective neuromuscular synaptogenesis in agrin-deficient mutant mice. Cell 85 : 525-535.

McMahan UJ (1990) The agrin hypothesis. Cold Sprin Harb Symp Quant Biol 55 : 407-418.

Merlie JP, Sanes JR (1985) Concentration of acetylcholine receptor mRNA in synaptic regions of adult muscle fibres. Nature 317 : 66-68.

Rubin LL, Schuetze SM, Weill CL, Fischbach GD (1980) Regulation of acetylcholinesterase appearance at neuromuscular junctions *in vitro*. Nature 283 : 264-267.

Sandrock AW Jr, Dryer SE, Rosen KM, Gozani SN, Kramer R, Theill LE, Fischbach GD (1997) Maintenance of acetylcholine receptor number by neuregulins at the neuromuscular junction *in vivo*. Science 276 : 599-603.

Sanes JR, Johnson YR, Kotzbauer PT, Mudd J, Hanley T, Martinou J-C, Merlie JP (1991) Selective expression of an acetylcholine receptor-lacZ transgene in synaptic nuclei of adult muscle fibers. Development 113 : 1181-1191.

＜ニューロンから筋への影響―電気的活動によるもの＞（図50を含む）

Akaaboune M, Culican SM, Turney SG, Lichtman JW (1999) Rapid and reversible effects of activity on acetylcholine receptor density at the neuromuscular junction *in vivo*. Science 286 : 503-507.

Akaaboune M, Grady RM, Turney S, Sanes JR, Lichtman JW (2002) Neurotransmitter receptor dynamics studied in vivo by reversible photo-unbinding of fluorescent ligands. Neuron 34 : 865-876.

Braithwaite AW, Harris AJ (1979) Neural influence on acetylcholine receptor clusters in embryonic development of skeletal muscles. Nature 279 : 549-551.

Fambrough DM (1979) Control of acetylcholine receptors in skeletal muscle. Physiol Rev 59 : 165-227.

Goda Y, Davis GW (2003) Mechanisms of synapse assembly and disassembly. Neuron 40 : 243-264.

Goldman D, Brenner HR, Heinemann S (1988) Acetylcholine receptor α-, β-, γ-, and δ-subunit mRNA levels are regulated by muscle activity. Neuron 1 : 329-333.

Lφmo T, Westgaard RH (1976) Control of ACh sensitivity in rat muscle fibers. Cold Spring Harb Symp Quant Biol 40 : 263-274.

Massoulié J, Pezzementi L, Bon S, Krejci E, Vallette F-M (1993) Molecular and cellular biology of cholinesterases. Prog Neurobiol 41 : 31-91.

Missias AC, Chu GC, Klocke BJ, Sanes JR, Merlie JP (1996) Maturation of the acetylcholine receptor in skeletal muscle : regulation of the AChR γ-to ε-switch. Dev Biol 179 : 223-238.

Rubin LL, Schuetze SM, Weill CL, Fischbach GD (1980) Regulation of acetylcholinesterase appearance at neuromuscular junctions *in vitro*. Nature 283 : 264-267.

Salpeter MM, Loring RH (1985) Nicotinic acetyocholine receptors in vertebrate muscle : properties, distribution and neural control. Prog Neurobiol 25 : 297-325.

＜筋からニューロンへの影響＞（図51を含む）

DeChiara TM, Bowen DC, Valenzuela DM, Simmons MV, Poueymirou WT, Thomas S, Kinetz E, Compton DL, Rojas E, Park JS, Smith C, DiStefano PS, Glass DJ, Burden SJ, Yancopoulos GD (1996) The receptor tyrosine kinase MuSK is required for neuromuscular junction formation *in vivo.* Cell 85：501-512.

Gautam M, Noakes PG, Mudd J, Nichol M, Chu GC, Sanes JR, Merlie JP (1995) Failure of postsynaptic specialization to develop at neuromuscular junctions of rapsyn-deficient mice. Nature 377：232-236.

Glicksman MA, Sanes JR (1983) Differentiation of motor nerve terminals formed in the absence of muscle fibres. J Neurocytol 12：661-671.

Nguyen QT, Son Y-J, Sanes JR, Lichtman JW (2000) Nerve terminals form but fail to mature when postsynaptic differentiation is blocked：*in vivo* analysis using mammalian nerve-muscle chimeras. J Neurosci 20：6077-6086.

Noakes PG, Gautam M, Mudd J, Sanes JR, Merlie JP (1995) Aberrant differentiation of neuromuscular junctions in mice lacking s-laminin/laminin β 2. Nature 374：258-262.

Sanes JR, Marshall LM, McMahan UJ (1978) Reinnervation of muscle fiber basal lamina after removal of myofibers. J Cell Biol 78：176-198.

＜神経主導の考えへの挑戦＞

Arber S, Burden SJ, Harris AJ (2002) Patterning of skeletal muscle. Curr Opin Neurobiol 12：100-103.

Braithwaite AW, Harris AJ (1979) Neural influence on acetylcholine receptor clusters in embryonic development of skeletal muscles. Nature 279：549-551.

Burden SJ (2002) Building the vertebrate neuromuscular synapse. J Neurobiol 53：501-511.

Ferns M, Carbonetto S (2001) Challenging the neurocentric view of neuromuscular synapse formation. Neuron 30：311-314.

Harris AJ (1981) Embryonic growth and innervation of rat skeletal muscles. III. Neural regulation of junctional and extra-junctional acetylcholine receptor clusters. Phil. Trans. R. Soc. Lond. B Biol Sci 293：287-314.

Lin W, Burgess RW, Dominguez B, Pfaff SL, Sanes JR, Lee K-F (2001) Distinct roles of nerve and muscle in postsynaptic differentiation of the neuromuscular synapse. Nature 410：1057-1064.

Yang X, Arber S, William C, Li L, Tanabe Y, Jessell TM, Birchmeier C, Burden SJ (2001) Patterning of muscle acetylcholine receptor gene expression in the absence of motor innervation. Neuron 30：399-410.

Yang X, Li W, Prescott ED, Burden SJ, Wang JC (2000) DNA topoisomerase II β and neural development. Science 287：131-134.

あとがき

　"神経発生生物学とはどんな学問ですか？"と，私がアメリカでこの分野の研究に従事していた10年前頃までは，日本の研究者からも尋ねられました．"神経系がどのように形成されるかを解明する学問です."と答えると，"では，神経発生学とはどう違うのですか？"と続けて尋ねられ答えに困ったものです．その時，私が頭に描いていた神経発生生物学とは，今から30年余り前の1970年代頃からアメリカやヨーロッパの神経生物学界を中心に，発生学におけるシュペーマン以来の古典的な移植の手法を用いて積み上げられてきた数々の神経発生学領域の実験結果や理論を実証する分子の同定や，神経成長因子（nerve growth factor, NGF）に代表される，神経細胞の生存や分化をコントロールする成長因子の精製など，"移植から分子へ"のスローガンの下に，"神経発生生物学（Developmental Neurobiology）"として開拓されていた"蛋白分子レベルからの神経発生学"でした．

　私は1979年に分子生物学分野でPh.Dを取得後，その手法を応用しようとハーバード大学医学部でPatterson博士の研究室の研究員として神経発生生物学を始めました．当時の神経生物学は電気生理学的手法が主で，ハーバード大学医学部はその中心的な存在でした．しかし，神経生物学への分子生物学的手法の導入は時期尚早で，Patterson博士らを代表とした生化学的手法からの試みが成功し始めたばかりの頃でした．神経発生の分野において神経細胞の運命決定に関わる内在性遺伝因子と外在性環境因子の役割は"ヨーロッパ方式では先祖の言うことに従いアメリカ方式では隣人の言うことに従う"というBrenner博士の言葉に代表されるように多くの研究者の関心事となっていて，Le Douarin博士らの研究グループにより移植片由来の自律神経系細胞のタイプが新しい環境下でアドレナリン作動性にもコリン作動性にも変換できることは既に示されていましたが，外的環境因子の役割が単にいずれか一方のタイプの生存に適切な環境を提供しただけなのか，真にいずれのタイプにも分化しうる単一の細胞の運命を一方に誘導したのかは不明でした．生化学的手法を取り入れたハーバードの研究グループにより示された，適切な培養条件下で未熟なラットの単一の交感神経細胞をアドレナリン作動性からコリン作動性に変換できるという結果は個々の神経細胞の運命が外的環境により真に変換することを実証する最初の例として受け入れられ，その変換を起こすコリン作動性神経分化因子（現在はLIFとして知られている）は，既に精製されていたNGFとは異なり神経細胞の生存ではなく分化に関わる別のタイプの因子として大きな関心を集めていました．Patterson研究室で幸運にもこの因子の精製に成功した私は，アメリカで分子レベルからの神経発生生物学を開拓してきた研究者の一員として様々な学会に招待され世界中の神経生物学分野の科学者と接し当時の神経発生生物学界の興奮を経験することができました．帰国後，健康上の理由等で研究は断念したものの，常に根本的な視

点から様々な実験結果の何が重要かを問いかける態度や，それぞれの課題に取り組むのに必要な着眼点など，これらの科学者との接触から私が学んだことを何らかの形で日本の学生や若い研究者に伝えたいと思っていたので，帰国後医療従事者の教育に携ってきた経験から教育や教科書の重要性を実感していることもあって教科書を書くことを思い立ちました．アメリカで研究に従事していた1990年代半ばまでの進歩を中心とした2000年始め頃までの経過を折り込んだ神経発生生物学の歩みを，発生学の主要なテーマであり私の研究課題でもあった，神経系の形成に内在性遺伝因子と外在性環境因子それぞれがどれだけ関わっているかという観点からまとめてみました．様々なご批判やご指摘はあると思いますが"神経発生生物学はおもしろい"と，この興味深い分野の発展を肌で感じてきた感動や興奮を少しでも日本の将来を担う学生や研究者の方々と共有できたら幸いです．

　この本の出版が可能になったのはひとえに渡邊格先生の御力添えのお陰です．日本の分子生物学の確立に代表的な先駆者として貢献された渡邊格先生は，分子生物学の定着した今の日本において，ともすれば一部の若い研究者に見られる"分子生物学で全てが解決できる"という風潮に憂慮されていて，広く生命科学分野への支援をお考えでした．また，上智大学名誉教授 青木清先生には出版に向けて終始様々な御助力をいただきました．ここに改めて感謝の意を表します．

索 引

あ 行

アグリン　　164, 166, 183, 184
アグリンレセプター　　166
アセチルコリン　　63, 84, 85, 161
アセチルコリン合成酵素　　64, 88
アドレナリン作動性　　63, 64, 65, 84, 85, 87, 88, 89, 101, 102, 106
アンチセンス BMP-RNA　　12, 19, 21

一次運動野　　68, 69, 70, 96
一次視覚野　　68, 69, 70, 96, 98
一次体性知覚野　　69, 70, 98, 99
位置情報　　9, 25, 26, 27, 28, 29, 30, 31, 32, 33, 38, 50, 134
遺伝的プログラム　　11, 66, 119, 127, 166
移動経路の選択　　62, 66
インサイド・アウト　　66, 90, 102, 108
インターロイキン-6　　157, 172
インテグリン族　　128

ウイント　　13

オーガナイザー　　11, 12, 13, 14, 18, 20, 21, 22

か 行

外在性環境因子　　11, 59, 61, 92
外在性環境要因　　59, 65, 68
外在性要因　　70
介在ニューロン　　31, 33, 50, 103, 112
外的環境因子　　30, 33, 65, 66, 67, 102, 103, 155
蓋板　　14, 24, 33, 54
化学親和説　　132, 133, 134
確定　　64, 65, 66, 67, 68, 69, 70, 96, 98, 103
可塑性　　9, 59, 65, 67, 69, 92, 96, 150

カテコラミン　　63, 64, 84, 85, 88
カドヘリン族　　128
ガルバノトロピズム　　127
感受期　　65, 67, 92, 93, 94, 95
汗腺　　64, 65, 85
顔面神経運動ニューロン　　28, 29, 30, 43, 45, 48, 104, 114, 115

基底核　　3, 7, 70, 103, 112, 113
キナーゼ　　157, 158
機能的重複　　175, 176
キメラ　　59, 60
峡部　　61, 76, 77
局所的環境　　59, 60, 62, 63, 64, 72, 74, 76, 84, 88, 104, 110

グリア　　1, 14, 74, 90, 91, 103, 171, 183
グリア由来神経栄養因子　　157, 158

系統発生　　29
原口背唇部　　2, 6, 11, 12, 13, 14, 16, 17, 18, 20, 24, 32

交感神経節　　60, 63, 64, 65, 72, 73, 74, 75, 84, 86, 87, 88, 89, 101, 102, 106, 107, 156, 158, 172, 175
交差性ニューロン　　130, 131
勾配　　22, 25, 31, 32, 33, 50, 51, 54, 56, 70, 127, 130, 131, 134, 139, 143, 144, 145, 147, 152, 153
後方優位　　26, 27, 28, 29, 30, 60
骨形成蛋白質　　12, 157
個体発生　　29
コーディン　　12, 13, 14, 18, 24
コラプシン　　128
コリン作動性　　63, 64, 65, 84, 85, 87, 88, 89

コンダクタンス　165
コンパートメント　25, 26, 27, 29, 31, 33, 38, 39

さ　行

鰓弓　28, 29, 30, 40, 42, 43, 44, 45, 48, 49, 61, 76, 77, 78, 80, 81
サイトカイン　158, 172
細胞系譜　9, 59, 67, 103, 112
細胞成長因子　158, 173
細胞体トランスロケーション　103, 104, 112
サブタイプ　102, 159, 175, 176
サブプレート　66, 90, 130
サブユニット　64, 157, 158, 165, 172, 173, 182
三叉神経運動ニューロン　28, 29, 30, 43, 45, 48

視蓋　129, 132, 133, 134, 135, 139, 140, 148, 149, 150, 151, 152, 153
軸索誘導　127, 130, 131, 141, 145
シグナル伝達　12, 13, 14, 19, 21, 32, 46, 53, 64, 157, 158, 172, 173
視床　3, 7, 66, 69, 70, 91, 98, 99, 130
糸状足　127
指定　64, 65
シナプス形成　119, 155, 162, 166, 181, 182, 183, 185, 187
シナプス後細胞　161, 162, 166, 171, 183, 187
シナプス小胞　85, 162, 165, 182, 184, 187, 188
シナプス除去　119, 155, 159, 160, 161, 162, 177, 179, 182
シナプス前細胞　161, 162, 165, 166, 171, 187
シナプス伝達　161, 162, 163, 164, 165, 179, 180, 183, 184, 185, 186
上丘　68, 69, 96, 97, 129, 132
神経栄養因子　130, 155, 156, 157, 158, 159, 168, 169, 171, 172, 173, 175
神経回路網　1, 43, 65, 101, 104, 117, 119, 127, 129, 130, 131, 134, 155, 160, 162
神経筋接合部　160, 161, 162, 163, 166, 179, 183
神経筋伝達　159, 164, 169, 170
神経膠細胞　1
神経細胞死　119, 155, 156, 159, 160, 168

神経細胞接着分子　128
神経終末　162, 165, 166, 183, 187, 188
神経主導の考え　166
神経成長因子　130, 157
神経叢　117, 118, 122, 123, 124, 125, 126
神経胚　2, 6, 13, 18, 22
神経板　2, 6, 13, 14, 23, 24, 33
神経ヒダ　2, 6, 24
神経誘導　1, 2, 6, 11, 12, 13, 14, 18, 19, 22, 24, 25, 30, 33
伸長反発分子　129

ステレオトロピズム　127
スリット　128, 132, 145, 146, 147

成長円錐　127, 129, 130, 138, 139, 141, 142, 143, 144, 162, 164, 165, 166, 182, 187
脊索　2, 6, 14, 17, 24, 32, 53, 54, 55, 56, 57, 106, 107, 111
脊髄　2, 7, 13, 14, 22, 23, 31, 32, 33, 36, 43, 46, 47, 50, 51, 53, 54, 55, 57, 60, 68, 69, 70, 73, 74, 75, 96, 97, 101, 102, 108, 109, 117, 118, 122, 124, 125, 131, 132, 145, 147, 155, 168, 171
脊髄交差線維　129
接合部基底膜　162, 163, 164, 165, 182, 183, 184, 187, 188
接触誘導　127, 129, 131, 132, 134, 138, 139, 145, 146, 147
接線方向の移動　103, 104, 112, 113
セマフォリン　145, 147
セマフォリン3A　128, 132
線維芽細胞増殖因子　13, 157

走化性誘導　127, 130, 131, 132, 134, 143, 145, 146, 147
相補的　134
ソニックヘッジホッグ　14

た　行

体軸　13, 14, 36
体節　6, 24, 26, 36, 46, 47, 60, 62, 72, 74, 78, 82,

83, 102, 103, 106, 107, 110, 111, 129
大動脈　88, 101, 102, 106, 107, 111
大脳皮質　3, 7, 66, 67, 68, 69, 70, 90, 91, 92, 96, 97, 98, 99, 103, 112, 113, 130
脱神経　163, 165, 179, 183, 184, 185, 186, 187, 188
多能性　59, 60, 62, 64, 65, 67, 68
多様性　1, 158, 172, 174

重複性　158, 172, 174

底板　14, 24, 31, 32, 50, 54, 56, 129, 131, 132, 145, 147
電気的活動　159, 160, 161, 162, 163, 164, 165, 179, 183, 185
転写調節因子　25, 30, 32

道標細胞　129, 141, 142
頭部神経冠　29, 60, 61, 62, 63, 74, 76, 78, 80, 82
特異的認識機構　118, 127, 132, 133, 134, 135, 152
トランスフォーミング増殖因子-β　12, 157

な　行

内在性遺伝因子　70
内在性遺伝プログラム　59, 66, 70, 104
内在性遺伝要因　59, 62, 65, 68

2次胚　11, 13, 16, 17
2段階説　13, 14, 22, 23
ニューレギュリン-1　164, 166
ニューロトロフィン-3　157
ニューロトロフィン-4　157
ニューロトロフィン族　157, 171, 172, 173
ニューロピリン　128, 132, 145, 147

ネトリン　128, 131, 132, 145, 147

脳室層　65, 66, 67, 68, 69, 90, 91, 96, 98, 103, 112
囊胚　2, 6, 11, 12, 13, 16, 17, 18, 19, 21, 22
脳胞　2, 7
脳由来神経栄養因子　157
ノギン　12, 13, 14, 18, 24, 101

ノルアドレナリン　63, 85

は　行

パイオニアニューロン　66, 129, 141, 142
パターン形成　11, 13, 14, 24, 29, 30, 31, 51, 68, 70, 102, 130, 131
白血病抑制因子　63, 157
バラバラに　12, 18, 20, 61, 62, 67, 68, 78, 79, 80, 92, 93, 95
バレル　69, 70, 98, 99
半減期　163, 165, 185, 186

皮質板　66, 90, 103

フィロポディア　127, 129, 141, 142
フォリスタチン　12, 13, 14, 18, 24
副交感神経節　60, 62, 63, 72, 73, 74, 75, 88, 89, 106
複数オーガナイザー説　13, 14, 22, 23
プラコード　2, 74
フランス国旗モデル　31, 32, 33, 50, 51, 52, 53, 70
プレプレート　66, 90
分化潜在能力　74, 75
分化予定域　74, 75

平均的チャネル開期時間　165
辺縁層　66, 90, 91

放射状移動　103, 104, 112, 113
放射状グリア　103, 112
胞胚　2, 6, 12, 18, 19, 20
ホメオティック遺伝子　25, 26
ホメオボックス遺伝子　25, 29

ま　行

免疫グロブリンスーパーファミリー　128
免疫グロブリン族　128

網膜　129, 132, 133, 134, 135, 139, 140, 148, 149, 150, 151, 152, 153

226　索　引

網膜視蓋系　132, 133, 134, 148, 152
毛様体神経栄養因子　157, 172

ら　行

ラメリポディア　127
卵割　1, 2, 6, 18

領域特異的　13, 25, 26, 28, 29, 30, 32, 38, 50, 68, 69, 70, 96, 98, 99
菱脳　2, 7, 22, 23, 27, 28, 29, 30, 33, 36, 40, 41, 42, 43, 45, 46, 47, 49, 68, 73, 74, 75, 76, 77, 78, 114, 132
リン酸化酵素　158

レチノイン酸　14, 36, 102, 108

ロコモーション　103, 112, 113
ロボ　128, 132, 145, 146, 147
ロンボメア　27, 28, 29, 30, 31, 40, 41, 43, 44, 46, 48, 60, 61, 68, 74, 76, 78, 104, 114

A

acetylcholine receptor-inducing activity　164
acetylcholinesterase　85
ACh　84, 85, 87, 161
AChE　85, 87
ACh エステラーゼ　85, 163, 165, 182
ACh 合成酵素　85, 161
ACh 分解酵素　163, 165
ACh レセプター　162, 163, 164, 165, 166, 181, 182, 183, 184, 185, 186, 187
ACh レセプター誘導活性分子　164
ARIA　164
axon guidance　119
axonin-1　128, 131

B

BDNF　157, 171, 172, 175
blastula　2
BMP　12, 14, 18, 19, 20, 21, 24, 32, 33, 70, 101, 102, 107, 157
bone morphogenetic protein　12
branchial arch　28

C

CA　63, 64, 84, 85, 87, 88, 89

Ca^{++} 依存性細胞間接着因子族　128
CAT　64, 85, 87, 88, 89
catecholamine　63
cell death　119
channel open time　165
chemoaffinity hypothesis　133
chemotaxis　127
choline acetyltransferase　64
clustering　162, 187
CNTF　157, 172
commitment　65
conductance　165
contact guidance　127
cortical plate　66
critical period　65

D

DCC　128, 131, 145, 147

E

Eph　128, 134, 152, 153
ephrin　128, 134, 152, 153
epidermal placode　2

F

fate map　74

FGF   13, 14, 31, 33, 61, 70, 76, 77, 157, 173
fibroblast growth factor   13
floor plate   14

G

GABA   103, 112
galvanotropism   127
gastrula   2
GDNF   157, 158, 159
glial cell line-derived neurotrophic factor   158
gp130   157, 172
growth factor   158
guidepost cell   129

H

Hebb's rule   162
HOM-C   26, 29, 36, 37
homeobox   26
homeotic complex   26
Hox 遺伝子   25, 26, 27, 28, 29, 30, 31, 33, 36, 38, 39, 40, 41, 43, 45, 46, 48, 60, 61, 62, 68, 76, 78, 79, 80, 81, 102

I

IL-6   157, 172
induction   9
inside out   66
instructive   63
int-1   13
isthmus   76

L

L1   128, 132, 145, 146, 147
leukemia inhibitory factor   63
LIF   63, 64, 84, 157, 172
LIFR β   157
lineage   9

M

migration   9
MuSK   166

N

N-CAM   128
nerve growth factor   130
neural cell adhesion molecule   128
neural crest   2
neural fold   2
neural plate   2
neural tube   2
neurotrophic factor   156
neurula   2
NGF   130, 143, 144, 156, 157, 159, 168, 169, 170, 171, 172, 175
Nieuwkoop   13, 22
noradrenaline   63
notochord   2
Nr-CAM   128, 131, 145, 147
NT-3   157, 171, 172, 175
NT-4   157, 173

P

$p75^{NTR}$ 157, 172
paralogous group   36
plastic   65
plasticity   9
positional information   9
posterior dominance   26
preplate   66
progressive restriction   67
protocortex 仮説   68, 70
protomap 仮説   68, 69, 70, 103, 104, 112

R

RA   14, 22, 30, 31, 36, 37, 46, 47, 48, 49, 102, 108, 109
radial migration   103
rapsyn   166, 187
retinoic acid   14
rhombomere   27
roof plate   14

S

selective 63
selective recognition 119
Shh 14, 24, 32, 33, 50, 51, 53, 54, 55, 56, 57, 70, 131
somal translocation 103
Sonic hedgehog 14
specification 65
Spemann 11, 12, 13, 14, 16, 18, 25, 59
Sperry 133, 134, 148, 150, 152
stereotropism 127
subplate 66
synapse elimination 119
synapse formation 119

T

TAG-1 128, 131, 145, 147
tangential migration 103
TGF-β 12, 13, 157
transforming growth factor-β 12
TrkA 157, 172, 175
TrkB 157, 172, 175
TrkC 157, 172, 175
trophic interaction 155, 156

V

ventricular zone 65

W

wingless 13
Wnt 13, 14, 33, 70
Wolpert 31, 70

記号

γ-aminobutyric acid 103
γ-アミノ酪酸 103

〈著者略歴〉

深 田 惠 子（ふかだ・けいこ）

1972 年	慶應義塾大学医学部卒業
	慶應義塾大学大学院医学研究科入学（渡邊格教授）
	第 53 回医師国家試験合格
1979 年	カリフォルニア州立大学・サンディエゴ分校　生物学部
	（University of California, San Diego, Biology）大学院終了
	分子生物学分野で Ph.D.（博士号）取得（Dr. John Abelson）
1982 年	慶應義塾大学大学院医学研究科退学
1979 – 1983 年	ハーバード大学医学部　神経生物学部
	（Harvard Medical School, Neurobiology）
	研究員（Dr. Paul H. Patterson の研究室）
1983 – 1986 年	カリフォルニア工科大学　生物学部
	（California Institute of Technology, Biology）
	研究員（Dr. Paul H. Patterson の研究室）
1986 – 1996 年	ニューヨーク州立大学・ブルックリン分校　解剖学／細胞生物学部
	（State University of New York, Health Science Center at Brooklyn, Anatomy & Cell Biology）
	アシスタントプロフェッサー
1996 – 2003 年	愛知学院大学歯学部　客員助教授
2003 年 – 現在に至る	愛知学院大学歯学部　非常勤講師
1997 – 2001 年	東海医療工学専門学校　専任講師
2001 年 – 現在に至る	東海医療工学専門学校　非常勤講師

神経発生生物学

2006 年 10 月 16 日　初　版

著　者　深田惠子
発行者　飯塚尚彦
発行所　産業図書株式会社
　　〒 102-0072　東京都千代田区飯田橋 2-11-3
　　電話　03（3261）7821（代）
　　FAX　03（3239）2178
　　http：／／www.san-to.co.jp
装　幀　遠藤修司

印刷・製本　平河工業社

© Keiko Fukada　2006
ISBN 4-7828-8010-3 C3047